河北棉花
人物志

HE BEI MIAN HUA
REN WU ZHI

◎ 崔瑞敏　崔淑芳　田海燕　主编

中国农业科学技术出版社

图书在版编目（CIP）数据

河北棉花人物志 / 崔瑞敏，崔淑芳，田海燕主编 . —
北京：中国农业科学技术出版社，2017.11
　ISBN 978-7-5116-3397-2

　Ⅰ . ①河… Ⅱ . ①崔… ②崔… ③田… Ⅲ . ①棉花—
种植—科学工作者—生平事迹—河北 Ⅳ . ① K826.1

　中国版本图书馆 CIP 数据核字（2017）第 292080 号

责任编辑　李　雪　徐定娜
责任校对　马广洋

出　版　者　中国农业科学技术出版社
　　　　　　北京市中关村南大街 12 号　邮编：100081
电　　　话　（010）82109707（编辑室）（010）82109702（发行部）
　　　　　　（010）82109709（读者服务部）
传　　　真　（010）82109707
网　　　址　http://www.castp.cn
发　　　行　全国各地新华书店
印　刷　者　北京富泰印刷有限责任公司
开　　　本　787 mm×1 092 mm　1 /16
印　　　张　24
字　　　数　460 千字
版　　　次　2017 年 11 月第 1 版　2017 年 11 月第 1 次印刷
定　　　价　160.00 元

棉花人耕耘不辍
棉花费衣被天下

喻树迅

《河北棉花人物志》
编 委 会

编写说明

一、《河北棉花人物志》收录范围和条件：河北省近百年来在棉花科研、教学、生产、管理等方面做出一定贡献的相关人员。在职人员均具备高级职称，且在专业工作中取得较大成绩，年龄45岁以上；离退休人员贡献较大者，职称不限。

二、《河北棉花人物志》共收录棉花人物256人，按工作性质和内容分为科研教学和生产管理两部分。其中，科研教学129人，生产管理127人，各类人物均按出生年份（相同年份按姓氏笔画）排序。对确因资料不详，或虽经多方努力、未能联系到本人或后人的暂未列入。

三、《河北棉花人物志》编写体例：人物介绍统一按时间顺序采用叙述方式介绍。条目内容包括姓名、职称、出生年份、籍贯、学历及工作简历；主要工作内容及取得成绩；出版著作及论文；荣誉及兼职等。

四、为使读者对书中人物有更为直观的了解，也防止与姓名相同或相近者混淆，书中人物均配有照片，多数还有与工作内容相关的照片。

五、人物籍贯和单位名称：人物籍贯或任职单位名称有变化的，均附有现名称。

六、人物荣誉称号和社会兼职：荣誉称号为本单位评选的先进个人、先进工作者、考核优秀、晋升工资等，社会兼职为各级学会会员的未记录于简介中。

编　者

序

　　棉花是河北省重要的经济作物，到清代已经有了比较成熟的植棉技术。清乾隆直隶总督方观承曾命人编绘一套反映棉花栽培和纺织的图谱，原名《棉花图》。乾隆三十年（1765年）弘历南巡时，方观承将之进献，乾隆为《棉花图》题诗，后人称为《御题棉花图》。该书翔实地记录了十八世纪中叶我国北方（冀中地区）棉花种植和利用的经验，而且绘画精细，构思严谨，创意新颖，将枯燥的生产示意图与绘画艺术巧妙地结合，成为后人研究我国北方农业科技史、植棉史、棉纺织史的重要资料。

　　河北省农林科学院棉花研究所崔瑞敏研究员等近几年排除干扰，不辞辛苦，坐住冷板凳，潜心静心写出了《河北棉花品种志》《河北植棉史》之后，今天又编写出第三部棉花专业书籍《河北棉花人物志》。三本书从不同的侧面反映了河北省棉花产业发展历程，是河北植棉历史上一项重要的文化工程，是对河北棉业史一次深度挖掘和客观阐释。

　　在河北棉花产业发展历程中，涌现出过许许多多可歌可泣的棉花人，盛世修志记典，以史为鉴可以明事理。历史需要真实，历史是由事件和人物构成的。准确地记载重要人物的贡献与作用，对于激励后人牢记历史，不忘初心，启迪思维有着极为重要的意义。

　　当崔瑞敏研究员将《河北棉花人物志》一书初稿拿给我要求作序时，引起我思绪万千。我出生在河北省张家口地区，上大学之前没有看见过棉花，大学期间也没有提起学习兴趣。大学毕业当助教，阴差阳错让我跟曲健木教授搞棉花，在正定县曹村蹲点，为南繁准备优良单株。跟着曲先生一株一株认品种，知道了株型、叶枝、果枝、铃重、绒长、衣分、细度、强度的概念，才知棉花有这么多的学问。同时，也知道了搞棉花科研的艰

辛，管理环节多，收获期长，一年不得闲，各环节容不得半点马虎，可以说，曲健木教授是我的棉花启蒙老师。

1982年我大学本科毕业当助教，河北农业大学马峙英教授当时正读研究生，我带他们细胞遗传学和分子生物学实验课，他本来是我的师兄，可是他总叫我老师。现在，他已经是我国著名的棉花育种专家，全国名师，博士生导师，为我国棉花育种事业做出突出贡献，仍不改口叫我老师，深感受之有愧。但，他尊师重教的传统与作风，让人肃然起敬，这就是棉花大家的风范。

2001年我从河北农业大学调入河北省农林科学院工作，到棉花研究所调研。科技人员向我反映，有一位老科技人员叫韩泽林，80多岁，每天要下地8小时以上，一生离不开棉花。我去拜访他，知道他是从事棉花远缘杂交工作的。为改良棉花的抗病和品质性状，他要将中棉、陆地棉、海岛棉和瑟伯氏棉四个棉种往一个群体中导入，两个种就是远缘杂交，四个种的聚合，难度可想而知。这个育种目标他从20世纪开始定了50年。50年说明他在开始这项工作时，就注定要做一个铺路石。当时，我们棉花试验地要搬家，我破例在近处给他留了一块地，让他下地方便。他90岁时，老伴去世，我问他有什么要求，他说，不要动他的试验地，他还有着他的棉花梦。这就是我们棉花育种家的胸怀！我请来人民日报原科教文部主任，邹韬奋新闻奖获得者李新彦主任记者写他的事迹通讯，用的题目是："白了头发，白了棉花"！

崔瑞敏研究员等历时4年写出的《河北棉花人物志》共收录了256名棉花人，不见得每个人都有像我提过的韩泽林、曲健木、马峙英的动人事迹，但他们确确实实近百年来为河北棉花科研、教学、生产、管理等都做出一定贡献。在书中，我们可以捕捉到河北省棉花产业演化发展的脉络，在这些人物身上，我们可以看到河北棉花人创新不止的精神风貌。

王慧军

2017年9月

前　言

　　《河北棉花人物志》是继《河北棉花品种志》《河北植棉史》之后我们编写的第三部棉花专业书籍，中国工程院院士喻树迅先后为三部书题词，分别由河北省农林科学院副院长王海波、郑彦平，院长王慧军作序。三部书从不同的侧面反映了河北省棉花发展历程，是对河北棉业史一次深入挖掘和有力阐释，是河北植棉历史上一项重要的文化工程，也是河北省制定棉花政策、推动科研创新、发展棉花生产、培养农业人才的重要参考文献。

　　棉花是河北省最主要的经济作物，有着悠久的种植历史。在河北棉花生产发展的历史进程中，一代代棉花科研教学工作者，生产管理者为河北棉花产业的发展做出了重要贡献。本书旨在全面收集、整理、记录曾经或者正在为河北省棉花科研、教学、生产、管理等方面做出贡献的人物，弘扬他们献身河北棉花事业的精神，激励年轻棉花人继承光荣传统，不忘初心，开拓进取，开创河北棉花产业发展的新局面。

　　科研教学人员的入选，以《河北植棉史》附录中"河北省棉花相关成果汇总表"为依据，以人事档案资料为重要参考，广泛收集，层层筛选；生产管理人员的收集整理，分地区、分单位、分部门，层层设联系人，避免遗漏。对故去或离退休后居住在外地的入选人物，通过联系本人或后人等多种渠道，查找线索，完善信息；由于单位间的人员调离，单位内的人事变动、单位名称变更等原因，一些人的内部档案资料无从查起，又查阅了档案局、图书馆的农业类史、志、人物书籍，力争全面、系统、无遗漏。

　　本书从2014年着手，历时4年完成，共收录256名棉花人物，填补了

河北省棉花人物志空白。但囿于知识、经验的不足，史志资料的缺乏，人员或间接内容难免会有疏漏，待有志于此者后续填补。不妥和不足之处，恳请广大棉花工作者指正。

在档案资料查阅过程中，河北省农林科学院、河北省农业厅、河北农业大学、各地市农业（林）科学院、河北省档案局、各地市县农业（林、牧）局、科技局以及涉棉种业公司给予了大力支持，在此一并致以诚挚的谢意。

编　者

目　录

第一部分　科研教学 ……………… 1

常庆武 ……………… 3
王恒铨 ……………… 3
孟　文 ……………… 5
韩泽林 ……………… 6
冉　英 ……………… 8
刘振国 ……………… 9
杨树栽 ……………… 10
杨家凤 ……………… 12
王玉亭 ……………… 13
张丙一 ……………… 14
张绪振 ……………… 15
高树臣 ……………… 16
徐　昀 ……………… 17
曲健木 ……………… 18
陈建民 ……………… 20
廖士尧 ……………… 21
陈振声 ……………… 22
王鼏禄 ……………… 24
王增勋 ……………… 25
朱维华 ……………… 26

韩　俊 ……………… 27
孙祖琰 ……………… 28
何　仪 ……………… 29
苏双锁 ……………… 30
蒋　芳 ……………… 32
韩苍法 ……………… 33
朱德垓 ……………… 34
张金锁 ……………… 35
冯春田 ……………… 37
阎守业 ……………… 38
王以明 ……………… 39
陆景洪 ……………… 40
崔景维 ……………… 41
梁志隐 ……………… 42
张之玺 ……………… 43
杜鸿芬 ……………… 44
南留柱 ……………… 46
程保章 ……………… 47
卜立芙 ……………… 48
王福长 ……………… 49
石庆宁 ……………… 50
张冬申 ……………… 51
张　路 ……………… 53

李哲玲 …………………………… 54
赵良忠 …………………………… 55
贾占昌 …………………………… 57
贾景日 …………………………… 58
王品杰 …………………………… 60
刘景山 …………………………… 61
王俊民 …………………………… 62
孙汉卿 …………………………… 64
魏瑞芳 …………………………… 65
王忠义 …………………………… 66
赵 燧 …………………………… 68
李梦久 …………………………… 69
王德安 …………………………… 70
邢 竹 …………………………… 71
刘銮臣 …………………………… 72
孙 凯 …………………………… 74
马月红 …………………………… 75
刘顺英 …………………………… 76
赵国忠 …………………………… 77
李永起 …………………………… 80
李延增 …………………………… 81
赵敬霞 …………………………… 83
王志忠 …………………………… 84
李之树 …………………………… 85
郝德有 …………………………… 87
刘占国 …………………………… 88
冯恒文 …………………………… 90
李志铭 …………………………… 91
李爱国 …………………………… 93
李志锋 …………………………… 95
贾树龙 …………………………… 96

翟学军 …………………………… 98
刘永平 …………………………… 99
张彦才 …………………………… 102
张香云 …………………………… 103
王有增 …………………………… 105
王金耀 …………………………… 106
宋玉田 …………………………… 107
马峙英 …………………………… 109
孙玉英 …………………………… 111
徐 显 …………………………… 113
潘文亮 …………………………… 114
崔瑞敏 …………………………… 116
李洪芹 …………………………… 118
王兆晓 …………………………… 120
田志刚 …………………………… 122
张桂寅 …………………………… 123
崔海英 …………………………… 125
廖 贵 …………………………… 126
王国印 …………………………… 127
朱青竹 …………………………… 129
齐 新 …………………………… 132
李记臣 …………………………… 133
李俊兰 …………………………… 134
李增书 …………………………… 137
林永增 …………………………… 139
赵俊丽 …………………………… 141
柴卫东 …………………………… 142
眭书祥 …………………………… 144
马 平 …………………………… 145
马维军 …………………………… 147
李世云 …………………………… 149

李存东 ……………………… 151
李　妙 ……………………… 153
耿军义 ……………………… 155
张寒霜 ……………………… 157
崔淑芳 ……………………… 159
米换房 ……………………… 161
吴振良 ……………………… 163
李社增 ……………………… 164
师树新 ……………………… 167
金卫平 ……………………… 168
李文蕾 ……………………… 170
杨保新 ……………………… 172
赵丽芬 ……………………… 173
翟雷霞 ……………………… 175
任爱民 ……………………… 177
刘存敬 ……………………… 178
王省芬 ……………………… 180
吴立强 ……………………… 182
李伟明 ……………………… 184
杨玉枫 ……………………… 186
郭宝生 ……………………… 187
王凯辉 ……………………… 189
刘丽英 ……………………… 190
李悦有 ……………………… 192

第二部分　生产管理 ………… 195

方维衡 ……………………… 197
刘荣臻 ……………………… 198
孟廷瑞 ……………………… 198
杜新勋 ……………………… 199

张旭朝 ……………………… 200
卢惠民 ……………………… 202
张玉俊 ……………………… 203
高素霞 ……………………… 204
任善民 ……………………… 204
许国祯 ……………………… 205
刘春台 ……………………… 206
张守林 ……………………… 207
李中高 ……………………… 208
秦铁男 ……………………… 209
高锦章 ……………………… 211
张洪文 ……………………… 213
席富森 ……………………… 214
徐本庆 ……………………… 216
纪俊群 ……………………… 217
那凤鸣 ……………………… 219
魏义章 ……………………… 221
张德才 ……………………… 222
黄忠玺 ……………………… 224
王世魁 ……………………… 225
刘凤昌 ……………………… 226
刘海云 ……………………… 227
马志远 ……………………… 228
路文广 ……………………… 229
马文灿 ……………………… 230
宇文璞 ……………………… 231
李　杰 ……………………… 232
檀彦军 ……………………… 233
王双信 ……………………… 234
陈　国 ……………………… 235
王希年 ……………………… 236

常良山 ················· 237

黄春生 ················· 238

贾永庆 ················· 240

张国宝 ················· 241

卢国欣 ················· 242

田俊兰 ················· 244

谢奎功 ················· 245

贾忠斌 ················· 247

高增申 ················· 248

张淑敏 ················· 249

李连女 ················· 250

赵宝升 ················· 252

高德明 ················· 253

裴建忠 ················· 255

冯连福 ················· 256

邢瑞朴 ················· 257

赵平春 ················· 258

张殿森 ················· 259

李书信 ················· 260

李凤文 ················· 261

李士进 ················· 262

韩拴海 ················· 263

白振庄 ················· 265

安二祥 ················· 266

张秀志 ················· 267

孙锡生 ················· 268

吴根现 ················· 270

张先忠 ················· 271

张寿华 ················· 272

张 偏 ················· 274

杨学英 ················· 275

杨彦杰 ················· 276

赵玉芝 ················· 277

高振宏 ················· 279

董素兰 ················· 280

王其贵 ················· 282

王增光 ················· 283

冯月新 ················· 284

刘金华 ················· 286

李同增 ················· 287

贾德彩 ················· 288

关永格 ················· 290

于凤玲 ················· 292

王书义 ················· 293

王淑杰 ················· 295

陈宏丽 ················· 297

柳金荣 ················· 298

刘振华 ················· 300

赵 禹 ················· 301

付秀峰 ················· 303

孙怀连 ················· 304

马虎成 ················· 306

邓祥顺 ················· 307

刘荣锋 ················· 308

孙世桢 ················· 310

孙良忠 ················· 311

周 瑾 ················· 313

郭炳信 ················· 314

常蕊芹 ················· 315

马善峰 ················· 317

王延芳 ················· 318

王春峰 ················· 319

宋燕青 ································· 321

高尚军 ································· 322

和　平 ································· 323

牛兰新 ································· 325

李满常 ································· 326

侯忠芳 ································· 327

夏春婷 ································· 329

秦新敏 ································· 331

高地动 ································· 333

牛立贵 ································· 334

刘素娟 ································· 336

李维顺 ································· 338

程洪岐 ································· 339

王　锁 ································· 341

刘兴利 ································· 342

宇文纲 ································· 343

张保安 ································· 345

杜华婷 ································· 347

王　旗 ································· 348

赵凤娟 ································· 350

韩荣彩 ································· 351

李　鹤 ································· 352

陈建中 ································· 354

潘秀芬 ································· 355

王晓芳 ································· 357

卢怀玉 ································· 358

任景河 ································· 360

姜太昌 ································· 362

刘晓霞 ································· 363

徐东永 ································· 365

第一部分

科研教学

河 / 北 / 棉 / 花 / 人 / 物 / 志

常庆武

常庆武（1912—1993），农艺师，河北省安次县（今廊坊市安次区）人。在邢台地区农业科学研究所（今邢台市农业科学研究院）从事棉花育种研究工作。

1968—1971年，主持选育出棉花品种"邢台6871"（1975年河北省定名为冀棉1号）。该品种是从徐州1818中选出的优良单株，用系统选育法于1971年育成。1975—1976年参加全国黄河流域棉花品种区域试验，平均皮棉产量分别比对照徐州1818和岱字棉15原种增产11.2%和12.4%，均居第一位，表现高产稳产。

作为优异棉花种质资源，邢台6871综合性状优良，遗传力强，配合力高，尤其是衣分高、纤维长，表现为稳定的显性遗传，克服了棉花育种中衣分与绒长的负相关。全国许多科研单位用作亲本，相继育成一大批棉花新品种，主要有鲁棉2号、鲁棉3号、鲁棉5号、鲁棉6号、鲁棉9号、中棉所12、冀棉10号、冀棉16、苏棉2号、中6331、邢棉2号、鄂棉14号、冀棉17、河南中原1号、商丘40、湖北2930等，此外用邢台6871作亲本选育的棉花新品系和杂优组合有60多个，其中参加省级以上试验的30多个，成为我国棉花育种利用最广泛的优异种质资源之一。同时，作为生产品种累计推广面积达700多万亩（1亩≈666.7m²，1hm²=15亩，全书同），为我国棉花育种和生产做出了突出贡献。"冀棉1号品种选育"项目，1987年获国家科技发明二等奖。

撰写《棉花种质资源—冀棉1号（邢台6871）》《棉花优种—邢台6871》等论文，先后在《作物品种资源》《河北农业科技》等期刊发表。

王恒铨

王恒铨（1915—2001），教授，河北省定县（今定州市）人。1943年毕业于中央大学农学院，1950年到河北农业大学农学系从事教学和科研工作，作物栽培教研室主任。

主讲作物栽培学，指导研究生多名。为提高教学效果，深入多个具有不同土壤条件、地形特点和生态条件的棉产区进行实地考察和选点，主持录制了《科学种棉花》和《棉产品的加工利用》两部电教片，分别获"河北省电教成果一等奖"、农业部"第四届全国农业电影电视神农奖"铜奖和"普通农业高等院校优秀教材"奖。参加的"坚持社会主义方向，坚持教学、科研、生产三结合"研究课题，获国家优秀教学成果特等奖。

20世纪80年代初，主持了"棉花高产技术及其规律"的研究课题，总结出"亩产200斤皮棉栽培技术体系"（1斤=0.5千克，全书同），提出冀中南棉区棉花高产技术的合理途径、棉花适宜的生长发育进程与田间诊断指标，具有较强的理论指导意义与生产应用价值，被河北省政府列为重点推广项目，在深泽县连续推广3年，棉花亩产翻番，在河北省棉花主产县推广应用获得广泛好评，对河北省棉花生产的发展起到很大的促进作用。"棉花亩产200斤皮棉栽培技术体系"项目，1985年获河北省科技进步三等奖。

对棉花播种适宜温度和麦茬棉适种地区进行研究，通过多次深入河北省各棉产区对棉花生产情况进行调研和长期不间断地在棉田中观察记载，获得了翔实、系统的数据，撰写了《河北省棉花播种适期温度指标的探讨》和《河北省麦茬棉适种的探讨》两篇论文，确定了20cm地温达到15.5℃的指标，可靠率达83%，提供了河北省棉区棉麦两熟制的大体区划，在棉花生产中发挥了重要的指导作用。

主编《河北棉花》（河北科学技术出版社1992年出版），该书系统地介绍了新中国成立以来河北省棉花生产的成就、科研成果与生产经验，针对河北省不同棉区的生态条件，制定了相应的高产优质栽培技术体系，是总结河北省棉花生产历史沿革、育种及栽培技术、生产发展、科研成果的一部重要著作。该书的出版，对河北省棉花生产和研究具有重要的参考价值。

注释了《御题棉花图》（方观承著，河北科学技术出版社1986年出版），该书获10省市优秀图书一等奖，并获得棉花学术界的高度评价。经查阅和查证大量史料，于1998年1月完成了中国农业历史学会征文《唐代植棉史考证》，在挖掘祖国遗产方面做出了贡献。

从事科教工作40年余年，成绩卓越，在棉花科研和生产中做出优异成绩，先后受到国家教委、河北省政府的表彰，并被河北农业大学评为在"七五"科教兴农中做出突出贡献的科技工作者。

曾任河北省棉花学会理事长、名誉理事长，中国棉花学会理事，河北省农业厅棉花顾问组组长。

孟 文

孟文（1916—2005），研究员，河北省吴桥县人。1949 年参加工作，1955 年到河北省衡水农业试验站（今河北省农林科学院旱作农业研究所）工作，一直从事棉花害虫及天敌研究。曾任河北省农林科学院旱作农业研究所副所长，1989 年退休。

在棉花害虫综合防治研究方面取得成果 11 项。完成的"粘虫越冬迁飞规律研究"项目，经多年捕蛾和多次成虫标记回收试验，研究了粘虫生活史、发生为害，种群数量变动规律以及越冬习性，摸清了粘虫的迁飞为害规律，制定了防治措施，1978 年获国家科学大会成果奖。

主持棉铃虫生命表及其在防治上的应用研究，是国内首次在自然状态下对经济昆虫生命表的研究。通过 10 年在田间自然状态下跟踪观察研究，明确了棉铃虫各代不同龄期的存活率、死亡率及其致死因子，计算出各代繁殖系数，从而为预测预报和防治指标的制定提供了理论依据，也为棉铃虫的综合防治奠定了基础。"棉铃虫生命表及其在防治上的应用"项目，1984 年获河北省科技进步二等奖，1985 年获国家科技进步三等奖。

主持"棉花害虫综合防治技术及推广"项目，根据棉花害虫种群数量变动规律及其生物学特性，在生态经济学理论的指导下，充分利用农业防治、生物防治、化学防治等多种手段相结合，在衡水地区 50 万亩棉田开展大面积防治技术示范，取得了显著的防治效果和经济效益。"棉花害虫综合防治大面积示范"项目，1983 年获河北省农业厅推广甲等奖，农业部技术改进二等奖，河北省科技进步四等奖。

主持完成的"棉铃虫玉米两诱法"项目，1979 年获河北省科技成果四等奖；"低产棉田快速治薄技术的推广应用"项目，1985 年获河北省科技进步三等奖；主研完成的"黑龙港地区旱、薄、碱地棉花增产技术"，1986 年获农牧渔业部科技进步二等

奖;"黑龙港棉区棉铃虫分布为害及二代一次性防治技术"项目,3年推广235万亩,获经济效益3 290万元,1988年获河北省农林科学院科技成果二等奖。

参编著作2部:《中国主要害虫综合防治》(科学出版社1979年出版),《中国农作物病虫害》(中国农业出版社1979年出版)。

撰写《棉田蜘蛛的调查研究》《棉铃虫玉米两诱法》《黑龙港棉区二代棉铃虫一次性防治措施》《棉铃虫生活史与发生规律的研究》等论文,在《农业科技通讯》《植物保护》《华北农学报》等期刊发表。

多次因工作成绩显著受到衡水地区行署、河北省农林科学院、河北省科委、河北省科协等部门奖励,1978年在河北省科学技术"双先"会上,被河北省委、河北省革委授予先进工作者、河北省劳动模范称号,1978年在全国科学大会上,荣获国务院"先进工作者"称号,1986年获河北省政府颁发的劳动模范荣誉证书。曾任河北省政协委员,河北省植物保护学会副理事长,中国昆虫学会理事,中国植物保护学会理事,衡水地区农学会副理事长,衡水地区植物保护学会理事长等职务。

韩泽林

韩泽林(1916—2011),高级农艺师,河北省永年县人。1946年毕业于国立西北农学院农学系,先后在伪北平农事试验场石家庄工作站、晋察冀边区农林试验场、河北农场、河北农业综合试验站、河北省农业科学研究所、河北省农林科学院棉花研究所工作。曾任河北省农林科学院棉花研究所育种研究室主任。

从事棉花科学研究60余载,创造了大量棉花育种材料,积累了丰富的棉花育种经验,培养了众多棉花科研骨干,为河北省乃至全国棉花育种事业做出了重要

贡献。

自 1958 年开始，带领课题组开展棉花远缘杂交研究，采用桥梁亲本、多父本、姊妹交、复交、组织培养、理化诱变、单倍体纯合、定向胁迫选择等方法，解决了远缘杂交后代"疯狂"分离的难题，实现了优质、抗病、丰产等主要性状的聚合，创造出各具特色的资源材料 657 份，得到了大量具有遗传育种利用价值的种质系。其中高产亲本海陆 1-1 和高产、抗病亲本 FR2-2 以及抗病、优质、丰产型材料海陆野 96-3 3 个极具利用价值的骨干种质系在育种上被广泛利用。

据统计，截至 2004 年，利用这 3 个材料作亲本育成的品种达 48 个，这些品种大多数成为当地的主栽品种并获得较高奖励。其中，有 5 个品种先后列入国家和河北省科技成果重点推广项目，9 个品种获省部级奖励。这些品种占河北省同期推广品种的 67.1%，不但推广到黄河流域，在长江流域和新疆内陆棉区也有一定面积，适应性之广前所未见。以上品种累计推广 3 847 万亩，创社会经济效益 23.9 亿元。"优质棉花种质资源创制与利用"项目，2005 年获河北省科技进步二等奖；"野生与特色棉花遗传资源的创新与利用研究"项目，2007 年获国家科技进步二等奖。

主持培育的石家庄 353、石短 5 号，是河北省最早通过审定的棉花品种。石家庄 353 在黄河流域和长江流域棉花品种区域试验中，平均比当时的主栽品种斯字棉 2B 增产 10% 以上，1957 年开始推广。1958—1961 年，石短 5 号参加黄河流域棉花品种区域试验，表现高产优质，由农业部定为全国棉花区域化良种，在生产上种植长达 22 年之久。之后培育的冀邯 2 号、冀邯 3 号、冀邯 5 号棉花品种也在棉花生产上发挥了重要作用。"石短 5 号品种选育""冀邯 3 号品种选育""冀邯 5 号品种选育"项目，1978 年分别获全国科学大会奖。作为主研人参加完成的"棉花新品种 79-366（冀棉 10 号）的选育"项目，1988 年获河北省科技进步三等奖。

20 世纪 70 年代初，主持棉花杂种优势利用研究。一方面筛选高优势组合，另一方面研究解决制种困难问题。首次提出选配组合的两个亲本的纤维长度相差不超过 1.5mm，其杂种二代的纤维品质不影响纺织工业用棉，肯定了杂种二代的利用价值。主持完成的"棉花杂种优势利用"项目，1979 年获河北省科技成果四等奖。1983 年组建杂种优势利用研究室，选配高优势杂交种，研究改进制种技术。参加育成了可以利用二代的棉花

杂交种冀棉18，为河北省棉花杂交种二代利用提供了成功的范例。"棉花杂交种冀棉18（原杂29）的选育及应用"项目，1994年获河北省科技进步二等奖。

1986年退休后仍然工作在科研、生产一线。1991—1993年，在我国率先明确提出建立中长绒棉生产基地，生产优质原棉，提高纺织企业产品档次。1991年选定威县七级镇士通村为基点，繁殖中长绒棉127系、140系共98亩，1992年发展到1.1万亩，创大面积繁种超百倍的新纪录。改进提高地膜覆盖栽培综合配套技术，使1万多亩中长绒品种亩节省种子5kg，亩增收皮棉13kg，亩纯增收益超百元。1993年与河北省威县科委、农业局配合，将优质棉示范区扩大为4万多亩，在全省大面积减产年份获得亩产65kg皮棉的好收成。1993年河北省领导组织全省植棉县参观七级镇地膜棉现场会，促进了地膜棉大面积推广。继续利用远缘杂交方法创新种质资源，为河北省棉花应用研究创新了广泛的遗传资源材料。

参编《中国棉花栽培学》第一版（上海科学技术出版社1959年出版）。

全国首届劳动模范，全国棉花专家顾问组成员，全国农作物品种审定委员会委员，2007年河北省十大新闻人物，2009年度"河北省科学技术突出贡献奖"获得者。

冉 英

冉英（1917—1987），高级农艺师，河北省保定市人。1941年毕业于西北农学院农学系。先后担任伪农林部棉产改进处技术员、华北棉产改进处保定指导区副主任、河北省农林厅经济作物技师兼棉花组组长，良种繁育科科长。1972年到河北省农林科学院经济作物研究所（今棉花研究所）工作，曾任棉花育种室主任、棉花新技术育种室主任。

在河北省农林厅工作期间，组织良种繁育，推广棉花先进增产技术。在河北省农林科学院经济作物研究所从事农作物单倍体育种工作期间，参加麦基1号培养基改进研究，主持棉花单倍体育种研究，并取得重要进展。

20世纪70年代末开始从事棉花单倍体育种研究。先后主持了"棉花未受精胚珠培养""棉花花药离体培养""棉花孤雌生殖的诱导""棉花半配合'Vsg'的选育及应

用"等多项基础研究。

1978年开始筹备棉花单倍体育种室，1979年正式确立研究课题，筹建了保温培养室、无菌接种室，并在当年进行了授精胚珠、未授精胚珠的离体培养试验。"棉花未受精胚珠离体培养"项目，研究探索了在人工离体培养条件下未受精胚珠中卵细胞启动分裂需要的内在及外在条件，为利用棉花胚珠培养优异单倍体植株开辟了道路。

在1980年开展的"棉花孤雌生殖试验"研究中，以无效授精及激素处理幼蕾方式，在植株上启动大孢子和卵细胞分裂，诱导孤雌生殖，产生出单倍体种子。

在"棉花半配合材料'Vsg'的选育"研究中，首先通过河南省南阳市农业科学研究所间接从国外引入棉花半配合材料'Vsg'枝条数十个，经嫁接成活一株，并获得了单倍体遗传力稳定的株系，而且伴随嵌合体的出现，证明该株系确实具有半配合基因存在，从此开始了应用半配合材料进行单倍体育种研究。"棉花半配合材料Vsg-1的选育及育种应用"项目，1996年获河北省农林科学院科技成果三等奖。

主持了河北省科学院生物研究所关于"棉籽仁深加工提取棉酚和氨基酸新工艺的研究"、河北师范大学生物系"通过小麦原生质体培养，培育耐盐碱新品种"的等研究课题的立题；作为河北省政协委员，提出"开展河北省棉花产品综合利用"的提案和"保护农民粮食生产积极性"的建议。

参编《怎样防止棉花蕾铃脱落》（人民出版社出版）。

撰写《棉花花粉发育期压片镜检技术的研究初报》《生物工程在棉花科研上应用的探讨》《棉花单倍体育种研究的进展与展望》等论文在全国棉花学会年会交流。

曾任河北省遗传学会第一届理事会副理事长，河北省棉花学会第一届、第二届理事会理事，河北省第三届、第四届人大代表，河北省第五届政协常委。

刘振国

刘振国（1917—2002），八级农业技师，河北省徐水县人。1939年毕业于北京大学农学院棉技班。先后担任伪农林部华北棉产改进处技术员、河北省衡水专区棉产改进指导区副主任、保定机械农场技术室副主任、国营河北省衡水机械农场技术室主任、冀衡农校副校长、石家庄专区农业科学研究所棉花研究室主任、河北省农林科学院粮油作物研究所栽培生理研究室主任、河北省农林科学院棉花研究所栽培室主任。

1985年离休。

从20世纪60年代初期开始从事棉花高产栽培技术研究，先后主持了科研重点课题计划项目"棉花高产栽培技术及其规律的研究""棉花高产栽培试验""棉花高产综合技术试验"等。

针对在不同的条件下棉花如何能获得稳定高产一直缺乏理论指导的问题，1961—1962年，结合部分生理生化试验，对棉花水肥相互促控关系，水肥与叶面积及干物质的相互关系以及生育阶段的生理变化等进行了初步探索，为棉花高产技术及其规律研究提供了依据。

"棉花高产栽培技术及其规律的研究"项目，主要研究了皮棉稳定在100kg以上的高产条件下，水肥措施的促控作用和棉花的生长发育规律，总结出了亩产皮棉100kg的栽培技术及主要生理、生化、动态生长指标，为棉花高产提供栽培生理理论依据。同时明确了皮棉产量构成三因素，亩铃数、铃重和衣分之间的协调统一，是实现高产的前提，其协调程度越好，则产量就越高。试验结果表明，亩产皮棉100kg，在常规密度（每亩4 000~4 500株）基础上，适当减稀密度（每亩3 300株左右），是达到产量构成因素之间协调统一的有效措施，棉花种植密度适当降低比增加密度更利于高产。

在省内较早地开展了地膜覆盖栽培研究，并取得一定进展。

撰写《加强后期管理　力争秋桃盖顶》在《河北农业科技》发表。

1949年在北京工作期间，由于接管伪农林部棉产改进处北平分处工作时表现积极，受到表彰。1950年在主持修建平谷良棉轧花厂工作中，由于节省资金受到表扬。

杨树栽

杨树栽（1917—2001），农艺师，浙江省上虞县（今绍兴市上虞区）人。1938年毕业于西北农学院，参加工作后，曾任北京华北棉产改进处技士、石家庄棉产改进指导区副主任、石家庄专区技术推广站站长、河北省农业厅经济作物处副处长、河北省农工厅原料处技师。1971年到河北省农林科学院经济作物研究所（今棉花研

究所）工作。曾任远缘杂交育种研究室主任。1986 年
离休。

在河北省农林科学院棉花研究所工作期间，主要从
事棉花远缘杂交育种及基础理论研究。主持了"棉花远
缘杂交及幼胚离体培养""杂交后代染色体鉴定""棉花
辐射及激光育种试验""棉花远缘杂交新组合配置""远
杂一代不育性的恢复及其研究""杂交后代同功酶的鉴
定""杂交后代染色体的鉴定""棉花远杂回交后代的选
育"等项目。

通过对棉花远缘杂交育种的研究探索，取得了较大
进展。从远缘杂交后代中选出了部分高产优质材料。其中，"84869"苗期生长整齐、
健壮，并集中了优质、耐病、耐旱等各种优良性状。纤维细度 6 325m/g，单纤维强力
3.9g，断裂长度 24.5km。另有部分优质材料断裂长度达到 31.7km，高衣分材料衣分
达到 45%，为培育优质、高产、适应性强的棉花品种打下坚实基础。

1981 年邀请中国科学院遗传研究所专家对远缘杂交试验结果进行了鉴定，认
为：陆地棉 × 瑟伯氏棉的杂交，可以肯定已获得了科间杂种，杂种后代经过适当的
回交和选择，有可能将其潜在的纤维强力和高抗性等特性，转移到栽培品种中来。
这是一项很有意义的工作，在全国 4 家单位同类研究中，居中上水平。陆地棉 × 中
棉，也获得了种间杂种，并且验证了喷植物激素—胚胎培养—试管内加倍的试验体
系，可以有效地获得杂种。棉花与蓖麻的杂交，后代出现了广泛的变异，这是可以
肯定的，有一定的学术价值，可能为遗传学理论和应用开辟新的领域。尽管远缘杂
交难度大，目前还不能在育种实践中广泛应用，但通过远缘杂交创造具有特殊经济
价值的原始材料，丰富亲本资源，为选育突破性新品种提供有用的资源，具有重要
意义。

作为主研人育成棉花品种冀棉 8 号，1983 年通过河北省农作物品种审定委员会
审定，产量、品质均比当时大面积种植的鲁棉 1 号有显著提高。1983 年冀棉 8 号种
植面积 2.7 万亩，1984 年 95.6 万亩，1985 年达到 696 万亩，成为河北省当家品种，
3 年普及了一个棉花新品种，创造了全国新品种推广速度的较好水平。1989 年冀棉 8
号通过国家审定，皮棉产量打破了当时亩产皮棉 150kg 的全国纪录，被定为国家棉花
品种区域试验对照品种。1983—1989 年，冀棉 8 号累计推广 1707 万亩。"棉花新品
种冀棉 8 号"项目，1984 年获河北省科技成果一等奖，1987 年获国家科技进步二等
奖，1989 年获河北省科技兴冀省长特别奖，第三完成人。

撰写的《陆海棉与蓖麻科间杂交初报》《嫁接在棉花远缘杂交中的应用》《棉花远缘杂交育种初报》等论文在《棉花》《河北农学报》《河北农业科技》等期刊发表。

杨家凤

杨家凤（1921—2005），研究员，江西省临川县人。1947年毕业于国立中央大学农艺系，1949年参加工作。曾任邯郸地区农业科学研究所副所长。

1958年组建邯郸地区农业科学研究所棉花栽培课题组，并担任组长。长期从事棉花栽培技术研究，对棉花高产栽培技术理论及棉田耕作改制具有较深的见解。通过多年研究，明确了不同水肥条件下棉田的种植密度、适宜的种植方式及肥水管理措施等，为棉花高产栽培提供了技术支撑。

主持完成的"冀中南棉麦一体化栽培体系研究"项目，将冀中南棉田拔秆时间由枯霜后提早到10月15日左右，棉茬小麦播种从11月上中旬提早到10月中下旬。提出了夏棉提早串种的适宜时期、种植规格及相应的管理技术，筛选出了适宜配套的早熟麦棉品种。该技术突破国内外公认的北纬34°以北不能麦棉满幅复种的禁区，使麦棉满幅复种推移到北纬38°~39°，实现了粮棉同步增产增收，缓解了粮棉争地矛盾，提高了土地利用率。在河北省累计推广面积达714.3万亩，取得经济效益11.2亿元。"冀中南棉麦一体化栽培体系研究"项目，1989年获河北省科技进步二等奖，1990年获国家科技进步三等奖，1995年获河北省科技兴冀省长特别奖。

参编《棉花栽培》（河北人民出版社1983年出版），《河北棉花》（河北科学技术出版社1992年出版）。

撰写《棉花、啤酒大麦两熟栽培问题的探讨》《冀中南优质棉的栽培技术体系》《冀中南地区麦棉两熟的演进与配套技术》《冀中南麦棉一体化栽培的效益和技术》等论文，在《河北农学报》《中国棉花》等期刊发表。

河北省劳动模范。曾任中国棉花学会常务理事，河北省棉花学会副理事长。第三届、第六届全国人民代表大会代表。

王玉亭

王玉亭（1922—2006），农艺师，辽宁省金县（今大连市金州区）人。1935—1942 年在辽宁省金州农业学堂学习，1949 年在冀中行署建国学院学习。1973 年借调到石家庄地区农业科学研究所（今石家庄市农林科学研究院）从事棉花育种及栽培技术研究。曾任科研办公室主任。

作为主研人采用陆地棉和亚洲棉杂交并通过钴 60 辐射的方法育成冀棉 8 号，1983 年通过河北省农作物品种审定委员会审定。1982—1984 年，参加黄河流域棉花品种区域试验，57 点次平均亩产皮棉 91.5kg，比对照鲁棉 1 号增产 17.3%，产量居同组参试品种首位。纤维主体长度 27.9mm，细度 5 603m/g，强力 3.8g，断裂长度 21.4km，成熟系数 1.7，纺纱品质指标 2 179 分，综合评等级为上等一级。1983 年种植面积 2.7 万亩，1984 年 95.6 万亩，1985 年达到 696.0 万亩，成为河北省当家品种，3 年普及了一个棉花新品种，创造了全国新品种推广速度的较好水平。在各地示范推广中，出现了大面积亩产 150kg 皮棉的地块。据 1983—1984 年统计，河北省超过 150kg 的高产地块有 3 800 亩，最高亩产皮棉达 180kg，打破了当时亩产皮棉 150kg 的全国最高纪录，1989 年通过国家审定，并被定为国家棉花品种区域试验对照品种。1983—1989 年，累计推广面积 1 707 万亩。"棉花新品种冀棉 8 号"项目，1984 年获河北省科技成果一等奖，1985 年获河北省农业厅科技进步一等奖，同年获农业部科技进步二等奖，1987 年获国家科技进步二等奖，第二完成人。

撰写《选育棉花中早熟品种的浅见》《河北省不宜引种岱字棉 16》《关于棉花用头喷花作种的建议》《推广药剂除治作物害虫工作的体验》等论文 20 余篇，分别在《棉花》《中国棉花》《华北农学报》《河北农业科技》等期刊发表。

曾任河北省棉花技术顾问团副团长，河北省棉花学会理事。

张丙一

张丙一（1923—2008），研究员，河北省廊坊市人。1945 年毕业于华北农业试验场技术学校农学系，先后在河北省石家庄专区农场、衡水农业试验站（今河北省农林科学院旱作农业研究所）工作。曾任河北省农林科学院旱作农业研究所所长、书记。1991 年退休。

多年从事棉花栽培和生态农业研究工作。1986 年在河北省景县建立了生态农业综合试区，多次承担河北省科委、河北省农业厅研究项目。

主研完成的"低产棉田'三改'耕作栽培技术"项目，1982 年获河北省科技进步二等奖，第二完成人。

在"四种类型肥料田间效益鉴定及合理利用"项目中，对化肥、绿肥、秸秆、饼肥四种类型肥料进行了研究，结果表明，在等氮等磷条件下，秸秆加化肥是最佳施肥结构。1985 年获河北省科技进步三等奖。

研究形成了河北省旱地农业"一调四改三同步"增产技术。这项技术的实质是"一调四改"，即调整种植业结构，改革传统的土壤耕作制度、灌溉制度、施肥制度及改变品种类型与播种期。通过运用"一调四改"技术，达到雨热季节、作物生长盛期和化肥施用的高效期三者同步。"黑龙港地区旱地农业增产技术及推广"项目，1986 年获河北省科技进步二等奖。

研究形成了旱地亩产 100kg 皮棉配套栽培技术。其技术要点是：旱地磷肥全部底施，氮肥底施一半，剩余部分视降水情况确定追施量。"旱地农田秋收作物化肥施用技术"项目，1985 年获河北省科技进步四等奖。

为提高低平原区生产能力，改变中低产面貌，于 1979 年设立了土壤肥力长期定位试验。通过有机无机肥料的配合使用，改善了土壤结构，提高了土壤肥力。"河北低平原潮土土壤有机质品质调控及应用"项目，1988 年获河北省科技进步三等奖。

完成的海河低平原种植业立体复合型耕作栽培技术研究，在耕作制度上，筛选出了覆盖沙荒的立体种植方式，使土地资源利用更加合理，使 6 800 亩沙荒地变成高效农田。该项目 1990 年获河北省科技进步四等奖。

撰写《黑龙港地区秋涝成因及防涝保秋的几项措施》《黑龙港地区旱地农业的特点和主要增产措施》《黑龙港旱地农业增产稳产技术》《农田生态类型与作物病虫害发

生关系的研究》《论农田景观生态与耕作制度现代化》等论文 30 余篇，在《河北农业科技》《农业科技通讯》《河北农业科学》《耕作栽培》等期刊发表。

曾任衡水地区农学会理事长，河北省农学会理事，河北省耕作学会副理事长，河北省生态学会常务理事。

张绪振

张绪振（1925—2014），研究员，天津市武清县（今天津市武清区）人。1950 年毕业于北京农业大学植物保护专业，1958 年到河北省农林科学院植物保护研究所工作，主要从事棉花抗病育种和病害防治技术研究。曾任研究室主任。

在河北省内最早主持引进、推广抗枯黄萎病棉花品种，并主持选育出抗病棉花品种（系）冀棉 3 号、冀棉 15、冀植 17，对防治枯黄萎病为害发挥了重要作用。

冀棉 3 号（1167），1978—1979 年参加全国黄河流域棉花抗病品种区域试验，高抗枯萎病，较耐黄萎病。纤维品质长度 30.6mm，主体长度 28.5mm，单纤维强力 4.0g，细度 6 362m/g，断裂长度 25.5km，成熟系数 1.7，纺纱品质指标 2 524 分，综合评定为上等优级。1978 年参加黄河流域棉花抗枯萎病品种区域试验，子棉平均亩产比对照陕 401 增产 22.3%，皮棉增产 26.1%。1979 年参加黄河及长江流域棉花抗枯萎病品种区域试验，皮棉亩产比对照陕 401 增产 14.7%。1980 年定名为冀棉 3 号。主持完成的"棉花抗枯萎病新品种（冀棉 3 号）"项目，1980 年获河北省技术改进四等奖。

主持"我国棉花黄萎病菌优势种的鉴定"项目，1984 年获河北省科技成果二等奖。

主持"棉铃疫病的病原发生规律和防治技术"项目，1992 年获河北省科技进步三等奖。

主研完成的"棉花丰产、优质新品种选育"项目，1990 年获河北省省长特别奖；参加完成的"全国棉花品种区域试验及其结果应用"项目，1985 年获国家科技进步一等奖；参加全国棉花枯、黄萎病防治研究协作组主持的"棉花枯萎病菌生理型鉴定

研究"项目，1986 年获农牧渔业部科技进步二等奖。

参编《农业八字宪法在棉花增产中的科学运用》（河北人民出版社 1963 年出版）、《农作物病虫害防治手册》（河北人民出版社 1984 年出版）、《中国棉花病害研究及其综合防治》（农业出版社 1984 年出版）、《河北棉花》（河北科学技术出版社 1992 年出版）。

撰写《棉铃疫病菌的生物学特性及对棉花不同生育阶段的侵染研究初报》《我国棉花黄萎病菌种的鉴定》《选育冀棉三号的经过及体会》《棉花生长中后期接种黄萎病对产量的影响和造成病圃的效果》《棉花烂铃问题的探讨》《棉籽携带棉铃疫菌及该菌的致死温时》《棉铃疫病试验方法的探讨》等论文 30 余篇，分别在《华北农学报》《植物病理学报》《河北农学报》《植物保护》《植物保护学报》等期刊发表。

高树臣

高树臣（1925—2014），副研究员，河北省获鹿县（今石家庄市鹿泉区）人。1956 年毕业于保定市河北农学院，先后在河北省农业厅土地利用处、河北省农业科学研究所、河北省农林科学院棉花研究所工作。历任棉花育种室主任、副所长、所级调研员等。1991 年退休。

从 20 世纪 70 年代开始从事棉花新品种选育工作。先后主持、承担了"七五"国家优质棉育种攻关项目，河北省科学技术研究项目"棉花优质丰产新品种选育"，重点科研课题计划项目"棉花新品种选育"，河北省农林科学院发展研究项目"棉花新品系 182 发展研究""棉花 1041 系发展研究"等。

参加培育冀邯 2 号、冀邯 3 号、冀邯 5 号棉花品种，其中"冀邯 3 号品种选育"项目和"冀棉 5 号品种选育"项目，1978 年同时获全国科学大会奖。

1974—1977 年，参加杂种优势利用研究，一方面筛选高优势组合，另一方面研究解决制种困难问题。明确了选配两个亲本的纤维长度相差不超过 1.5mm，杂种二代的利用不影响纺织工业用棉，肯定了杂种二代的利用价值。"棉花杂种优势利用"项目，1979 年获河北省科技成果四等奖。

棉花育种工作中，按照丰产、优质、早熟和抗逆性的具体要求，开展棉花新品种的选育。主持选育出冀棉 10 号、冀棉 13 棉花品种。

冀棉 10 号采用杂交育种方法，经系统选育而成，1984 年通过河北省农作物品种审定委员会审定。该品种产量高，品质好（品质指标 2 397 分），适应性强，为廊坊以南及黑龙港棉区大面积取代鲁棉 1 号提供了优良生产用种，对河北省棉花生产向丰产优质转折具有决定作用，并为棉花育种研究工作提供了较优的种质资源。据 1986 年统计，冀棉 10 号全省种植面积 199 万亩，累计种植面积 287.7 万亩，经济效益为 1.2 亿元。"棉花新品种 79-366（冀棉 10 号）的选育"项目，1988 年获河北省科技进步三等奖。

冀棉 13（冀 119）选用多亲本复合杂交，引进海岛棉种质基因，改善陆地棉的遗传基础，产生优异重组体，而后通过连续的定向选择，累积有利基因，使丰产性、优质性、抗逆性（耐旱、耐蚜虫、耐病）在较高水平上达到了统一。1988 年通过河北省农作物品种审定委员会审定。该品种适宜在冀中南水肥地及黑龙港旱薄地植棉区的无病地和轻病地种植。1989 年推广面积 72.4 万亩，1990 年 137.4 万亩，占适宜推广地区的 22.9%，累计推广面积 350.1 万亩。"冀棉 13 示范繁种"项目，1989 年获河北省农林科学院科技开发三等奖；"丰产、优质、早熟、抗逆棉花新品种冀棉 13"项目，1992 年获河北省农林科学院科技成果三等奖。

主研完成的"黄河流域棉花品种区域试验"项目，1979 年获中国农业科学院技术改进三等奖；"黄河流域棉花品种区域试验结果应用及其品种评价"项目，1985 年获中国农业科学院技术改进三等奖；"全国棉花品种区域试验结果及其应用"项目，1985 年获国家科技进步一等奖；"河北省棉花品种区域试验结果应用及方法改进"项目，1986 年获河北省农林科学院技术进步三等奖；"河北省棉花品种区域试验结果应用及推广"项目，1986 年获河北省科技进步四等奖；"棉花丰产、优质新品种选育"项目，1990 年获河北省省长特别奖。

曾任中国棉花学会理事，河北省棉花学会理事长。

徐　昀

徐昀（1926—2010），教授，北京市人。1948 年河北农业大学毕业后留校，主要从事棉花的科研和教学工作。1993 年退休。

"六五"期间承担了河北省重大科技攻关课题"棉花高产栽培技术研究",经过 3 年试验、示范,科研成果不仅促进了棉花生产发展,还推进了农业院校、科研单位和推广部门的结合,锻炼了教师队伍,丰富了教学内容。

主研完成"棉花亩产 200 斤皮棉栽培技术体系"项目。提出了冀中南棉区棉花高产技术的合理途径,棉花适宜的生长发育进程与田间诊断指标,具有较强的理论指导意义与生产应用价值,被河北省政府列为重点推广项目,对河北省棉花生产的发展起到促进作用。"棉花亩产 200 斤皮棉栽培技术体系"项目,1985 年获河北省科技进步三等奖。

主编的棉花生长和深加工的电视教学片《科学种棉花》,在电化教育教学中,可以直观的感受到棉花的生长过程、棉花深加工及其产品在人类日常生活中的应用。包括育苗、棉田密度、棉田土壤结构、群体结构、棉田施肥、浇水、耕地、蕾期管理、病虫害防治、花铃期管理、吐絮期管理、棉花的收获以及棉花深加工产品在生活中的方方面面。《科学种棉花》获农业部"神农奖",1989 年被河北省教育委员会评为"河北省高校电化教育先进个人"。

在科研实践中善于总结,撰写论文多篇。《科学种棉花》《棉花的生物学特性》等论文,为河北省棉花生产发挥了指导性作用。

退休后担任河北农业大学老教授科技服务中心副主任,仍经常到基地县搞棉花科学研究和技术培训,继续在有生之年为河北省的棉花生产发展发挥作用,受到当地县委和县政府的高度好评。1996 年被深泽县委、县政府评为"为深泽县经济建设做出贡献的科技工作者",1997 年河北农业大学颁发"坚持'太行山道路'成绩显著"证书。

曲健木

曲健木(1927—2016),教授,山东省蓬莱县(今蓬莱市)人。1952 年毕业于北京农业大学农学系,后到河北农业大学任教。主要从事《作物遗传学》《作物育种学》《棉花遗传育种》的教学和研究工作。

主持、参加国家"六五""七五""八五"攻关项目多项。获国家及省级奖励多项，包括国家级"六五"攻关成绩显著奖 1 项，国家科技进步二等奖 1 项，河北省科技进步二等奖 2 项、三等奖 3 项，河北省教委科技进步一等奖 2 项。由于在教学、科研应用与生产相结合方面的成就和贡献，获"教育、科研、生产三结合国家级教学成果奖"。

教学方面，主要从事作物遗传学、作物育种学、棉花遗传育种的教学，1983 年开始指导硕士研究生，开设高级作物育种学、作物遗传育种专题等课程。

在科研工作中，以棉花杂种优势利用为主要研究方向，对陆 × 陆杂交、陆 × 海杂交、陆 × 远缘种间杂交均有尝试，对核不育系利用及低酚棉也进行了研究。正当陆 × 陆、陆 × 海杂种后代苗头材料崭露头角之际，1963 年一场洪水，使育种试验材料受损严重。之后，为加快河北省棉花育种进程，狠抓种质资源的引进、鉴定、创新，为新品种培育奠定了基础。主持完成的"棉花品种资源抗黄萎病田间鉴定"项目，1979 年获全国成果奖励大会四等奖。

1979 年倡导并组织成立由河北农业大学、石家庄地区农业科学研究所、邯郸地区农业科学研究所组成的"河北省棉花抗病育种合作组"，任组长。实行"四统一"工作方针，即统一计划安排、统一育种资源材料、统一试验布局、统一工作安排。仅用 4 年时间（8 代），于 1983 年育成了冀棉 7 号（冀合 321），是河北省第一个抗病、早熟、丰产的棉花品种。"棉花抗病丰产新品种冀棉 7 号"项目，1984 年获河北省科技进步二等奖。1986 年"棉花抗病育种"获三委一部"六五"国家重大科技项目攻关奖。1988 年育成了冀棉 14（冀合 3016），是河北省第一个优质、抗病、丰产的棉花品种。"棉花抗病优质新品种冀棉 14"项目，1992 年获河北省科技进步三等奖。1994 年育成冀棉 19（合无 2031），是河北省第一个抗病低酚棉品种。"抗病、高产低酚棉新品种冀棉 19 选育"项目，1996 年获河北省科技进步三等奖。

在进行育种工作的同时，为解决所遇到的各种技术难点和理论问题，如抗病性与丰产性、稳产性的结合，优质与抗病、丰产的结合及低酚棉抗病性与丰产性结合等问题，设计了多个试验进行探索，最终打破了过去一直认为抗病性与丰产性、早熟性之间以及优质与抗病性、丰产性之间难以协调的禁锢，为培育抗病、丰产、优质品种提供了理论依据。通过试验证实，陆地棉抗病性与植株体内棉酚含量没有直接联系，其抗病性是通过其他机制获得，从理论上改变了低酚棉没有色素腺体，不能产生

棉酚，就不能产生抗病性的传统认识。研究还发现，陆地棉色素腺体的表达及遗传极为特殊，按色素腺体在植株各器官上的表达，可分为 9 种模式，为低酚棉育种和杂种优势利用提供了理论依据。"棉花无色素腺体性状的育种选择和田间保纯技术"项目，1994 年获河北省教委科技进步一等奖，同年获河北省科技进步二等奖。

参加完成的"低酚棉种质资源创新与鉴评"项目，1999 年获河北省教委科技进步一等奖，同年获河北省科技进步三等奖；"棉花抗黄萎病育种基础研究与新品种选育"项目，2009 年获国家科技进步二等奖。

主编《曲健木教授论文集》，参加了《作物育种学》《棉花育种学》统编教材的编写。

撰写《春作物晚秋播种提高生活力的研究》《棉花种间杂种一代利用的研究》《我国棉花杂种优势利用研究中几个问题的商榷》《培育棉花兼抗品种理论基础探讨与实践》《棉花的纤维品质与品质育种》《棉花品种丰产性结构分析》《无毒棉的遗传与保纯》等论文 60 余篇，在《棉花学报》《河北农学报》《河北农业大学学报》《种子世界》《华北农学报》等期刊发表。另翻译俄文、英文 8 万余字，发表在《国外农业科学译文集》。

多次被评为振兴河北棉花、种子事业的先进工作者，先进教育工作者。1987 年被河北省教委、河北省劳动人事厅、河北省教工委联合授予"优秀教师"称号，曾先后担任 20 多个县棉花生产技术顾问。

陈建民

陈建民（1927—1998），副研究员，河北省石家庄市人。1949 年参加工作，先后在华北农事试验场、河北省农业科学研究所、河北省农林科学院棉花研究所工作。曾任研究室主任。

1951—1955 年，搜集、整理、研究了国内外陆地棉资源材料 160 份，海岛棉 10 份，中棉 43 份，为棉花杂交育种工作提供了丰富的种质资源。

1957 年，为石家庄地区棉花生产的持续稳定发展，经多次向石家庄地区领导建议，在辖区内的 8 个重点植

棉县建立了棉花原种场，承担并圆满完成了对原种场 24 名技术干部及工人的技术培训任务，受到领导好评。

1958—1966 年，主持选育出石棉一号新品种，皮棉产量比对照品种岱字棉 15 增产 29.6%。1966 年推广面积达 13 万亩，并选育出石棉二号棉花新品系。

1979 年任河北省农林科学院棉花研究所棉花室副主任，并兼任棉花资源课题负责人。除完成本人承担课题外，还对棉花研究所 8 年不结铃的中美棉杂交一代不育株进行了秋水仙素加倍，获得成功，收获 16 个棉铃，103 粒种子，初步明确了秋水仙素加倍浓度、时间、温度，并在方法上有所改进。

作为主要参加人完成的"石短 5 号品种选育"项目，1978 年获全国科学大会奖；参加完成的"全国棉花品种区域试验结果及其应用"项目，1985 年获国家科技进步一等奖；"棉花新品种 79-366（冀棉 10 号）的选育"项目，1988 年获河北省科技进步三等奖；"棉花种质资源征集鉴定创新及数据库建立"项目，1995 年获河北省科技进步三等奖。

1976 年参加编写《河北省农作物良种提纯复壮技术》中的棉花部分。参编《河北棉花品种志》（河北省农林科学院棉花研究所、邯郸农业研究所 1986 年编印）。

曾任河北省种子协会理事，河北省棉花学会理事。

廖士尧

廖士尧，副研究员，1929 年生，广东省梅县人。1957 年毕业于四川农学院。先后在天津拖拉机站、中捷农场、河北省农科院园田化研究所、粮食作物研究所任技术员，1976 年到河北省农林科学院经济作物研究所（今棉花研究所）工作。1988 年退休。

1959—1963 年，提出小麦棉花套作形式及技术作为冀中南合理的耕作形式。1964 年主持"高产棉花三桃结铃规律研究"项目，总结出棉花"三桃"结铃有一定规律性及早期去蕾对调节营养生长和生殖生长的作用。1965—1966 年，创建高产样板田 32 亩，最高皮棉亩产量达到 85.3kg。1975 年驻基点期间，建立了高产示范田，优良品种与配套栽培技术

相结合，最高皮棉亩产量达到 87kg。1976 年对棉花品种黑山棉 1 号、华北 21、墨西哥 910 进行播期试验，明确了这些品种的最佳播期，为夏播棉生产提供了科学依据。

1979—1982 年，主持"棉花壮苗早发技术研究"项目，经过 4 年研究，总结出棉花壮苗早发技术。1983—1985 年，主持"棉花现蕾至盛花期营养、生殖生长合理比例关系研究"，初步明确了棉花干物质生产情况、养分（氮磷钾）的摄取规律以及品种之间的差异。

1977—1978 年，经过深入农村走访社队调研，合作编写了"为什么棉花高产社队也认为种棉不合算"的调研报告和"合理布局适当集中试建棉花基地"的建议。

编写了《棉花高产典型介绍》手册，翻译英文《植棉评论》。1989 年，参加河北省农业厅农业志办公室组织的《志源》编写，并撰写《河北棉花》，发表在《志源》第 10 期。撰写《选择去叶对棉铃发育和蕾铃脱落的影响》《在灌溉条件下棉花对营养的摄取》《棉花苗期壮苗早发技术研究》《棉花播种后覆盖塑料薄膜的效果》《棉花叶面积测定》等论文，在《中国棉花》《棉花》《河北农学报》《河北农业科技》《农业现代化参考资料选编》等刊物发表。

陈振声

陈振声，副研究员，1930 年生，天津市人。1960 年河北农业大学毕业，同年分配到邯郸农业专科学校任教，1962 年调到邯郸地区农业科学研究所（今邯郸市农业科学院）后一直从事农业科研工作。曾担任植保研究室副主任、业务副所长。1991 年退休。

先后主持承担河北省科委"七五""八五"科技攻关"高产优质抗病棉花新品种选育""丰产优质抗病低酚棉新品种选育"等重大科研项目。经过 30 多年刻苦攻关，在培育抗病、高产、优质棉花新品种方面取得突破。

在邯郸地区农业科学研究所主持棉花抗病育种研究 19 年。1980 年代表邯郸地区农业科学研究所与河北农业大学、石家庄地区农业科学研究所共同创建了"河北省棉花抗病育种合作组"，为科研单位真诚合作、共同攻关探索了新路子，受到当时国

家科委的通报表彰,《人民日报》《科技日报》《光明日报》等均做了典型报道。

育成河北省第一个兼抗枯、黄萎病棉花品种冀棉7号,有效遏制了棉花枯、黄萎病的蔓延,为棉花抗病育种提供了优良种质资源。冀棉7号累计推广种植180余万亩,创造经济效益1.2亿元。

育成河北省第一个抗病优质棉品种冀棉14,实现了棉花抗病与优质性状的有效融合,棉花抗病品种的产量和早熟性有了显著改良,为棉花抗病、优质育种提供了优良种质资源。3年累计推广种植232万亩,创造经济效益2.1亿元,1986年获国家三委一部"六五"攻关成绩显著奖。

育成河北省第一批无毒棉品种(系)冀无252和合无2031等,填补了河北省低酚棉品种的空白,1994年合无2031低酚棉新品种在成安县高母村种植150亩高产样板田,创造了河北省低酚棉亩产皮棉155.5kg的最高纪录,被誉为"河北第一棉",居国内领先水平。

获得科技成果多项。主持完成的"抗病、高产低酚棉新品种冀棉19号选育"项目,1996年获河北省科技进步三等奖;主研完成的"棉花品种资源抗黄萎病田间鉴定"项目,1979年获全国成果奖励大会四等奖;"棉花抗病丰产新品种冀棉7号"项目,1984年获河北省科技成果二等奖;"棉花抗病育种"项目,1986年获三委一部"六五"国家重大科技项目攻关奖;"棉花抗病优质新品种冀棉14"项目,1992年获河北省科技进步三等奖;"低酚棉不同类型区配套栽培技术及副产品综合利用"项目,1995年获河北省科技进步三等奖。另获国家科技进步一等奖1项,河北省科技进步二等奖1项,河北省农业厅科技进步二等奖1项、四等奖1项,河北省教科委科技进步一等奖1项,邯郸市科技成果12项。

撰写《棉花抗黄萎病育种》《棉花品种资源抗黄萎病田间鉴定》《低酚棉杂交后代无毒性状的获得与稳定在于连续选择》《百亩棉田实现两高一优的栽培经验》等论文49篇,在《遗传与育种》《河北科技成果授奖项目汇编》《棉花学术论文选编》《河北农业》等刊物发表。

参编《棉花》（河北人民出版社出版）、《中国棉花病害研究及综合防治》（农业出版社出版）、《棉花高产高效栽培新技术》（中国致公出版社出版）。

曾任河北省棉花学会理事、副秘书长，邯郸地区棉花学会副理事长。1984年被邯郸地区行署评为优秀知识分子，多次被评为邯郸地区行署先进工作者，成就与事迹被编入《中国大百科专家人物传集》和《中华功勋人物论坛文库》。

王鼏禄

王鼏禄（1931—2016），副研究员，河北省南和县人。1951年毕业于黄村高级农业学校，后在邯郸地区农业科学研究所（今邯郸市农业科学院）从事棉花栽培、棉田耕作改制研究。1991年退休。

承担的"邯郸地区黑龙港旱碱地棉花增产技术"项目，1984年获邯郸地区科技进步一等奖。

1983—1985年，参加黑龙港地区旱、薄、碱地棉花增产技术研究。针对黑龙港地区水源严重不足，土壤贫磷少氮的特点，以"化肥起步，磷肥突破，氮肥配合"为核心，以"治薄为首，兼顾抗旱、保苗、防碱、促旱"为目标，采取"三肥、一密、两保"配套技术，达到了明显的增产效果。平均亩产子棉比对照增产36.5%，获经济效益1.6亿元。"黑龙港地区旱、薄、碱地棉花增产技术"项目，1986年获农牧渔业部科技进步二等奖。

1986—1990年，主研完成的冀中南麦棉一体化栽培技术体系研究，提出在冀南地区将棉田拔秆时间由枯霜后适当提早到10月15日左右，小麦播种从11月上中旬提早到10月中下旬，产量达到适时麦的中高产水平，解决了棉麦直接倒茬的技术难题。提出了夏棉提早串种的适宜时期、种植规格及相应的管理技术，突破了国内外公认的北纬34°以北不能麦棉满幅复种的禁区，在冀中南实现了粮棉同步增产增收。"冀中南棉麦一体化栽培体系研究"项目，1989年获河北省科技进步二等奖，1990年获国家科技进步三等奖，1995年获河北省科技兴冀省长特别奖，第三完成人。

主研完成的"冀中南棉麦直接倒茬技术"项目，获邯郸地区科技进步三等奖；"冀中南棉花啤酒大麦套种满幅种植模式及配套技术"项目，获河北省农林科学院科

技进步四等奖。

培育的早熟棉品种冀棉21，1996年通过河北省农作物品种审定委员会审定，1997年通过国家审定。2002年获邯郸市科技进步一等奖。

主编《棉花栽培》（河北人民出版社1983年出版）。

撰写《种棉花的科学与技术》在《河北科技报》连载15期，《冀中南优质棉的栽培技术体系》《冀中南地区麦棉两熟的演进与配套技术》《冀中南麦棉一体化栽培的效益和技术》等论文，在《中国棉花》等期刊发表。

1980年河北省委、省政府授予"河北省劳动模范"光荣称号。

王增勋

王增勋，教授，1931年生，北京市人。1954年河北农业大学毕业后留校任教，从事教学和科研工作42年。曾担任作物栽培学教研室主任。1996年退休。

教学方面，主讲经济作物栽培学，曾开设作物栽培学总论、研究生棉花栽培提高课，指导硕士研究生3名。

科研方面，曾着重进行了棉田群体生长发育与棉田光分布规律研究，首次就物质对光吸收的基本规律的Beer-Lambert定律在棉田群体内部光分布方面的应用进行了诠释。在此后的棉花高产栽培技术研究及研究生课题中，反复探讨棉田叶片面积消长及光分布同产量的关系，得出棉田叶面积指数3.5为亩产百公斤（1公斤=1千克，全书同）皮棉的适宜指标，并建立了棉田群体叶面积消长的动态图表。依据这项指标可基本达到棉花稳定高产，避免徒长与早衰，提高生殖器官在总产量中的比率，是棉花高产栽培技术的理论依据。撰写的论文发表在《河北农业大学学报》。

承担了河北省科委的"亩产百公斤皮棉综合技术研究"项目。经过5年的试验研究与示范，在石家庄地区深泽县取得全县7万亩棉田亩产百公斤皮棉的成果，总结提出了"棉花亩产200斤皮棉栽培技术体系"，1985年获河北省科技进步三等奖。该项目研究成果在河北省棉花主产县推广应用取得的实际成果获得广泛好评。

在研究棉花高产综合技术的基础上，还进行了合理施肥用量及适宜土壤水分保持的试验，设计了棉花同密度不同株行距的研究。经 3 年田间试验，结果显示株行距的差异影响株间及行间封闭的迟早，使株型、结铃部位、伏前桃、伏桃及秋桃的比率明显不同。因此，适宜的株行距配置亦为棉花高产的重要环节。撰写《棉花不同行、株距配置的产量效应》在《河北农业大学学报》发表。

多次组织棉花生产考察，提出棉田管理指导意见，并带队到各棉花主产县、乡组织座谈、开办技术培训班并授课。

参编《河北棉花》（河北科学技术出版社 1992 年出版），该书是总结河北省棉花生产历史沿革、育种及栽培技术、生产发展及科研成果的一部重要著作。该书的出版对河北省棉花生产和研究有重要的参考价值。主编《百科自学大全》（河北人民出版社 1987 年出版）农学部分。

主持或参与中国农业科学院棉花研究所、中国农业大学、山东农业大学、山西农业大学等院校棉花研究课题成果鉴定及河北省多项棉花栽培科研课题的鉴定验收工作。

曾任河北省人民政府高等教育咨询组成员，河北省农业科学院学术委员会委员，河北省农业厅棉花顾问组组长，全国棉花学会理事，河北省棉花学会副理事长。

朱维华

朱维华，副研究员，1931 年生，河北省获鹿县（今石家庄市鹿泉区）人。1950 年毕业于华北农场农业技术训练班。1949 年参加工作，先后在河北省农林科学院经济作物研究所、河北省农林科学院科研处工作。

在科研工作中研究了棉花蕾铃生育脱落规律与环境因子的关系，被《中国棉花栽培学》摘用；研究的棉花追肥的关键时期、用量和密植整枝技术，为棉花增产提供了依据；研究出利用棉花与春小麦套种解决粮棉"三争"（争水、争肥、争地）提高棉粮产量新途径；在晋县蹲点期间，选育出 6 个棉花新品系。

主持的"农作物品种资源和品种中间试验管理"项目，获河北省农林科学院科技

进步三等奖。根据"七五"工作进展，提出了河北省种质资源研究的指导思想："补充征集、积极创新、丰富（基因）库源；加强鉴定、改进方法、搞好利用、深入研究、探索规律、提高水平"。指出在收集过程中除了收集那些经过选育的材料外，还要注重收集地方品种、原始品种和野生种；在"七五"资源入库保存基础上，"八五"完成了电子计算机种质资源信息储存和检索系统，并与国家品种资源库建立起信息网络，实现了品种资源的现代化管理。

撰写《早发早熟是棉花增产的重要措施》《关于棉花区域化种植问题的商榷》《河北省农作物品种资源研究工作的回顾与展望》《对我省作物品种资源研究工作的意见》《搞好棉花蕾期管理》《棉花后期管理技术》等论文和科普文章20余篇，在《河北农业科技》《河北农业科学》等期刊发表。

曾任河北省作物种质资源研究会秘书。

韩　俊

韩俊（1931—2016），副研究员，海南省文昌县（今海南省文昌市）人。1956年毕业于河北农学院农学专业。1956—1961年先后在河北省农机化学校、河北农业大学附属农机化学校任教，1961—1984年在邢台地区农业科学研究所工作，1984年到河北省农林科学院棉花研究所工作，主要从事棉花育种和栽培技术研究。

1962—1963年，河北省统一布置棉花品种风土鉴定试验，负责邢台地区试点工作，通过在4个不同土壤类型进行两年试验，鉴定出岱福棉是适合邢台地区种植的品种，2~3年推广面积达20多万亩。

1964—1966年，在南宫县马晒衣大队蹲点，负责主抓棉花生产和试验工作，使当地棉花产量提高到历史最高水平，两年迈出两大步，成为旱薄地棉区的高产典型。1964年遇大涝，土壤湿度大，不能适时播种，提出了抗涝播种措施，使基点大队650亩棉花适时播种，并获得亩产皮棉36.3kg，创历史最高产量。1965年遇大旱，推广了密植、适时打顶、关键期治虫等技术，获得了空前大丰收，使基点大队亩产皮棉突破百斤（54.2kg）大关，再创当地历史最高水平。

作为第二育种人培育出冀棉 1 号（邢台 6871）棉花品种。冀棉 1 号综合性状优良，遗传力强，配合力高，尤其是衣分高、纤维长，表现为稳定的显性遗传，克服了棉花育种中衣分与绒长的负相关。作为优异棉花种质资源，被全国许多科研单位用作亲本，相继育成一大批棉花新品种，成为我国棉花育种利用最广泛的优异种质资源之一。作为生产品种累计推广面积达 700 多万亩，为我国棉花育种和生产做出了突出贡献。

获得科技成果奖励多项。主持完成的"威县低产棉田'三改两保'增产技术"项目，1984 年获河北省农林科学院科技成果四等奖；"黑龙港地区旱、薄、碱地棉花增产技术及副产品综合利用技术"项目，1986 年获农牧渔业部科技进步二等奖；参加完成的"棉花优异种质资源品种冀棉 1 号"项目，1985 年获河北省农业厅科技成果三等奖；"冀棉 1 号品种选育"项目，1987 年获国家发明二等奖；"黑龙港地区旱、薄、碱地棉花增产技术"项目，1986 年获农牧渔业部科技进步二等奖；"旱薄棉田三改两保配套技术"项目，1986 年获河北省农林科学院科技进步四等奖，1987 年获邢台地区行署科技进步三等奖；"开发新技术，促进区域经济发展"项目，1988 年获河北省星火科技奖；"黑龙港地区旱地棉花规范化栽培技术"项目，1989 年获河北省科技进步四等奖；"海河低平原限水农田节水种植系列技术"项目，1990 年获河北省科技进步二等奖；"海河低平原节水型农业研究与综合开发"项目，1991 年获国家星火计划三等奖。

编写的《提高铃重是当前棉花生产亟待解决的问题》印刷成单行本，作为 1980 年河北省农业厅棉花技术讲习班材料。

撰写《黑龙港地区土壤水分动态变化》《旱地棉生育特点及栽培技术研究》《平原旱薄棉区亩产百斤皮棉的技术经验》《邢台 6871》《棉花高产生育规律及栽培技术的研究》等论文，在《中国棉花》《河北农学报》《棉花》《棉花学会论文选编》等刊物发表。

国务院政府特殊津贴专家，曾任河北省棉花学会理事兼秘书长，河北省农学会理事。

孙祖琰

孙祖琰（1932—2017），副研究员，安徽省萧县人。1959 年毕业于北京农业大学土壤和农业化学系，先后在河北省农林科学院物理研究所、土壤肥料研究所（今农业

资源环境研究所）工作。原河北省农林科学院土壤肥料研究所副所长、总支书记。

主持河北省土壤微量营养元素调查和微肥试用技术研究、河北省土壤硫资源等研究。

获国家、部省、厅级科技奖励10余项。其中，主持完成的"冀南棉区土壤有效硼丰缺评价"项目，1987年获河北省科技进步三等奖；"河北土壤锌铜铁锰含量分布消长规律和利用分区"项目，获河北省科技进步二等奖；"张家口地区土壤有效锌铜铁锰含量与分布"项目，获河北省科技进步四等奖。参加完成的"几种主要农作物锌硼肥施用技术规范"项目，获农业部科技进步四等奖。

主持冀南棉区土壤有效硼丰缺评价研究。在土壤普查基础上，通过田间试验编绘出冀南棉区土壤有效硼分布图及有效硼含量分布规律；提出鲁棉1号土壤有效硼缺乏临界指标为0.5mg/kg，冀棉8号为0.66mg/kg。研究明确了棉花喷硼增产技术，在现蕾初花和盛花期喷0.2%硼砂，亩产子棉增加7.0%。"冀南棉区土壤有效硼丰缺评价"项目，1987年获河北省科技进步三等奖。

主要论著有：《化学肥料的施用》（化学工业出版社1979年出版），1981年获河北省优秀科普作品奖；《化肥施用知识》（河北人民出版社1976年出版）。

撰写《河北平原地区耕层土壤微量元素具有代表性的采样数》《棉花缺硼诊断及施硼》《河北土壤锌的含量分布消长规律与利用分区》《冀南平原土壤有效硼和棉花施硼研究》《河北省土壤铁的含量分布》《河北省微肥需要量概测》等论文20余篇，在《土壤肥料》《土壤通报》《华北农学报》《河北农业科学》《河北农业科技》等期刊发表。

河北省土壤肥料学会常务理事。1988年事迹被《河北科技群英》收录。

何　仪

何仪，副研究员，1932年生，河北省元氏县人。1958年到河北省农林科学院植物保护研究所工作，后到北京农业大学植物保护专业学习，1962年毕业。从事主要农作物害虫预测预报和防治技术研究工作。1988年离休。

先后主持、参加"棉铃虫发生规律及综合防治技术研究""棉蚜综合防治研究"等项目。研究了蚜虫、红蜘蛛、棉铃虫等棉花害虫的预测预报、药剂防治技术及综合防治技术。

主持完成的"氧化乐果缓释剂涂茎防治棉蚜"项目，1981年获河北省科技成果二等奖；"棉花害虫综合防治新技术"项目，1983年获农牧渔业部技术改进二等奖；"溴氰菊酯农药防治棉蚜、棉铃虫技术"项目，1984年获河北省科技进步二等奖。参加完成的"涕灭威颗粒剂拌种防治棉蚜技术"项目，1988年获河北省科技进步四等奖。

在利用氧化乐果缓释剂涂茎防治棉蚜技术研究中，通过反复试验，筛选并研制出了氧化乐果缓释剂配方，通过涂茎处理不仅防治棉蚜，对红蜘蛛和蓟马也有较好的防治效果。该项技术效果好、持效期长、使用安全、方法简便、利于推广，在河北省及其他植棉地区累计推广应用3 000万亩以上。

棉花害虫综合防治新技术，综合应用了诱虫撮、拔除虫株、保护天敌、应用微生物农药以及合理应用新农药等措施，有效控制了棉蚜、棉铃虫、红蜘蛛、蓟马、地老虎等棉花害虫的为害。1980—1983年，在河北省累计推广1 160万亩，取得了显著的经济和社会效益。

参加编写了《怎样进行虫情检查》《河北植保手册》《农业应用科学技术》《河北棉花》《中国农作物主要病虫害及其防治》《农业应用技术一百条》《粮棉病虫测报资料表册》7部书籍。

撰写《西梅脱处理棉种防治棉蚜的研究》《棉花害虫防治技术应用研究》《棉蚜对几种杀虫剂抗性的监测》《河北省主要棉区棉铃虫对杀虫剂抗性的发展趋势》等论文24篇，分别在《华北农学报》《河北农业大学学报》等期刊发表。

河北省有突出贡献的中青年专家。1982年获河北省委、省政府通令嘉奖。

苏双锁

苏双锁（1932—2014），副研究员，河北省南宫县（今南宫市）人。1956年毕业

于河北省保定高级农业学校，1962 年毕业于北京农业大学函授部。先后在河北省农业科学研究所、石家庄地区农业科学研究所、河北省粮食作物研究所、河北省农林科学院经济作物研究所（今棉花研究所）工作。曾任研究室主任。1992 年退休。

主要从事棉花良种繁育、高产栽培生理、遗传育种等研究。

参加了棉花简易原种繁育方法的研究，肯定了其效果及利用价值，编写《棉花简易原种繁育方法及其效果》等 15 篇材料，多次在省、地、县培训班讲课，传授良种繁育技术，在棉花原种场推广应用。

1958 年经过合作调查，初步明确了棉花初花期受旱是后期早衰的主要原因；1960—1962 年，主持棉花栽培技术研究课题，初步探索了高产棉花的生理生化及生态指标，部分研究结果被《棉花蕾铃脱落的研究》一书引用；1971 年初步明确了与棉花间套作适宜的粮食作物种类、种植模式、间套种条件下害虫发生及为害规律等；1973 年在晋县建立棉花大面积高产样板田，全县 19 万亩，平均亩产皮棉 51kg，创当地棉花生产历史最高纪录。

选育出几个优良品系。抗 35：皮棉产量超对照晋棉 7 号 10% 以上，高抗枯萎病，耐黄萎病；乌 3-47：1974—1976 年，在旱地棉田设置 5 点试验，平均亩产皮棉 58.5kg，比邢台 6871 增产 47.3%，被用作中长绒棉杂种优势利用亲本；抗选 6：兼抗枯、黄萎病，配合力好；抗选 10：抗黄萎病，在 1979 年品系比较试验中，皮棉产量超对照 19.9%。

参加完成的"全国棉花品种区域试验及其结果应用"项目，1985 年获国家科技进步一等奖；"河北省抗病棉花品种区域试验及其结果应用"项目，1986 年获河北省农林科学院科技进步三等奖；"河北省棉花品种区域试验结果应用及方法改进"项目，1986 年获河北省科技进步四等奖。

20 世纪 80 年代末，开展低酚棉育种研究。先后主持了"七五""八五"河北省科学技术研究项目"高产、优质低酚棉新品种选育""低酚、丰产、抗病新品系'省无 8931'发展研究"等。针对低酚棉品种稳产性较差，对水肥较敏感，产量偏低的缺点，开展了以丰产、抗病、适应性强为目标的品种选育工作。选育出低酚棉品系省无 303，适宜在河北省中南部种植，无腺体株率稳定在 98% 以上，出苗好，生长稳健，抗旱性强，衣分 42.5%，子指 10.0g，亩产皮棉 73.0kg，比对照增产 4.1%。

1990年与河北省种子公司签订了省无303品系繁育协议,在广宗、故城县等地进行繁育。还选育出一些特早熟、抗蚜、耐盐碱、高衣分、长绒、大子指,种仁品质优良的低酚棉材料。

撰写《棉花良种提纯复壮的几个问题》《棉花良种繁育中单株考种价值的商榷》《棉仁饼1605毒饵防治地老虎效果好》《低酚棉育种亲本棉铃结构的星座图聚类和多级通径分析》《依据区试结果评价棉花品种实用价值的探讨》《检验种子无腺体性状的效果及其应用价值》等论文,在《华北农学报》《河北农业科学》《棉花》等期刊发表。

蒋 芳

蒋芳,副研究员,1932年生,北京市人。1957年毕业于河北农学院农学系农学专业,同年到保定农业专科学校任教,1961年到河北省大名县农业局工作,1978年调至河北省农林科学院经济作物研究所(今河北省农林科学院棉花研究所)。

主要从事棉花新品种选育工作。主持河北省农林科学院发展研究项目"高产优质棉花新品系182发展研究",参加国家重点科技项目"棉花优质抗病新品种选育"、河北省科学技术研究项目"棉花优质丰产新品种选育"、重点科研课题计划项目"棉花新品种选育"、河北省农林科学院发展研究项目"棉花1041系发展研究"等。

作为主要完成人选育出冀棉10号、冀棉13、冀棉20等棉花品种。

冀棉10号(冀79-366)是继冀棉8号之后在生产上表现较好的一个品种,特别是在早熟性、耐旱性等方面明显优于冀棉8号,在黑龙港地区推广面积较大,对河北省棉花生产起到了促进作用。"棉花新品种79-366(冀棉10号)的选育"项目,1988年获河北省科技进步三等奖,第三完成人。

冀棉13(冀119)在1984年河北省棉花品种区域试验中,霜前皮棉产量比对照鲁棉1号增产17.7%,1985年比对照冀棉8号增产12.7%,同年参加河北省棉花品种生产试验,比对照冀棉8号增产25.7%。纤维品质达到国家攻关指标,同时具有

耐旱、耐蚜的特点。冀棉 13 适宜在冀中南水肥地及黑龙港旱薄地植棉区的无病地和轻病地种植。1986 年示范 5 万亩，增收皮棉 36 万 kg，增加产值 300 余万元。通过建立试验、示范、繁种基地，建立通信联系点，到县农业局和学校授课，信件咨询等多种形式，加快了品种推广步伐。1989 年推广面积 72.4 万亩，1990 年 137.4 万亩，占适宜推广地区的 22.9%，累计推广面积 350.1 万亩。"冀棉 13 示范繁种"项目，1989 年获河北省农林科学院科技开发三等奖；"丰产、优质、早熟、抗逆棉花新品种冀棉 13"项目，1992 年获河北省农林科学院科技成果三等奖，第二完成人。

作为主研人培育出多个各具特色的品系：高产、抗病 492 系（1996 年河北省农作物品种审定委员会审定通过，定名为冀棉 20），高产早熟的 47 系、81-8 系，抗旱的 533 系，抗病优质的 574 系、182 系、859 系等。

河北省农作物品种审定委员会常务委员兼棉花专业组组长，永年县人民政府经济技术顾问。

韩苍法

韩苍法，副研究员，1932 年生，石家庄市获鹿县（今石家庄市鹿泉区）人。1953 年石家庄高级农校毕业，1958 年河北农业大学毕业。先后在华北农事试验场、河北省涉县农林局、石家庄地区农业科学研究所、河北省农林科学院棉花研究所等单位工作。

1962 年结合石短 5 号的推广，提出一套繁殖推广棉花良种、防止混杂退化的措施，被石家庄地区农业部门采用，并写成科技文章，发表于当年的《河北日报》。对藁城县东邑大队选种留种进行调查，明确了棉花株选混收方法，是生产队自力更生解决棉花混杂退化的途径之一，并撰写文章发表在 1965 年的《河北农学报》上，对解决生产队自留种问题发挥了较好作用。另外，还参加了 250~300 倍 DDT 乳剂涮棵治虫试验，在石家庄地区应用效果显著。

1980 年筹建纤维检验室，严格测试方法，改进采样技术，及时提供品种试验抉择依据。改进的采样方法得到河北省品种审定委员会认可，并通知全省各地参照执行。

1981—1986年，物理性能测试棉样4 738份，试纺420份，斯特罗测试15 238份，卜氏强力测试及法勃洛耐气流细度测试29份。纤维物理性能测试水平达到了当时美国农业部规定的容差标准。全国14家单位连续4年考核，综合水平93.9%，河北省农林科学院棉花研究所达到96.9%，名列第一，（考核32个项次，超过允许误差的仅有1985年的主体长度一项）中国农业科学院棉花研究所名列第二。

河北省农林科学院棉花研究所纤维检验室不仅为河北省品种审定委员会提供品质检测结果，淘汰品质不达标品种，还为河北省种子公司品种推广、河北省棉花出口提供品质依据。

参加完成的"河北省棉花品种区域试验结果应用及方法改进"项目，1986年获河北省农林科学院技术进步三等奖；"河北省棉花品种区域试验结果应用及推广"项目，1986年获河北省科技进步四等奖。

参编《棉纤维检验技术问答》（河北科学技术出版社1989年出版）；参编《河北棉花品种志》（河北省农林科学院棉花研究所、邯郸农业研究所1986年编印）。

撰写《关于棉纤维物理性能测试几个问题的商榷》《河北省棉花品种纤维品质情况的分析及其建议》等论文，在《河北农学报》《河北科技情报》等期刊发表。

朱德垓

朱德垓，研究员，1933年生，湖北省天门市人。1960年毕业于河北农业大学，先后在石家庄高级农校、石家庄地区农业科学研究所、河北省粮食作物研究所、河北省农作物研究所、河北省农林科学院经济作物研究所（今河北省农林科学院棉花研究所）工作。曾任河北省农林科学院棉花研究所所长。1993年退休。

主要从事棉花栽培技术的研究工作。20世纪60年代，从事棉花高产栽培技术及其规律的研究，明确了高产水肥基础及生育规律；70年代末开始从事黑龙港地区旱、涝、盐碱地综合治理试验研究，主持了国家科技攻关项目"河北省黑龙港地区碱地棉花增产及副产品综合利用技术研究"，参加了"棉花高产栽培技术及其规律的研究"项目；80年代中期主持了河北省科技研究项目"海

河低平原限水农田节水种植系列技术研究"。

主持黑龙港地区旱、薄、碱地棉花增产技术研究。根据黑龙港地区旱、薄、碱的自然条件，研制出三肥治薄，一密多效，兼顾抗旱，保墒促苗的技术方法。该技术在黑龙港地区累计应用649.6万亩，平均亩产皮棉达到57.9kg，取得了明显的经济效益和社会效益。"黑龙港地区旱、薄、碱地棉花增产技术"项目，1986年获农牧渔业部科技进步二等奖。

主持黑龙港地区旱地棉花规范化栽培技术研究。针对黑龙港地区生态条件，系统研究了旱地棉花土壤水分消长规律与棉花生长发育的关系，改进了传统栽培技术，在简化栽培、节水灌溉、经济高效施肥等单项技术上进行了创新，总结出"以节水灌溉为中心，简化管理措施为核心，丰产优质高效为目的"的规范化栽培技术。经试验示范，皮棉增产14.6%，成本降低18.5%，亩纯增收入77.5元。"黑龙港地区旱地棉花规范化栽培技术"项目，1989年获河北省科技进步四等奖。

主持完成的"海河低平原限水农田节水种植系列技术研究"项目，1990年获河北省科技进步二等奖。主研完成的"黄淮海平原黑龙港地区综合开发与治理"项目，1987年获国家科技进步二等奖；"开发新技术，促进区域经济发展"项目，1988年获河北省星火计划奖；"棉花大面积高产"项目，1988年获河北省农业厅丰收三等奖；"海河低平原节水型农业研究与开发"项目，1991年获国家星火计划三等奖。

参编著作2部：《河北棉花》（河北科学技术出版社1992年出版），《节水型农业理论与技术》（中国科学技术出版社1990年出版）。

撰写《河北省棉花栽培技术研究现状及需深化研究的问题》《旱地棉生育特点及栽培技术研究》《棉株蕾期叶柄硝态氮含量与产量及产量构成因素关系的研究》《生育期灌水对棉花产量构成因素变化动态影响研究》《河北省棉花栽培技术研究综述》《旱地棉花最佳施肥系统》等论文，在《中国棉花》《河北农业科学》《河北棉花》等期刊发表。

国务院政府特殊津贴专家，河北省有突出贡献中青年专业技术人才。河北省人民政府"六五"科技攻关先进工作者，邢台地区行署优秀科技人员。曾任中国棉花学会常务理事，河北省棉花学会理事长，河北省晋县经济作物技术顾问。

张金锁

张金锁（1933—2002），副研究员，河北省深县（今深州市）人。北京农业大学

毕业后留校工作，1981年调入衡水地区农业科学研究所（今河北省农林科学院旱作农业研究所）从事旱地农业与棉花栽培研究工作。

主持完成河北省科委枣强农业综合试区研究项目。试区围绕提高水分利用率推广应用旱作节水综合技术，中心试区小麦、玉米、棉花平均亩产量分别增加105.8%、70.9%和23.9%，1989年人均纯收入达到804.3元，比试区建立前增加721.7元。

主持完成河北省科技厅"河北省不同旱作农区对应适用技术选择与规范""半湿润易旱区农业增产技术研究""不同年型棉花稳产高产栽培技术"等项目，河北省农业综合开发办公室"衡水地区发展旱作农业模式研究"项目，河北省农林科学院"河北省低平原旱地土壤水分运动规律及调控技术研究"项目。1994年"河北省低平原旱地提高水分利用效率综合配套技术"被列为国家推广计划。

研究形成了旱地亩产100kg皮棉配套栽培技术。其技术要点是：旱地棉花磷肥全部底施，氮肥一半底施，剩余部分视降水情况确定追施量。"旱地农田秋收作物化肥施用技术"项目，1985年获河北省科技进步三等奖。

通过研究不同年型棉花稳产高产栽培技术，提出棉田"湿害控制"理论，明确了棉花产量与气象因子的关系，确定了不同年型合理的群体结构，形成肥水管理综合配套技术。

研究形成河北省旱地农业"一调四改三同步"增产技术：即调整种植业结构，改革传统的土壤耕作制度、灌溉制度、施肥制度及改变品种类型与播种期，实现了雨热季节、作物生长盛期和化肥施用的高效期三者同步。"黑龙港地区旱地农业增产技术及推广"项目，1986年获河北省科技进步二等奖。

研究形成了不同降水年型因雨种植理论：因雨耕作、因雨定播期、因雨墒定轮作形式、因降水年型施肥。推广面积162万亩，获经济效益4523万元。"河北低平原雨养农田提高水分利用率配套技术"项目，1990年获河北省科技进步二等奖。

撰写《低平原雨养农田因雨种植技术》《河北低平原生态条件对棉花产量的影响》《低平原雨养农田因雨种植技术的理论与实践》《伏旱的危害及防御对策》等论文20余篇，在《河北农业科技》《干旱地区农业研究》《生态学杂志》《耕作与栽培》等期刊发表。

多次受到国家三委一部、河北省政府、河北省农林科学院表彰奖励。被评为河北

省科技厅农业综合试区先进个人。

冯春田

冯春田（1934—1998），副研究员，河北省隆尧县人。1960年毕业于河北农业大学植保系，曾在中央第二机械工业部401研究所、山西省农业科学院植物保护研究室工作，1978年调到河北省农林科学院经济作物研究所（今河北省农林科学院棉花研究所），主要从事棉花种质资源的抗病性鉴定、抗病育种和科技服务工作。曾任研究室主任、开发科科长。

1973年在山西省农业科学院工作期间，参加全国棉花枯萎病防治攻关课题——全国棉花枯萎病生理小种鉴定，通过研究，明确了我国棉花枯萎病生理小种的种类及分布情况，为棉花抗病育种和棉花抗病品种的合理布局提供了科学依据。

1974—1978年，参加"棉花枯、黄萎病综合防治及棉花抗病育种"研究，主要承担抗病品种培育和药剂防治试验。培育出既抗枯萎病、又抗黄萎病的兼抗性品系260，后定名为晋棉8号，1983年获山西省科技成果二等奖。在此期间，承担了本单位试点的全国棉花抗病品种区域试验。参加的"全国棉花品种区域试验结果及其应用"项目，1985年获国家科技进步一等奖。

1980年开始，试验研究将原有的棉花枯萎病病圃鉴定改为温室营养钵接菌鉴定，利用春秋两季温室的环境，营养钵人工接种，被鉴定材料播种后尽量创造利于发病的条件，使之对棉苗产生抗性选择的压力。试验结果表明，枯萎病的温室营养钵苗期鉴定结果，不仅可以代表大田病圃鉴定，而且比田间病圃鉴定更准确、可靠，更能反映供试材料的抗性本质。经对368份材料进行室内苗期抗枯萎病鉴定，选出高抗类型7个，抗病类型28个，为棉花抗病育种选配亲本组合提供了抗病性状的科学依据。

在药剂处理棉花带菌种子的研究中，研究出了棉花枯萎病种子药剂处理的新方法，突破了药剂处理种子难关，也为棉花枯萎病的检疫和防治、防止因调种等远距离传播造成疫区扩展提供了新的有效方法。

1979—1982年，参加棉花品种资源研究，主要承担棉花枯、黄萎病病圃建立和

抗病性鉴定工作。在此期间，通过人工接种枯、黄萎病病原菌，建立了均匀的混生病圃，为开展棉花抗病性育种奠定了基础。

1983年后，参加棉花抗病育种攻关课题，培育出有苗头的优质、兼抗枯、黄萎病的新品系307、247、209等。

参加完成的"中国棉花枯、黄萎病菌生理小种鉴定"项目，1988年获农牧渔业部科技进步二等奖；"抗病性区试及其在抗病品种选育上的作用"项目，1989年获河北省农业厅科技成果三等奖。

撰写《近年来棉铃虫发生特点分析及防治对策》《对棉花抗病育种的几点看法》《对棉花枯萎病早期抗病性鉴定的几点体会》《棉花枯萎病病圃退化原因的初步探讨》《棉花枯萎病的发生与防治》《论黄萎病的抗性育种》《棉瓜间作对棉蚜防治效果的研究》等论文，在《山西棉花》《河北农业科技》《河北农学报》《华北农学报》《国外农学—棉花》《中国棉花》等期刊发表。

曾兼任河北省棉花学会秘书长。

阎守业

阎守业，副研究员，1934年生，河北省故城县人。1960年河北农业大学毕业后留校，在农学系从事教学和科研工作。曾担任作物栽培教研组组长。1995年退休。

主讲经济作物栽培学总论、各论，负责实验课及生产实习等课程，培养了优秀的学子，带出研究生多名。

承担了棉花的科研和生产技术的示范推广工作。在黑龙港地区旱地棉田进行了规范化栽培技术的研究，将黑龙港地区的旱地棉田分为两大类，一类是旱而不薄亦不碱的中产类型，生育特点变化大，单株结铃率不稳定，产量结构以伏桃和早秋桃为主，但年际间变化大，因雨量分布而异，配套措施为促控并重；另一类是旱、薄、碱的低产类型，生育特点变化小，单株结铃率较稳定，产量结构以伏桃为主，年际间变幅小，栽培技术应一促到底。"黑龙港地区旱地棉田规范化栽培技术"项目，1988年获河北省农业厅科学技术成果三等奖。

在黑龙港生态区旱地棉田进行了基础措施与保铃措施优化组合的筛选，试验研究了 7 项主要栽培因素对黑龙港生态区旱地棉田棉花的生育及产量的效应，建立了不同降水年型综合栽培措施与产量的回归方程，通过模拟寻优，筛选出了正常降水年型亩产子棉 200kg，干旱年型亩产子棉 175kg，丰水年型亩产子棉 230kg 水平下的优化措施组合，为该区旱地棉花生产提供了科学依据。"黑龙港生态区旱地棉田基础措施与保铃措施优化组合的筛选"项目，1992 年获河北农业大学科技进步一等奖，沧州地区行政公署二等奖，河北省科技进步四等奖。

在工作期间和退休后，经常去深泽县、东光县和保定地区开展科研和教学等工作，受到县委和县政府的高度好评。

参加了《作物栽培实验指导书》和《棉花高等农业函授教材》的图书编写工作。

善于总结科研成果，撰写多篇论文在全国、省、地、市棉花会议上进行交流。《论黑龙港地区旱地植棉技术》《黑龙港生态区旱地棉田综合栽培措施优化组合的筛选》《利用气温叶温差指标指导棉花灌溉》《棉花红叶茎枯病的调查》等论文，在《河北农业大学学报》《中国棉花》《河北农业科技》等期刊发表。

王以明

王以明，高级农艺师，1935 年生，河北省玉田县人。毕业于河北省昌黎高级农业学校，初级农学家学位。1956—1978 年就职于武邑县农林水利局，从事农业技术推广 23 年，1979 年调入唐山市农业科学研究所（今唐山市农业科学研究院），先后从事棉花育种与栽培、《唐山农业科技》编撰等工作。

在唐山市农业科学研究院工作期间，育成棉花品种唐 9103。该品种苗期生长健壮，单株结铃性强，铃较大，吐絮畅而集中。抗旱，耐涝，抗倒伏。抗枯萎病，耐黄萎病。1996—1997 年，参加冀东早熟棉区棉花品种区域试验，两年平均子棉亩产比对照增产 22.7%，皮棉亩产比对照增产 15.6%。1998 年通过河北省农作物品种审定委员会审定，是唐山市第一个通过省级审定的棉花品种。

主持完成的"棉花主动化调技术"项目，1993年获唐山市科技进步三等奖；主研完成的"唐9103棉花新品种选育"项目，1999年获唐山市科技进步二等奖；"《唐山农业科技》编辑"项目，获唐山市科技情报成果三等奖。

撰写《低酚棉育种应主攻早熟高产》《怎样挖掘地膜棉的增产潜力》《棉花主动化调技术初报》《三种调节剂在棉花上的应用研究》《增棉灵在棉花上的应用效果》等论文30余篇，在《中国棉花》《河北农业科学》《江西棉花》《河北农业科技》等期刊发表。

在武邑县工作期间，带领的杜村技术站圆满完成各项工作任务，被评为衡水地区模范技术站。衡水地区技术员标兵，唐山市优秀党务工作者，入选《共和国之星成就宝典》《中国知识经济研究人才库》。

陆景洪

陆景洪，副研究员，1935年生，广东省新会县（今江门市新会区）人。1961年毕业于河北农业大学植物保护专业，同年到邯郸地区农业科学研究所工作。1995年退休。

1974—1978年，在永年县苗庄大队科研基点参加对棉花资源进行田间抗病性鉴定。被鉴定材料绝大多数为陆地棉，少数为海岛棉和亚洲棉。在陆地棉中，包括历史上保留的较好资源、推广品种、参加区域试验的新品种以及国外引入的品种和品系。为了使病圃发病严重、均匀，先后3次人工接种。田间调查按五级分类法，在每个发病等级材料中，按病株率先轻后重顺序排列。用5年时间，鉴定品种资源445份，并按高抗、抗、耐、感四个级别分类。结果显示，未发现免疫的品种和品系；海岛棉抗（耐）病能力较强，陆地棉抗（耐）病性差别很大；亚洲棉比较感病。"棉花品种资源抗黄萎病田间鉴定"，1979年获全国成果奖励大会四等奖，第四完成人。

主研完成的"早熟优质丰产抗病短季棉新品种邯241选育及应用"项目，2003年获河北省科技进步三等奖，第三完成人；参加培育的冀棉7号品种，1984年获河北省科技成果二等奖，1985年获邯郸地区行署科技进步三等奖；参加完成"农药种

衣剂处理棉种综合防治苗期病虫害新技术研究"，1984 年农牧渔业部组织的专家鉴定，并列为"七五"期间优质棉基地县建设科技服务重点项目；参加国家"六五"棉花育种攻关协作组，育成抗病优质的冀合 3016 品系（冀棉 14）。1986 年获三委一部"六五"攻关成绩显著表彰奖励；参加的"全国棉花品种区域试验及其结果应用"项目，1985 年获国家科技进步一等奖；"河北省抗病棉花品种区域试验及其结果应用"项目，1986 年获河北省农林科学院科技进步三等奖。

经过多年努力，培育出夏播棉新品种邯 78-91（冀棉 21），1994 年通过河北省预审，是河北省第一个优质高产抗逆低酚夏播棉新品种，填补了河北省夏播低酚棉的空白。

撰写《棉花品种资源抗黄萎病田间鉴定》《伏蚜危害与棉花生物学性状的关系》《杀虫剂与杀菌剂复配种衣剂处理棉种综合防治苗期病虫害田间试验示范》《种衣剂处理棉种作为商品的重要改革》《加速实现棉种处理标准化的研讨与建议》《棉花抗黄萎病育种》等论文，在《遗传与育种》《棉花》《中国棉花》《河北省棉花学会论文汇编》《中国棉花学会第六次学术讨论会论文汇编》等刊物发表。《棉花品种资源枯黄萎病田间鉴定结果报告》一文在《棉花》杂志发表，并编入《中国棉花病虫害研究及其综合防治》一书；"种衣剂处理棉种综合防治苗期主要病虫害大田试验示范情况的报告"发表在《河北省棉花学会论文选编》，并获优秀论文二等奖；"低酚棉杂交后代无毒性状的选择与稳定在于连续选择"在河北省棉花学会进行了学术交流。

崔景维

崔景维，研究员，1935 年生，河北省邯郸县人。1958 年毕业于河北省保定高级农业学校，后到邯郸地区农业科学研究所（今邯郸市农业科学院）工作，从事棉花高产栽培、棉田耕作改制及夏播棉新品种选育研究。1997 年退休。

主持研究"冀中南麦棉一体化栽培技术体系研究及应用"项目，提出冀南地区棉田拔秆时间由枯霜后提早到 10 月 15 日左右，小麦播种从 11 月上中旬提早到 10 月中下旬，产量达到适时播种小麦的中高产水平，解决

了棉麦直接倒茬的技术难题。

提出了夏棉提早串种的适宜时期、种植规格及相应的管理技术，突破了国内外公认的北纬34°以北不能麦棉满幅复种的禁区，使麦棉满幅复种推移到北纬38°～39°，充分利用了土地和光热资源，实现了粮棉同步增产增收。"冀中南棉麦一体化栽培体系研究"项目，1989年获河北省科技进步二等奖，1990年获国家科技进步三等奖，1995年获河北省科技兴冀省长特别奖。

研究的"冀中南棉麦直接倒茬技术""冀中南棉花啤酒大麦套种满幅种植模式及配套技术"分别获邯郸地区科技进步三等奖，河北省农林科学院科技进步四等奖。培育的早熟棉品种冀棉21，分别于1996年、1997年通过河北省和国家农作物品种审定委员会审定，2002年获邯郸市科技进步一等奖。选育出早熟棉品种邯241，1999年通过河北省农作物品种审定委员会审定。"早熟优质丰产抗病短季棉新品种邯241选育及应用"项目，2003年获邯郸市科技进步一等奖，河北省科技进步三等奖。

撰写《棉花、啤酒大麦两熟栽培问题的探讨》《冀中南优质棉的栽培技术体系》《冀中南地区麦棉两熟的演进与配套技术》《冀中南麦棉一体化栽培的效益和技术》等论文，在《河北农学报》《中国棉花》等期刊发表。

国务院政府特殊津贴专家。邯郸市首届优秀专业技术拔尖人才，邯郸市劳动模范，第五次全国及河北省归侨侨眷先进个人。

梁志隐

梁志隐（1935—1994），教授，河北省昌黎县人。1959年河北农业大学农学系毕业后留校，从事教学和科研工作。

在教学方面，主讲《作物栽培学》课程，协助指导硕士研究生3名。为提高教学效果，参与录制了《科学种棉花》和《棉产品的加工利用》两部电教片，分别获河北省电教成果一等奖、国家农业部第四届全国农业电影电视神农奖铜奖和普通农业高等院校优秀教材奖。1989年被河北省农业厅聘请为河北省中等农业院校《作物栽培学》

新编教材审稿委员。参加"坚持社会主义方向，坚持教学、科研、生产三结合"研究课题，获国家级优秀教学成果特等奖。

在科研方面，主持或参加了多项棉花研究工作。主持完成的"黑龙港生态区旱地棉田基础措施和综合措施优化组合的筛选"项目，1992年获沧州地区行署科技进步二等奖，同年获河北省科技进步四等奖；参加完成的"棉花亩产200斤皮棉栽培技术体系"项目，1982年获河北省农业厅科技成果三等奖；"棉花亩产200斤皮棉技术"项目，1985年获河北省科技进步三等奖。

主编图书《植棉八个月》。撰写《利用气温叶温差指标指导棉花灌溉》《论黑龙港地区旱地植棉技术》《河北省棉花播种适期温度指标的探讨》《旱地棉田的基本措施与调节措施》《黑龙港生态区旱地棉田综合栽培措施优化组合的筛选》等论文多篇，在《河北农业大学学报》《中国棉花》《河北农业科技》等期刊发表。其中，《论黑龙港地区旱地植棉技术》一文获河北省棉花学会优秀论文二等奖。

张之玺

张之玺（1936—1995），研究员，上海市人。1960年毕业于浙江农业大学，同年到河北农业大学从事棉花科研和教学工作。

作为主研人员参加了国家科委课题"优质抗病丰产棉花新品种选育""低酚棉新品种选育"，河北省政府重大攻关课题"丰产优质抗病低酚棉新品种选育""高产优质抗病棉花新品种选育"，河北省自然科学基金项目"低酚棉种质资源创新与鉴评"，河北省科委项目"棉花种质资源研究""抗病优质丰产棉花新品种选育"等。

参加育成河北省第一个抗枯萎病品种冀棉7号（冀合321），河北省第一个兼抗枯萎、黄萎病品种冀棉14（冀合3016），河北省第一个低酚棉品种冀棉19（冀无2031），先后通过河北省农作物品种审定委员会审定，还参

加育成冀无 252、冀合 372、冀合 365 等低酚棉品系。

利用核不育系洞 A 转育出多个两系不育材料；利用无色素腺体、鸡脚叶、窄卷苞叶、红叶作为指示性状，研究不去雄制种，减少制种用工，提高制种效率。

参加完成的"棉花抗病丰产新品种冀棉 7 号"项目，1984 年获河北省科技成果二等奖；"棉花抗病育种"项目，1986 年获三委一部"六五"国家重大科技项目攻关奖；"棉花无色素腺体性状的育种选择和田间保纯技术"项目，1994 年获河北省教科委科技进步一等奖，同年获河北省科技进步二等奖；"低酚棉不同类型区配套栽培技术及副产品综合利用"项目，1995 年获河北省科技进步三等奖；"棉花抗病优质新品种冀棉 14"项目，1992 年获河北省科技进步三等奖；"抗病、高产低酚棉新品种冀棉 19 选育"项目，1996 年获河北省科技进步三等奖。

通过在浙江大学进修《种子学》，在河北农业大学首开《种子学》课程，开设种子学实验课，建设了种子学课程独立的实验室，争取并购置了种子检验的设备，满足了种子学实验课的需求。

撰写《陆地棉无色素腺体遗传资源棉子蛋白和棉酚含量研究》《棉花指示性状转育研究初报》《不同状态的棉子贮存年限初报》《贮藏年限对不同状态棉子生活力及活力的影响》《谈无毒棉的种子检验》《棉花品种丰产性结构分析》等 9 篇论文，在《棉花学报》《中国棉花》《河北农业大学学报》《种子世界》等期刊发表。

杜鸿芬

杜鸿芬，研究员，1936 年生，河北省保定市人。1960 年毕业于河北农业大学农学系，后分配到邯郸地区农业科学研究所（今邯郸市农业科学院）从事棉花育种研究和棉花品种区域试验等工作。1997 年退休。

参加"七五"期间河北省棉花育种协作组，河北省"八五"重点攻关项目等。

主研育成的棉花品种冀邯 3 号，种子发芽势强，出苗率高，易全苗，长势壮。单株结铃性强，铃壳薄，吐絮畅而集中，生产潜力大，累计推广 800 多万亩，为当时河北省棉花主栽品种之一，也是河北省棉花育种重要

的种质资源。"冀邯3号品种选育"项目，1978年获全国科学大会奖。

育成的冀棉5号，出苗好，生育前期生长健壮，开花结铃集中，高产稳产，不早衰，烂铃轻，对旱涝、瘠薄有一定适应性。1971—1972年，在河北省棉花品种区域试验中，皮棉亩产比对照徐州1818增产17.5%，1973—1974年，在黄河流域棉花品种区域试验中，皮棉亩产比对照徐州1818增产12.0%，1973年开始在河北省推广，"冀棉5号品种选育"项目，1978年获全国科学大会奖。

主研育成的中早熟品种冀棉11，出苗快且整齐，生长稳健，伏前桃多，结铃早而集中，早熟不早衰，既耐肥耐瘠，又抗旱耐涝，适应性较强。1984—1985年，参加河北省棉花品种区域试验，子棉产量、皮棉产量分别比对照冀棉8号增产6.4%和7.8%。1985年参加黄河流域棉花品种区域试验，子棉产量、皮棉产量分别比对照冀棉8号增产3.4%和3.3%，均居第一位。河北省和黄河流域棉花品种区域试验品质检测综合评等级为上等优级。1988—1993年累计推广590万亩。"优质、丰产、早熟冀棉11"项目，1990年获河北省科技进步二等奖，同年，"优质，高产，抗逆棉花品种GS冀棉11"项目，获科技兴冀省长特别奖，"优质、高产、早熟棉花品种GS冀棉11"项目，1992年获国家科技进步三等奖。

参加了棉花品种邯郸284的选育及应用工作。采用高温胁迫增加选择压力的育种技术，解决了高产与优质相结合的难题，采用不同生态类型区域多基地协同育种方法，解决了高产与早熟难以协调的矛盾，育成集优质、高产、抗病、早熟于一体的棉花品种邯郸284，可直播套种两用，实现了棉花育种的突破。"优质、高产、抗逆棉花新品种邯郸284的选育及应用"项目，2005年获河北省科技进步一等奖。

参加完成的"河北省棉花品种区域试验结果应用及方法改进"项目，1986年获河北省科技进步四等奖；"全国棉花品种区域试验结果及其应用"项目，1995年获国家科技进步一等奖；"黄河流域棉花品种区域试验"项目，1979—1981年连续3年获中国农业科学院科技进步三等奖。

撰写《对照品种在区域试验中的作用》《冀棉11品种简介》等文章，在《中国棉花》杂志发表。

国务院政府特殊津贴专家。负责的"黄河流域棉花品种区域试验"1983年被评为先进试点，河北省第六次妇女代表大会代表，先后入选《河北省专家名人录》《中国当代农业科技专家名录》《中国百科专家人物传集》。

南留柱

南留柱，副研究员，1936年生，河北省枣强县人。1962年毕业于保定农业专科学校植物保护与检疫技术专业，同年到河北省农林科学院植物保护研究所工作，主要从事昆虫天敌繁育和利用研究。

主持、参加了"棉花害虫天敌资源调查""棉花害虫天敌保护利用研究""应用瓢虫防治棉蚜试验示范"等项目，获各级科技成果奖励10项。

针对河北省棉花害虫防治以化学农药为主，费用开支大、防治效果低、污染环境、杀伤害虫天敌等问题，提出利用多种天敌控制棉花害虫的防治技术，包括：助迁麦田瓢虫防治棉蚜；人工繁育和大面积释放赤眼蜂防治棉铃虫；棉田移入马蜂防治棉铃虫；利用螳螂幼虫防治棉铃虫。大面积避免喷施化学农药，节省药费50%~85%，经济、安全地控制了棉田害虫为害，被誉为全国生物防治的样板。"利用多种天敌防治棉花害虫"项目，1979年获河北省技术改进四等奖，第二完成人。

以农田生态系的基本理论为依据，在全面了解棉田目标害虫——棉铃虫的前提条件下，寻找棉田生态系中的薄弱环节，运用昆虫生物学的原理和研究手段，明确了侧沟茧蜂的生物学特性及其对棉铃虫的自然寄生率及其消长规律，为茧蜂科天敌的基础研究提供了新内容，创造了人工繁殖侧沟茧蜂技术，为天敌资源开发利用提供了先例。"棉铃虫侧沟茧蜂生物学研究及人工繁殖技术"项目，1986年获河北省科技进步四等奖，第二完成人。

撰写《棉铃虫低龄幼虫寄生蜂—侧沟茧蜂生物学研究》《棉花害虫天敌保护利用研究》《应用赤眼蜂防治棉铃虫研究》《保护利用天敌发展生态农业—开展以保护天敌为主的棉铃虫综合防治》《棉铃虫侧沟茧蜂人工繁

殖技术初报》等论文，在《华北农学报》《昆虫天敌》《生态农业研究》等期刊发表。

程保章

　　程保章（1936—2009），副研究员，河北省深县（今深州市）人。1962年毕业于保定农学院，一直在衡水地区农业科学研究所（今河北省农林科学院旱作农业研究所）工。曾任研究室主任。

　　主要从事棉花育种工作。先后主持选育出低酚棉衡无306、衡棉8949等优质棉品系69个；抗病品系4个（衡棉521、衡棉8944、衡棉90-5、衡棉9016）。培育的冀棉4号1982年通过河北省农作物品种审定委员会审定。该品种的突出特点是产量高：1975年在河北省棉花品种区域试验中，9点次平均子棉产量比对照增产47%，皮棉产量比对照增产58%。纤维品质优良：纤维洁白有丝光，纤维长度32.7mm，主体长度30.3mm，强力4.3g，细度5 450m/g，断裂长度23.5km，成熟系数1.8，纺纱品质指标2 447分，综合评定为上等优级，还具有耐旱、耐瘠薄的特点。1977年开始在衡水地区推广，1981年种植面积32.8万亩。"棉花新品种冀棉4号"项目，1982年获河北省科技进步三等奖。冀棉4号为1984年前河北省衡水地区主要推广品种，累计推广面积100余万亩。

　　主持育成的低酚棉品系衡无8930，1995年获农业部"发展棉花生产专项资金"资助，1998年通过河北省农作物品种审定委员会审定，定名为冀棉27。冀棉27同时具备低酚、高产、早熟、抗逆的特点，产量水平显著超过有酚对照中棉所12，实现了低酚棉丰产育种的突破，被新疆棉区引进种植推广。"低酚棉新品种冀棉27选育及应用"项目，1999年获河北省科技进步三等奖。

　　曾多次在河北省各级棉花会议上作报告。《衡棉1号选育及体会》，1981年在《河北省中长绒棉原料基地》会议上报告；《对优质棉育种的几点认识和做法》，1988年在河北省棉花学会第三届会员代表大会上发言，并收录于《河北省棉花学术论文选编》第四集；《关于棉花种子标准化》，1981年先后在省、地标准化会议上发言；撰写的《衡水地区历年棉花主要品种种植概况》收录于衡水地区1986年出版的《棉花史

料选编》。

曾任河北省棉花学会理事，衡水地区棉花学会理事。

卜立芙

卜立芙，副研究员，1937年生，辽宁省海城县（今海城市）人。1960年毕业于河北农业大学植物保护专业，同年到河北省农林科学院植物保护研究所工作，主要从事棉花害虫防治技术研究。

主研完成的"棉铃虫人工饲料及饲养方法"项目，1979年获河北省技术改进四等奖。该项研究深入探讨了棉铃虫饲养技术问题，成功研制出能达到饲养健壮、成本低廉、配方简便的人工饲料，提出了棉铃虫饲养技术及在饲养过程中的注意事项，促进了害虫防治研究的深入开展。

参加完成的"溴氰菊酯农药防治棉蚜、棉铃虫技术"项目，1984年获河北省科技进步二等奖。该项研究针对棉田多年连续使用有机氯和有机磷农药产生抗药性，防治效果降低，成本提高，并且杀伤天敌，污染环境等问题，提出了使用2.5%溴氰菊酯乳油防治棉蚜、棉铃虫等棉花主要害虫的技术，并进行了大面积推广，经济效益显著。

参加完成的"新型Bt乳剂防治二代棉铃虫保护天敌控制伏蚜技术"项目，1990年获河北省科技进步四等奖。该项研究利用新型Bt乳剂对棉铃虫的良好防治效果和对天敌的保护作用，提出了一套以使用新型Bt乳剂为主体的控制二代棉铃虫兼治伏蚜的技术，为综合治理棉虫技术提供了借鉴。

撰写的《棉铃虫成虫吸食核多角体病毒毒液对后代影响的初步观察》《溴氰菊酯对棉铃虫药效的室内测定》《无蜜腺光叶棉的抗棉铃虫效果与利用》《利用棉花耐害性控制二代棉铃虫危害研究》等论文在《昆虫天敌》《农药工业》《中国棉花》《华北农学报》等期刊发表。

1994年被评为河北省省直机关三八红旗手。

王福长

　　王福长，研究员，1937 年生，山东省掖县（今莱州市）人。1962 年河北农业大学农学系毕业后，在邯郸地区农业科学研究所（今邯郸市农业科学院）从事棉花育种和棉花品种资源研究。

　　主持育成丰产、优质、耐病、抗旱、好管理的冀棉 12 棉花品种，1986 年通过河北省农作物品种审定委员会审定，年推广面积曾达到 400 万亩以上，占河北省适宜种植面积的 50% 以上，是当时河北省种植面积最大的棉花品种，在冀、鲁、豫、津累计推广 1 500 余万亩，创经济效益 8.4 亿元。1990 年被农业部作为首批农业科技成果向全国推荐。"早熟、高产、稳产、优质、抗逆棉花新品种冀棉 12"项目，1990 年获河北省科技进步一等奖，1991 年获国家科技进步三等奖。

　　主持完成的"棉花丰产、优质新品种选育"项目，先后育成 9 个不同类型的棉花品种，1988—1990 年，累计种植 2 978 万亩，增产棉花 26 080 万 kg，创经济效益 14.3 亿元。"棉花丰产、优质新品种选育"项目，1990 年获河北省省长特别奖。

　　20 世纪 90 年代中期，针对河北省棉花黄萎病和棉铃虫为害日趋严重的形势，选

育出了抗黄萎病的棉花品种邯 333，2001 年通过河北省农作物品种审定委员会审定，培育的抗虫杂交棉邯杂 154 于 2007 年通过国家农作物品种审定委员会审定。

　　参加选育了冀邯 3 号棉花品种。20 世纪 70 年代，在生产上累计推广 800 多万亩，为当时河北省棉花主栽品种之一，也是当时全国推广百万亩以上的 15 个国内自育品种之一。"冀邯 3 号品种选育"项目，1978 年获全国科学大会奖。

　　参加育成冀棉 5 号，在 1971—1972 年河北省棉花品种区域试验中，平均皮棉亩产比对照徐州 1818 增产 17.5%，在

1973—1974 年黄河流域棉花品种区域试验中，平均皮棉亩产比对照徐州 1818 增产 12.0%。1973 年开始在河北省推广。"冀棉 5 号品种选育"项目，1978 年获全国科学大会奖。

参加完成的"全国棉花品种区域试验及其结果应用"项目，1985 年获国家科技进步一等奖。

在棉花种质资源研究中，共引入鉴定棉花新种质 2 000 余份，创造不同类型的棉花新种质邯 173 等 35 个，向国内棉花育种单位提供种质资源 400 余份。

主持编写《河北棉花品种志》（河北省农林科学院棉花研究所、邯郸农业研究所 1986 年编印）；参编《棉花栽培》（河北人民出版社 1983 年出版）；参编了《邯郸地区农业区划》。

撰写《棉花品种—冀棉 12（邯郸 77）》《高产优质抗病虫棉花杂交新组合邯杂 154F$_1$》《鲁棉一号的中后期管理》《关于棉花的早熟性问题》《邯棉新品种介绍》等论文 10 余篇，在《河北农业科技》《中国棉花》《农业科技通讯》等刊物发表，译文 6 篇。

国务院政府特殊津贴专家，河北省省管优秀专家，河北省劳动模范。曾任中国棉花学会理事，河北省棉花学会常务理事。

石庆宁

石庆宁，副研究员，1937 年生，河北省灵寿县人。1962 年毕业于保定农学院，同年分配到河北省农林科学院植物保护研究所工作，早期从事玉米、谷子、高粱等旱粮作物的虫害研究，1977 年后从事棉花害虫发生规律及综合防治技术研究。曾任研究室主任。1997 年退休。

获得各级成果奖励 14 项，其中农业部科技进步二等奖 2 项，河北省科技进步二等奖 2 项、三等奖 1 项、四等奖 1 项，河北省农林科学院科技进步二等奖 1 项、三等奖 3 项、四等奖 3 项，中国农业科学院科技进步三等奖 1 项。

研究的氧化乐果缓释剂涂茎防治棉蚜技术，简单易行，改变了当时棉花生产上防

治棉蚜采用剧毒农药高浓度、大药量多次防治、污染环境，杀伤天敌，防效差的局面。该项技术成本低、防效高、对天敌影响小，同时兼治红蜘蛛、棉铃虫等害虫，是一项化学防治与生物防治相结合的防治方法，深受棉农欢迎。"氧化乐果缓释剂涂茎防治棉蚜"项目，1981

年获河北省技术改进二等奖，第二完成人。

以冀中老棉区晋县周家庄为基点，对棉虫防治技术进行了开发性研究。通过不同类型组合试验对比，明确在应用生态、农业、生物防治措施的基础上，前期通过隐蔽施药拌种和局部施药涂茎的方法，与保护利用天敌相协调，控制以棉蚜为主的苗期害虫，蕾铃期采用放宽防治指标和关键时期用药，与充分发挥天敌作用相协调，控制以棉铃虫为主的蕾铃期害虫，较好地解决了化学防治与生物防治之间的矛盾，改变了单纯依靠化学农药防治的局面，有效地控制了棉虫为害，提高了棉花产量和品质。"棉花害虫综合防治"项目，1984年获农牧渔业部技术改进二等奖，第二完成人；"溴氰菊酯新农药防治棉蚜、棉铃虫"项目，1984年获河北省科技进步二等奖，第三完成人。

撰写《河北省叶螨种类调查》《高压汞灯诱杀棉铃虫效果的研究》《棉铃虫在不同寄主作物上的种群分布》《吡虫啉防治棉蚜药效试验》《棉花害虫防治技术应用研究》《新杀虫剂呋喃丹简介》等论文46篇，分别在《昆虫学报》《昆虫知识》《河北农业大学学报》《华北农学报》《农药》《河北农业科技》等期刊发表。

国务院政府特殊津贴专家，曾任河北省昆虫学会理事，曾被评为河北省农业综合开发先进个人。

张冬申

张冬申，副研究员，1937年生，河北省邢台县人。1963年毕业于山西农学院，

同年到河北省宽城县农业局工作，1978 年到河北省农林科学院经济作物研究所（今棉花研究所）工作。曾任河北省农林科学院经济作物研究所副所长。

"六五"期间，在"亩产皮棉 200 斤水平的栽培技术及理论"课题中，主持了壮苗早发和不同类型区地膜覆盖项目。研究提出壮苗早发是亩产皮棉 100kg 的基础和先决条件，地膜覆盖是壮苗早发的有效措施，并提出壮苗早发的具体指标。主持完成的"亩产皮棉 200 斤栽培技术及理论"项目，1987 年获河北省农林科学院科技进步四等奖。

参加了"六五"农业科技攻关课题，是南宫攻关组第二主持人。主持了"地膜覆盖"和"施肥技术"项目的研究，提出和山西省农业科学院棉花研究所相反的观点，即旱地棉花不宜地膜覆盖。在施肥技术研究中，提出氮、磷配比一次底施的施肥方法和 1：0.5~0.7 的氮磷比例，该项研究获河北省科技进步一等奖。

"七五"期间，任棉花研究所副所长，在科研管理上实行课题主持人论证竞聘，人员自由组阁，撤销研究室，目标管理，指标量化。调动了技术人员的积极性，对完成"七五"科研任务起到了重要作用，连续两年超额完成任务，受到河北省农林科学院和河北省科委奖励。在试验管理上，实行科技人员、工人双承包，调动了两方面积极性，提高了试验地管理水平，确保了试验数据的准确性、可靠性。

参加完成的"黄淮海平原黑龙港地区农业科技攻关"项目，1986 年获特别荣誉奖；参加的"黑龙港旱碱地棉花增产技术研究"项目，1988 年获河北省科技进步一等奖；"全国不同生态区优质棉高产技术与应用"项目，1992 年获国家科技进步二等奖；1989 年"科技开发管理"项目，获河北省农林科学院科技开发四等奖。

1986—1989 年，主持农业部"优质棉基地县科技服务"项目，推广了"旱地棉花规范化栽培技术和定量化促控技术"，开展了棉花定量化促控技术、简化良繁程序、不同生态区棉纤维监测等专项研究，并取得较大进展。

1988 年参加科技扶贫工作，任河北省农林科学院工作队副队长，驻献县西城乡。了解当地生产水平和生态条件，分析影响棉花产量的主要因素，并针对存在的问题，采取相应的技术措施，取得了较好效果。使西城乡的植棉面积由 1.8 万亩增加到 2.2 万亩，皮棉单产由 43.0kg 提高到 51.8kg，提高 20.5%，总产量由 77.4 万 kg 增加到 113.9 万 kg，增收皮棉 36.6 万 kg，获经济效益 255.9 万元，被评为河北省科技扶贫先进个人。1993 年在景县安陵乡驻点，全乡 9 000 亩棉花，在大灾之年获得较好收

成，平均亩产皮棉 75kg，受到县、乡好评。

撰写《亩产皮棉 100 公斤栽培技术》《棉花定量化促控技术研究报告》《棉花品种综合评判简易方法》等文章，分别为河北省科学技术委员会特约稿、全国棉花化控会议发言材料、河北省农林科学院棉花研究所论文报告会发言稿；撰写《棉花化控技术》《棉花苗期壮苗早发技术的研究简报》等在《河北农业生态》《华北农学报》发表。

张 路

张路，副研究员，1937 年生，河北省滦南县人。1959 年毕业于石家庄农业机械化学校，同年到河北省农林科学院农业机械化研究所（今河北省农业机械研究所有限公司）工作。曾任农业机械化研究所副所长。

工作期间，一直从事农业机械化研究，农业部农业适度规模经营研究，棉花生产机械化研究，为管理部门提供决策依据，为棉花机械化生产提供技术支持。

主研的 2BF-2 型棉花铺膜播种机，与 8.8~14.7kW（15~20 马力）小四轮拖拉机配套，一次可完成起垄、开沟、施肥、播种、覆土、镇压、喷药、铺膜等多项作

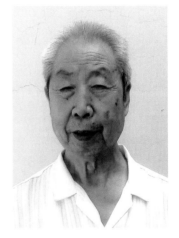

业。微垄沟底覆膜技术，解决作物播种出苗阶段土壤墒情和含盐量问题。将镇压与传动功能合为一体，简化了种植工艺。实现了棉花的精量播种，光子、毛籽均可作业。"2BF-2 型棉花铺膜播种机"项目，1993 年获河北省科技进步三等奖，第三完成人。

作为主研人参加河北省棉花生产机械化及配套机具研究，经过 5 年的实施，研究制订出有使用价值的以小四轮拖拉机为动力的棉花机械化生产新工艺和机具配套方案，使棉花生产除整枝、采摘外全部实现了机械化作业，为河北省棉花生产机械化开辟了新途径。其中，座水播种覆膜机械化作业工艺与机具研究，将点水、播种与覆膜融为一体，实现了定时穴座水与穴播种同步，达到了省工、省力和节水保苗目的；棉田实行带状种植、预留工艺道等机械化技术与吊杆喷雾机研究应用，解决了棉花植保作业的难题，满足了棉花全生育期除治病虫害、化控、叶面喷肥等需要；研制出介电式种子分选机、中耕深松化肥深施多用机和拔棉柴机等多种新型棉花生产机具，实

现了棉花机械化生产技术研究的新突破。"棉花生产机械化作业工艺与农艺配套技术"项目，1996年获河北省科技进步三等奖，第二完成人。

研制出了与8.8~11kW小型四轮拖拉机配套的棉花机械化生产系列新机具：2BZF-2型棉花座水播种覆膜机，集座水、播种与地膜覆盖于一体，用于棉花的节水补墒播种；3ZSFP-3型中耕深松化肥深施多用机，用于田间中耕、深松与化肥深施等作业；3WD-250型悬挂吊杆喷雾机，可满足棉花病虫防治、化控、叶面喷施微量元素等喷雾需要。解决了黑龙港地区播种季节干旱少雨，难保全苗，而且以人畜作业为主，劳动强度大，投入高，比较效益低的问题。"棉花机械化生产系列新机具"项目，1998年获河北省科技进步三等奖，第二完成人。

主研完成的"4MC-1/2型拔棉柴机"项目，1997年获河北省科技进步三等奖，第二完成人。

合作撰写论文《棉花机械化生产系列配套技术研究》，在《河北农业科学》发表。

中国农业机械学会理事。

李哲玲

李哲玲，副教授，1937年生，天津市人。1961年毕业于河北农业大学农学系，毕业后分配到保定地区安国县农业局任农业技术员。1973年调河北农业大学农学系作物栽培教研组从事教学和科研工作。

在安国县工作期间，在西河村组织培养农民技术骨干，建立千亩百斤皮棉试验田，推行棉田测定地温适期早播，增加株数合理密植，调查虫情适时治虫的棉花新技术，收到很好的示范效果。安国县多次在西河村组织召开技术交流会、现场观摩会，使新技术得到大面积推广，促进了安国县棉花生产的发展。

调到河北农业大学以后，主讲经济作物栽培学，负责实验课及生产实习等，参加了教学大纲的改革、实验课教材的编写，同时承担了棉花作物的科学研究及新技术的示范推广。

作为主研人参与了"棉花亩产200斤皮棉技术体系"的试验研究、示范和推广的

全过程。该技术体系提出了冀中南棉区棉花高产技术的合理途径，棉花适宜的生长发育进程与田间诊断指标，具有较强的理论指导意义与生产应用价值，被河北省政府列为重点推广项目。

1987—1993 年，在邢台地区的宁晋、清河、威县、任县和沧州地区的任丘以及保定地区的定兴等县，每年在棉花生产关键期，召开大型或小规模的技术培训会、现场会、研讨会、电视讲座等。其中定兴县 15 万亩棉田平均亩增产皮棉 15% 左右，实现 75kg 示范乡 2 个，100kg 皮棉示范村 3 个，对河北省棉花生产发展起到很大的促进作用。

获科技成果奖励 2 项：参加完成的"棉花亩产 200 斤皮棉技术体系"项目，1985 年获河北省科技进步三等奖；"河北省 180 万亩棉花高产综合配套技术"项目，1991 年获全国农牧渔业丰收二等奖。

参加了河北省教委主持的《农业实用技术》《农村中学三加一学习教材》和河北省农业科学院组织的《农村致富实用教材》等书籍的编写。

1990 年被保定地区行署评为"吨粮田建设先进工作者""七五"期间为科技兴农做出贡献，获河北农业大学"科技工作者奖"。

赵良忠

赵良忠，副研究员，1937 年生，河北省易县人。1962 年毕业于保定农业专科学校大学部，先后在河北省耕作灌溉研究所、河北省农作物研究所、河北省农林科学院经济作物研究所（今棉花研究所）工作。曾任研究室主任。

主要从事棉花栽培技术的研究，承担国家和河北省棉花品种区域试验等。

1972 年通过棉花化学杀雄试验，明确了化学杀雄试剂"233"适宜的使用剂量、浓度及施用效果。

1977—1979 年，主持棉花与小麦套种试验研究，通过 3 年 7 点次试验，提出可以用春小麦—棉花套种模式取代冬小麦—棉花套种模式。春小麦套种棉花，土地利用率比粮棉单作提高 13.4%~17.3%，比冬小麦套种棉

花提高 2.5%~6.1%，能较好地体现以棉为主，比粮棉单作增产 14.4%。有利于降低小麦丛矮病的为害，减轻棉花枯、黄萎病的发生，减少田间用工，提高了田间收益。试验期间，研究改进了照度计，使误差从 3% 左右缩小到 0.1% 以下，提高了试验精度。

20 世纪 80 年代初，主持"花铃期保铃数、增铃重技术研究""棉花化控技术及其理论研究"等项目。其中，"棉花化控技术及其理论研究"项目，研究解决了河北省黑龙港棉区前期干旱、强碱造成弱苗晚发、中期阴雨造成棉株徒长、蕾铃脱落、后期干旱或秋雨造成早衰、晚熟等问题。

1980—1985 年，主持亩产皮棉 100kg 水平的栽培技术及理论研究，明确了河北省中南部水浇棉田实现亩产皮棉 100kg 的产量结构，提出了主要的生育性状及生理指标、生化指标、土壤水分及肥力指标，提出了主茎生长速度，叶面积系数增长速度等几个主要稳长指标的理论公式，并总结出配套栽培技术。该技术应用推广 10 万亩，创经济效益 470 万元。"亩产皮棉 200 斤水平的栽培技术及理论"项目，1987 年获河北省农林科学院科技进步四等奖。

1986—1990 年，主持优质棉基地县科技服务东光县片（含肃宁县）工作，提高了当地的科技植棉水平，棉花产量显著增加。中心示范区皮棉亩产量比"六五"期间增加 12.9%，东光县增长 10.4%，肃宁县增长 28.4%。

主持的"棉花定量化促控技术"项目，2 年累计推广 80 多万亩，平均每亩增产皮棉 15.2%。项目实施过程中，还设计出了棉花促控卷尺，研究出叶面积系数简易测定方法——两叶法，提高了测定速度和精度。

作为主持人之一，主持"河北省春播棉品种区域试验""黄河流域棉花品种区域试验"。严格按照区域试验方案实施，田间管理及时、一致，调查、记载认真准确，记载档案上报及时，受到主管部门好评。

撰写《棉田中耕对地温影响的研究报告》《棉花化控技术》等论文，在《河北农学报》《河北农业生态》等刊物发表。另有河北省科委特约稿《亩产皮棉 100 千克栽培技术》，全国棉花化控会发言稿《棉花定量化促控技术研究报告》。

曾任河北省棉花学会第二届理事，1985 年被河北省品种审定委员会评为先进工作者。

贾占昌

贾占昌（1937—1997），副研究员，河北省吴桥县人。1963年毕业于河北农业大学，同年参加工作。先后在河北省棉花研究所、邯郸市峰峰矿区、邯郸地区农业科学研究所工作。曾任邯郸地区农业科学研究所棉花室主任。1996年退休。

主要从事棉花雄性不育系选育及三系配套应用研究。先后主持国家重点攻关、河北省科技攻关项目"陆地棉雄性不育杂交种的选育""棉花三系应用研究"等。

1978年以石短5号为母本，军海棉为父本进行杂交，经南繁北育，于1985年选育出棉花雄性不育系104-7A。1988年三系配套，不育性稳定，不育率和不育度、恢复系和恢复度均达100%。"棉花三系配套"项目，1989年经同行专家鉴定达国际领先水平。

1990—1994年，开展棉花三系应用研究。首先对棉花雄性不育系104-7A的利用价值进行了测试。经测产，利用104-7A转育的不育系配制的杂交种的超亲优势和竞争优势明显，皮棉产量最高的组合比对照冀棉11增产24.4%，证明了104-7A能够应用于生产。

鉴于最初的三系材料均不抗病，1990年开始设立温床和温室病圃，试验地接种，并引进了部分抗病品种。经过两年高强度筛选和南繁加代，选育出抗病不育系73-A和42A，1994年又选育出135A和19A，转育的不育系达到了当时生产上种植的棉花品种产量水平。1991年选出耐病恢复系640，1992年配制出杂交种邯杂73。1992年选出恢复系a3，配制出杂交种邯杂42。1992—1993年，邯杂73在肥乡县示范种植，两年分别增产28.6%和18.4%。1993—1994年，邯杂73参加国家杂交种攻关联合试验，两年平均皮棉总产较对照中棉所12增产15.5%。纤维长度29.3mm，比强度19.8g/tex，麦克隆值4.4，耐枯萎病。连续两年在黄河流域各试点表现稳定，综合性状好。1993—1994年，邯杂42在肥乡县示范种植，两年分别比中棉所12增产21.4%和41.8%。

"棉花三系杂交种育种方法"，1993年获国家发明专利。

主持的完成的"棉花三系杂交制种方法"项目，1994年获首届中国金榜技术与产品博览会金奖。

撰写《棉花雄性不育系 104-7A 的选育》《棉花雄性不育系 104-7A 的利用》《棉花雄性不育系 104-7A 的选育及三系配套》等论文，在《中国棉花》《作物杂志》《植物育种文摘（英）》等期刊发表；《棉花三系杂交育种方法》一文被《中国实用科技成果大辞典》《中国现代发明全集》收录。

贾景日

贾景日，副研究员，1937 年生，河北省获鹿县（今石家庄市鹿泉区）人。1963 年毕业于河北农业大学，先后在衡水县农业局、衡水县良种场工作，1980 年调河北省农林科学院经济作物研究所（今河北省农林科学院棉花研究所），曾任研究室主任。

1963—1968 年，在衡水县农业局从事技术推广工作，包括植棉技术、虫情测报和防治技术，使得技术实施区域棉花增产达 20% 以上，受到当地领导和农民欢迎。开设农业技术培训班，培训在职农业教师、农民技术员，使这些人在科学种田中起到了骨干作用。

1979 年到衡水县良种场工作，负责粮食、棉花等作物的提纯复壮，并承担省、地试验项目 27 项，圆满完成试验任务，受到主管部门好评。根据在衡水的工作经验，总结了改良盐碱地的小麦、棉花施肥技术，提出了"衡水盐碱地改造和利用"的建议。

1980 年调河北省农林科学院经济作物研究所工作后，先后主持了国家自然科学基金项目"棉花半配合种质基因的育种技术理论研究"、河北省自然科学基金项目"半配合育种加强和固定棉花杂种优势的遗传研究"。取得四方面成绩：第一，筛选出适宜棉花未受精胚珠生长的改良培养基，获得胚囊内多细胞团较成熟的胚状体（当时在国内未见报道），之后进行了提高频率和出苗的研究；第二，通过药物处理去雄花蕾的研究，获得了单倍体种子，结籽铃率达 1%~1.5%；第三，摸索出三个棉种茎尖快繁的培养基，生根率达 80% 以上（当时国内外尚未见相同报道），论文发表后，美国、英国、澳大利亚、比利时专家来函索取相关资料，要求建立联系，影响较大；第四，选育出棉花半配合材料 Vsg-1，应用于育种并获得成功，其单倍体频率稳定在 60% 以上，最高可达 69.9%，可使常规育种材料出现单倍体比例为 2%~3%，并从细

胞学、遗传学、形态学给予了证明。获得 20 多种育种材料的单倍体，10 多种育种材料的加倍单倍体。加倍单倍体经种植表现整齐一致，中国科学院植物研究所、遗传研究所、中国农业科学院棉花研究所、山西省农业科学院作物遗传研究所等 9 家单位引进此材料，用于育种或遗传机制研究。

"棉花半配合材料 Vsg-1 的选育及育种应用"项目，1989 年通过省级鉴定。专家认为该研究在我国棉花遗传育种领域中属于开创性研究，所取得的成果居国内领先地位，选育出的半配合材料 Vsg-1 与美国同类材料相比达到了国际水平。河北省科委将此成果推荐给《中国科技成果大全》和《中国实用技术成果数据库》。"棉花半配合材料 Vsg-1 的选育及育种应用"项目，1996 年获河北省农林科学院科技成果三等奖。

在专家的指导下，随着研究的深入，初步发现在棉花半配合遗传中，可能存在无融合生殖、嵌合体的多样性及母性遗传。单倍体育种对引进种质资源、研究棉种性细胞和体细胞遗传物质表达具有重要意义。

通过对棉花半配合遗传育种理论研究，总结出棉花加倍单倍体遗传 3 条表现，作为棉花半配合育种参考。试验结果表明：利用加倍单倍体可提高加强棉花杂种优势；利用加倍单倍体可加快育种进程，选出超前品种；利用加倍单倍体可提纯复壮商品棉种。

为了进一步研究单倍体育种技术，先后从中国农业科学院棉花研究所、江苏省农业科学院、山西省农业科学院作物遗传研究所等单位引入野生棉，并保存成株，另从国外引入有关棉花材料 10 份。在相关专家的指导下，到 1994 年，单倍体育种取得较大进展：8 个纯合棉种材料参加预备试验；从 15 个棉花育种材料中获得 47 株单倍体；转育陆地棉半配合材料获得分离单倍体，这些单倍体不结铃，不结籽，气孔保卫细胞叶绿体数属单倍体类型。利用棉花半配合育种方法，培育出海陆野 202 加倍系，1997 年参加预备试验。

1995 年转抗虫基因获得下胚轴组培苗和转基因愈伤组织胚状体，并尝试了花粉管导入和基因枪法导入外源基因。1997 年参加"棉花转抗虫基因研究"课题，体细胞培养已经出苗，并将抗虫基因导入体细胞。

撰写《棉花半配合材料 Vsg-1 嵌合体现象研究初报》《棉花半配合材料 Vsg-1 的选育及应用》《三个棉种茎尖培养再生植株培养基的研究》《棉花半配合材料 Vsg-1 育种技术简介》《低酚陆地棉体细胞培养获得再生植株的研究》等论文 7 篇，先后在《中国棉花》《植物学报》《华北农学报》《棉花学报》等期刊发表。

王品杰

王品杰，副研究员，1938年生，河北省深县（今深州市）人。1962年毕业于保定农业专科学校，本科学历。1975年调入河北省衡水地区农业科学研究所（今河北省农林科学院旱作农业研究所）从事棉花栽培研究工作。曾任党总支书记。

主持研究了抗病低酚棉、抗虫棉增产栽培技术，节水灌溉技术，简化整枝及化控技术，旱碱地棉花保苗增产技术，棉花优质高产栽培技术等。

在河北省黑龙港地区"六五"农业科技攻关中，针对该生态区自然环境条件和气候特点，旱碱地棉田面积大、产量低的现状，研究总结出黑龙港地区旱碱地棉花增产技术：播前保墒，节水造墒；开沟躲盐保苗；增施有机肥，集中底施化肥，雨季一次性追施氮肥；合理密植，每亩4 000~5 000株；简化整枝，合理化控。在单项试验的基础上优化农业措施组合，明确了棉田土壤水分动态变化规律与产量关系，建成黑龙港地区旱碱地棉花增产技术体系。经大面积示范亩增产23.4%，获社会效益2亿元以上。主研完成的"黑龙港地区旱、薄、碱地棉花增产技术"项目，1986年获农牧渔业部科技进步二等奖；"中低产棉田播前节水灌溉集中底施化肥技术"项目，1986年获河北省农林科学院科技成果奖。

参加了由中国农业科学院棉花研究所主持的"全国不同生态区优质棉花高产技术研究与应用"项目。采用三因子最优回归设计进行试验，建立了产量与农艺措施间的函数模型，通过数学模拟筛选出优质高产最佳农艺组合方案，建立起棉花优质高产栽培模式，进行了大面积示范，取得了增产16.5%~21.7%的效果。"全国不同生态区优质棉花高产技术研究与应用"项目，1992年获农业部科技进步一等奖，"棉花生产管理模拟与决策系统"项目，1992年获农业部科技进步二等奖。

多次承担衡水地区棉花生产技术宣讲团的任务，培训的棉农遍及阜城县、景县、饶阳县、深州市、冀州市等主要植棉县，在棉花生长的关键时期，到各地进行巡回指导，深受棉农的欢迎。

曾任河北省棉花学会常务理事，衡水地区棉花学会副理事长，衡水地区行署棉花生产技术顾问，衡水地区农业技术成果鉴定专家组成员，科技成果评奖委员会成员并

任农业组副组长。

刘景山

刘景山，研究员，1938 年生，河北省曲周县人。1958 年河北省保定农业学校毕业后分配到河北省农林科学院棉花研究所工作，后进修于北京农业大学农学系，1961 年调入邯郸地区农业科学研究所（今邯郸市农业科学院）工作。曾任棉花育种研究室主任。2000 年退休。

主研育成的棉花品种冀邯 3 号，种子发芽势强，出苗率高，易全苗，长势壮。结铃性强，铃壳薄，吐絮畅而集中，生产潜力大。20 世纪 70 年代在生产上累计推广 800 多万亩，为当时河北省棉花主栽品种之一，也是河北省棉花育种重要的种质资源，是全国推广百万亩以上的 15 个国内自育品种之一。"冀邯 3 号品种选育"项目，1978 年获全国科学大会奖。

主研育成的冀棉 5 号，出苗好，生育前期生长健壮，开花结铃集中，高产稳产，不早衰，烂铃轻，对旱涝、瘠薄有一定适应性。1971—1972 年，参加河北省棉花品种区域试验，皮棉亩产比对照徐州 1818 增产 17.5%，1973—1974 年，参加黄河流域棉花品种区域试验，皮棉亩产比对照徐州 1818 增产 12.0%，1973 年开始在河北省推广。"冀棉 5 号品种选育"项目，1978 年获全国科学大会奖。

参加"七五"期间的河北省棉花育种协作组，并任主持人之一。先后育成 9 个品种，1988—1990 年，累计种植 2 978 万亩，增产棉花 2.6 亿 kg，创经济效益 14.3 亿元。"棉花丰产、优质新品种选育"项目，1990 年获河北省省长特别奖。

主持育成的中早熟品种冀棉 11，出苗快且整齐，生长稳健，伏前桃多，结铃早而集中，早熟不早衰，既耐肥耐瘠，又抗旱耐涝，适应性较强。纤维品质优良，河北省和黄河流域棉花品种区域试验纤维品质检测综合评等级为上等优级。1984—1985 年，参加河北省棉花品种区域试验，子棉产量、皮棉产量分别比对照冀棉 8 号增产 6.4% 和 7.8%。1985 年参加黄河流域棉花品种区域试验，子棉、皮棉产量分别比对照增产 3.4% 和 3.3%，均居第一位。被列为国家重点推广项目，在冀、鲁、豫、皖

等省推广，1988—1993 年，累计推广 590 万亩，赢得广泛赞誉。"优质、丰产、早熟 冀棉 11"项目，1990 年获河北省科技进步二等奖；"优质，高产，早熟棉花品种 GS 冀棉 11"项目，1992 年获国家科技进步三等奖。

主研完成的河北省"八五"重点攻关项目"150 公斤皮棉配套栽培技术体系研究"，率先突破亩产 150kg 皮棉大关，专家鉴定达到国内先进水平，1995 年获邯郸市科技进步一等奖；"优质高产抗逆棉花新品种邯郸 284 选育及应用"项目，2005 年获河北省科技进步一等奖；"转基因棉花新品种邯郸 109 的选育与应用"项目，2008 年获河北省科技进步二等奖；参加完成的"棉花抗黄萎病育种基础研究与新品种选育"项目，2009 年获国家科技进步二等奖。

参编《河北棉花》（河北科学技术出版社 1992 年出版），该书获河北省优秀科普作品奖。

撰写《优质棉育种研究》《采用陆地棉和海岛棉种间杂交培育高强力中长绒棉》《冀中南地区棉花品种适宜类型及杂交育种的基本组合》《棉花优质纤维品种—冀棉 11》等论文，先后在《华北农学报》《河北农业大学学报》《中国棉花》《河北农业科技》等期刊发表，其中《优质棉育种研究》一文被联合国粮农组织采用。

国务院政府特殊津贴专家，河北省省管优秀专家，邯郸市优秀专业技术拔尖人才。曾任河北省棉花学会理事，曾被评为河北省先进工作者，1993 年当选邯郸市政协委员。

王俊民

王俊民，研究员，1939 年生，河北省获鹿县（今石家庄市鹿泉区）人。1965 年毕业于河北农业大学农业机械化系，同年到河北省衡水地区农业机械修理厂工作，先后任技术员、技术科副科长。1976 年调河北省农林科学院农业机械化研究所（今河北省农业机械研究所有限公司）工作。

在河北省农林科学院农业机械化研究所工作期间，主持了河北省土地适度规模经营研究，参加了河北省农业机械化研究，棉花生产机械化研究，农业部农业适度规模经营研究，为棉花机械化生产提供了理论依据，为管理部门提供了决策依据。

获省部级科技奖励多项。主持完成的"河北省平原区种植业适度规模研究"项目，1989年获河北省科技进步三等奖；"2BF-2型棉花铺膜播种机"项目，1993年获河北省科技进步三等奖；"棉花生产机械化作业工艺与农艺配套技术"项目，1996年获河北省科技进步三等奖；"南皮试区旱地棉田农机农艺配套技术规程"项目，1996年获中国科学院科技进步三等奖；"4MC-1/2型拔棉柴机"项目，1997年获河北省科技进步三等奖；"棉花机械化生产系列新机具"项目，1998年获河北省科技进步三等奖。

主持研究的2BF-2型棉花铺膜播种机，与8.8-14.7kW（15~20马力）小四轮拖拉机配套，一次可完成起垄、开沟、施肥、播种、覆土、镇压、喷药、铺膜等多项作业。微垄沟底覆膜技术，解决作物播种出苗阶段土壤墒情和含盐量问题。将镇压与传动功能合为一体，简化了种植工艺。实现了棉花的精量播种，光子、毛籽均可作业。

主持河北省棉花生产机械化及配套机具研究，经过5年的实施，研究制定出有使用价值的以小四轮拖拉机为动力的棉花机械化生产新工艺和机具配套方案，使棉花生产除整枝、采摘外全部实现了机械化作业，为河北省棉花生产机械化开辟了新途径。其中，座水播种覆膜机械化作业工艺与机具研究，将点水、播种与覆膜融为一体，实现了定时穴座水与穴播种同步，达到了省工、省力和节水保苗目的；棉田实行带状种植、预留工艺道等机械化技术与吊杆喷雾机研究应用，解决了棉花植保作业的难题，满足了棉花全生育期除治病虫害、化控、叶面喷肥等需要；研制出介电式种子分选机、中耕深松化肥深施多用机和拔棉柴机等多种新型棉花生产机具，实现了棉花机械化生产技术研究的新突破。

主持研制出了与8.8-11kW小型四轮拖拉机配套的棉花机械化生产系列新机具：2BZF-2型棉花座水播种覆膜机，集座水、播种与地膜覆盖于一体，用于棉花的节水补墒播种；3ZSFP-3型中耕深松化肥深施多用机，用于田间中耕、深松与化肥深施等作业；3WD-250型悬挂吊杆喷雾机，可满足棉花病虫防治、化控、叶面喷施微量元素等喷雾需要。解决了黑龙港地区播种季节干旱少雨，难保全苗，而且以人畜作业为主，劳动强度大，投入高，比较效益低的问题。

　　撰写《棉花机械化生产系列配套技术研究》《2000 年河北省农业机械化发展建议》《实现农业机械化的措施》《河北省太行山区农业机械化问题的探讨》《种植业规模经营与农机化浅谈》《棉花机械化生产系列配套机具》《旱地棉机械座水播种覆膜技术》《棉田节水高产高效农机农艺配套技术研究》等论文，在《河北农业科学》《中国农机化》《华北农学报》《河北农机》《生态农业研究》等期刊发表。

　　1980 年被评为农业部农业机械化系统先进工作者。

孙汉卿

　　孙汉卿，副研究员，1938 年生，山东省临清县（今临清市）人。1957 年到沧州地区农业科学研究所（今沧州市农林科学院）工作，后到北京农业大学学习，1963 年毕业。主要从事棉花栽培和育种技术研究。

　　主持育成优质棉品种沧 7315-38 系。为了培育纤维品质优良的品种，选育中多次检测纤维品质，针对纤维长度和强力不断改进工作方法，加快了育种进程。1983—1984 年，7315-38 系参加冀中南棉花品种区域试验，平均亩产皮棉 102.0kg，比对照增产 9.3%。纤维主体长度 29.8mm，品质长度 32.8mm，强力 3.7g，细度

6 060m/g，断裂长度 22.2km，成熟系数 1.5，纺纱品质指标 2 290 分，综合评定为上等一级。1986 年通过沧州地区农作物品种审查小组审定。主要在沧州地区吴桥、东光、南皮、盐山等县及廊坊地区推广种植，累计推广面积 238.4 万亩，新增社会产值 1.3 亿元，经济效益显著。"7315-38 系优质棉新品种选育及推广"项目，1988 年获沧州

市科技进步二等奖，同年获河北省科技进步三等奖。

作为河北省棉花育种协作组成员，先后参加育成不同类型的棉花品种。1988—1990年，累计种植2 978万亩，增产棉花26 080万kg，创经济效益14.3亿元。"棉花丰产、优质新品种选育"项目，1990年获河北省省长特别奖。

参加黄河流域棉花品种区域试验工作。"全国棉花品种区域试验及结果应用"项目，1985年获国家科技进步一等奖。

1990年度工作成绩显著，获沧州地区行政公署记功奖励。

魏瑞芳

魏瑞芳，助理研究员，1939年生，河北省涞源县人。1961年毕业于河北省昌黎农业学校，同年分配到河北省沧州地区农业科学研究所（今沧州市农林科学院）从事棉花种质资源研究和新品种培育工作。

主持棉花品种资源的研究，鉴定、选择中棉、陆地棉、海岛棉等100余份，每年轮回种植，田间观察，室内考种，对低酚棉测试分析等资料进行整理，掌握品种特征特性，为品种选育打下基础。为《全国棉花目录》提供品种资料25份，并将稀有原始品种种子送中国农业科学院棉花研究所保存。

1972年开始选配杂交组合，负责杂交后代选育，培育出品种7315-38系及其他有苗头的品系。为了培育纤维品质优良的品种，选育中多次检测纤维品质，针对纤维长度和强力不断改进工作方法，加快了育种进程。1983—1984年，7315-38系参加冀中南棉花品种区域试验，平均亩产皮棉102.0kg，比对照增产9.3%。纤维主体长度29.8mm，品质长度32.8mm，强力3.7g，细度6 060m/g，断裂长度22.2km，成熟系数1.5，纺纱品质指标2 290分，综合评定为上等一级。1986年通过沧州地区农作物品种审查小组审定。主要在沧州地区吴桥、东光、南皮、盐山等县及廊坊地区推广种植，累计推广面积238.4万亩，新增社会产值1.3亿元，经济效益显著。

取得科技成果多项。参加完成的"黄河流域棉花品种区域试验"项目，1979年获国家科技进步三等奖；"全国棉花品种区域试验及结果应用"项目，1985年获国家

科技进步一等奖;"河北省棉花区域试验及结果应用"项目,1988年获河北省科技进步四等奖;"7315-38系优质棉新品种选育及推广"项目,1988年获沧州市科技进步二等奖和河北省科技进步三等奖。

撰写《陆地棉亲本遗传差异分析》《低酚棉数量性状遗传参数的研究初报》等论文,在《华北农学报》《河北农业大学学报》等期刊发表。

王忠义

王忠义,研究员,1940年生,河北省定县(今定州市)人。1961年毕业于保定农业专科学校,同年到河北省灵寿县从事农业技术推广工作。1973年调入石家庄地区农业科学研究所(今石家庄市农林科学研究院)从事棉花育种及栽培研究。

主持了河北省科技攻关"抗黄、枯萎病适宜地膜栽培低酚棉专用品种选育的研究""棉花具标记性状自交系的选育及其应用"、河北省自然科学基金项目"陆地棉标记基因的组配改良、利用研究""棉花形态抗虫(棉铃虫)性的研究""低酚棉新品种选育的研究"等省、市级项目多项。

先后主持或主研育成冀棉7号、冀棉8号、冀棉14、石抗434、石标杂棉1号、红杂101等棉花品种。

主研育成抗病棉花品种冀棉7号(冀合321)。高抗枯萎病,耐黄萎病。纤维品质长度30.4mm,主体长度28.3mm,单纤维强力3.9g,细度5 795m/g,断裂长度22.9km,成熟系数1.7,综合评定为一等一级。1981—1982年参加河北省棉花抗枯萎病品种区域试验,两年平均比对照品种陕5245增产30.7%,同年河北省生产试验平均亩产皮棉75.6kg,比对照86-1增产32.3%。1982—1983年参加黄河流域棉花抗枯萎病品种区域试验,两年20点次皮棉平均亩产78.7kg,比对照品种陕5245增产16.1%。"棉花抗病丰产新品种冀棉7号"项目,1984年获河北省科技进步二等奖,第二完成人。

主研育成抗病棉花品种冀棉14(冀合3016)。高抗枯萎病,耐黄萎病。纤维主体

长度 31.6mm，单纤维强力 4.0g，细度 5 757m/g，断裂长度 23.2km，成熟系数 1.7，纺纱品质指标 2 436 分，综合评等级为上等一级，被全国抗病优质育种联合攻关协作组定为抗病优质棉品种。1986—1987 年参加河北省抗枯萎病品种区域试验，平均亩产子棉 263.4kg，较对照冀棉 7 号增产 12.0%，亩产皮棉 102.6kg，较对照增产 7.9%。"棉花抗病优质品种冀棉 14"项目，1992 年获河北省科技进步三等奖，第二完成人。

冀棉 7 号和冀棉 14 的育成，改变了河北省自育品种抗枯萎病差的历史，不仅解决和控制了枯萎病对棉花生产的为害，而且开始引导河北棉花育种研究走向抗病育种之路，之后育成的多数棉花品种均抗或高抗枯萎病，基本解决了棉田枯萎病发生对棉花生产的制约问题。

主持棉花标记性状自交系的选育研究。利用回交转育、自交纯合的方法，选育出了具有 L_2^S、gl_2l_3 两种基因标记性状的棉花自交系 Y_{2-2}。用其作父本与常规棉花品种杂交，因其基因型纯度高，配制的杂交种表现出较强的生产优势；改变了 F_1 代的叶型，改善了群体的冠层结构，提高了光能利用率，为棉花杂种优势利用选配高优势组合提供了一个优良亲本。"棉花具标记性状自交系的选育"项目，1996 年获石家庄市科技进步一等奖，1997 年获河北省科技进步三等奖。1997 年以抗 28 为母本，Y_{2-2} 为父本，育成石标杂棉 1 号，2003 年通过河北省农作物品种审定委员会审定。石标杂棉 1 号高抗枯萎病、耐黄萎病，植株高大、茎秆粗壮，鸡脚形叶，适宜简化整枝、稀植大棵和间作套种，深受棉农欢迎。

参加完成的"棉花品种资源抗黄萎病田间鉴定"项目，1979 年获全国成果奖励大会四等奖；"棉花新品种冀棉 8 号"项目，1984 年获河北省科技成果一等奖，1985 年获农业部科技进步二等奖，1987 年获国家科技进步二等奖；"全国棉花品种区域试验及结果应用"项目，1985 年获国家科技进步一等奖；"低酚棉不同类型区配套栽培技术及副产品综合利用"项目，1995 年获河北省科技进步三等奖。

撰写《棉花品种早熟与早衰的区分》《试论我国棉花育种目标的趋向》《棉花多种质量标记性状亲本在杂交制种上的应用》《超鸡脚叶类型棉花的利用价值》《棉花黄萎病的抗性表现及选择》《低酚棉丰产性的研究》《冀中南地区天气条件下棉花不同开花曲线类型对产量的影响》等论文 30 余篇，分别在《河北农学报》《华北农学报》《中国棉花》《作物品种资源》等期刊发表。

国务院政府特殊津贴专家，河北省有突出贡献的专业人才，河北省劳动模范，河北省第六届、第七届、第八届政协委员。

赵　燧

赵燧，高级政工师，1940年生，河北省深县（今深州市）人。1961年毕业于河北冀县师范，1988年调河北省农林科学院旱作农业研究所工作。曾任副所长兼党总支书记。2000年退休。

20世纪90年代初，针对棉铃虫猖獗导致河北省棉花生产严重减产的局面，带领研究所专家多次研讨，反复实践，形成综合治理措施。1992年，向河北省领导提出《关于在全省组织除治棉铃虫百团大战的建议》，引起河北省委领导的高度重视，并批示由河北省农业厅组织专家论证，在全省推广应用。当年荣获"河北省人民群众建议先进个人"证书。

1993年，参与了"高压汞灯诱杀棉铃虫的研究和推广应用"项目的实施，在全省防治棉铃虫大会上，选派植保专家重点讲述高压汞灯诱杀棉铃虫技术，得到各级政府的大力支持和推广应用，有效遏制了棉铃虫两次大暴发，取得社会经济效益达2.5亿元。《河北日报》《山西日报》《山东日报》等媒体把高压汞灯称为"科技神灯"，各地方电视台进行了多次报道。"高压汞灯诱杀棉铃虫的研究和推广应用"项目，1993年获河北省科技进步三等奖。

1993—1995年，衡水市生产上大面积推广种植棉花品种衡521，为防止优

良品种的混杂、退化、变异，与衡水地区棉麻公司、景县棉麻公司合作，在景县 3 年累计建设棉花"三圃田"、种高产高效示范田 8 900 亩。衡水市 11 个县市共建成"三圃田"3.7 万亩，引起省、市、县供销社系统各级领导的重视。内贸部、国家供销总社、河北省市领导先后参观考察。1995 年 8 月 19 日，中央电视台《经济半小时》栏目播报了衡水建设棉花三圃田、田间讲课和科技服务情况等。"棉花优良品种提纯复壮及开发推广"项目，1995 年获衡水市科技进步一等奖，同年获中华全国供销总社科技进步一等奖。

撰写的科普手册《棉花害虫综合防治技术》，印刷 5 000 册，在全省发放，《棉铃虫的综合防治》《高压汞灯诱杀棉铃虫效果好》等在《河北农业科技》发表。

李梦久

李梦久，副研究员，1941 年生，河北省束鹿县（今辛集市）人。1966 年毕业于河北农业大学，先后在中国农业科学院植物保护研究所、山东军区独立一师、河北省农林科学院经济作物研究所（今棉花研究所）工作。

在河北省农林科学院经济作物研究所工作期间，主持或参加了农业部、河北省科委、河北省科技厅重大攻关项目，河北省自然科学基金项目，河北省农林科学院项目等。主要从事棉花抗病育种、低酚棉新品种培育、低酚棉综合利用、低酚棉转基因技术体系的研究。

参加完成的"全国棉花品种区域试验结果及其应用"项目，1985 年获国家科技进步一等奖；"河北省棉花品种区域试验结果应用及方法改进"项目，1986 年获河北省农林科学院技术进步三等奖；"棉花无色素腺体性状的育种选择和田间保纯技术"项目，1994 年获河北省教委科技进步一等奖和河北省科技进步二等奖。

主持的"低酚棉种子保纯、保存及饼油质量检测技术研究"，获得几十万斤高纯度低酚棉种子。棉仁系列饮料研制成功，并申报了专利。

培育的低酚棉品系省无 538 纤维品质好、产量高、子指较大，种仁品质优良，蛋白质含量 46%，棉酚含量 0.04%。针对这些特性开展了综合利用研究，探索出一种新

型的芽菜生产工艺。此菜营养丰富，尤其维生素 E 含量较高，适口性强，风味独特，又名"维益菜"。利用低酚棉籽生产高营养、可食用的维益菜在国内外尚属首创，1996 年获国家发明专利，2004 年"低酚棉食用棉苗的生产方法"获河北省优秀发明奖。

1999 年省无 538 通过河北省农作物品种审定委员会审定。育成低酚棉品系省无 78、省无 303 等，其中省无 303 纤维品质符合纺织要求，在河北省低酚棉区域试验中，霜前子棉、皮棉分别超过对照（中棉所 12）5.2% 和 3.3%，子棉和皮棉总产分别超对照 5.8% 和 4.1%，抗病性好于对照。

撰写《依据区试结果评定棉花品种实用价值的探讨》《河北省棉花区试工作的发展及在生产中的作用》《检验种子无腺体性状效果及其应用价值》《低酚棉与普通陆地棉超氧化物歧化酶及酯酶的比较研究》《低酚棉育种亲本棉铃结构的星座图聚类和多级通径分析》等论文，在《河北农业情报》《中国棉花学会论文汇报》《河北棉花》《河北农学报》《华北农学报》等刊物发表。

王德安

王德安（1943—2002），研究员，河北省清苑县（今保定市清苑区）人。1967 年毕业于河北农业大学植物保护专业，1979 年到河北省农林科学院植物保护研究所从事棉花主要害虫的生物防治研究工作。

通过调查发现了棉铃虫低龄幼虫寄生蜂—中红侧沟茧蜂，并探索出了该天敌昆虫的利用途径。主持的国家自然科学基金、河北省自然科学基金"中红侧沟茧蜂的人工滞育研究及利用评价"项目，研究成果经同行专家鉴定达到了国际先进水平，并获河北省农林科学院科技进步一等奖；主持的"棉铃虫侧沟茧蜂生物学研究及人工繁殖技术"项目，1986 年获河北省科技进步四等奖；主持的"中红侧沟茧蜂大量繁育及应用技术研究"先后被列入了河北省科委重点计划项目和国家"九五"科技攻关项目。参加完成的"棉铃虫低龄幼虫天敌—中红侧沟茧蜂人工繁殖利用技术"项目，2005 年获河北省技术发明二等奖。该项研究以中红侧沟茧蜂生物学特性为依据，以该天敌的应用为目的，从寄主的选择和饲养、滞育条件的控制、操作规范等方面进

行了系统研究，建立了中红侧沟茧蜂人工繁育的工艺技术流程，繁育出的滞育蜂源产品能保存 1 年以上，具备了良好的商品属性，为今后的产业化生产奠定了雄厚的基础，经多地多点大面积防治棉铃虫释放示范，对棉铃虫的防治效果达 70%。

撰写的《中红侧沟茧蜂生物学特性观察》《中红侧沟茧蜂初步利用探讨》《中红侧沟茧蜂的人工滞育和蜂源的保存》《中红侧沟茧蜂田间释放技术研究》《中美两国侧沟茧蜂研究现状》《中红侧沟茧蜂繁蜂器的研制及操作规程》等论文，分别在《农业昆虫评论》《中国昆虫学会成立 50 周年论文集》《河北农业大学学报》《河北农业科技》《中国生物防治》等刊物发表。

1987 年、1989 年两次被河北省山区技术开发领导小组评为先进工作者，1990 年河北省人民政府授予先进工作者称号。

邢　竹

邢竹，研究员，1944 年生，天津市人。1967 年毕业于河北农业大学土壤农化专业，后在河北省农林科学院土壤肥料研究所（今农业资源环境研究所）从事土壤肥料与植物营养研究工作。

作为主研人员获成果奖励 10 项。主持"冀中南潮土区棉花因土平衡施肥技术"项目。针对棉花盲目施肥问题，采用微区与田间小区相结合的试验方法，通过多点试验，明确了土壤养分含量与棉花产量及全生育期施用化肥数量的关系；证实了随着土壤有机质含量的提高，氮肥效应依次降低，磷肥效应稳定，钾肥效应增加

的趋势；依据河北省肥料资源和河北省棉花产量水平以及土壤养分状况，提出了三套具体施肥配方，在各棉区生产应用。主持完成的"冀中南潮土区棉花因土平衡施肥技术"项目，1989 年获河北省科技进步四等奖。

作为主研人完成"土壤层间钾对棉花钾素营养及作用机制"项目。该项研究针对河北省的种植结构特点，对全省主要植棉区土壤钾素的分布状况进行调查，摸清了河北省不同类型品种区钾素的含量，在国内首先研究了土壤非交换性钾对棉花所需钾素的贡献，明确了在不施钾肥的情况下，棉花吸收的钾素有 80% 来源于土壤的非交

换性钾，20% 来自于土壤的交换性钾，其吸收量的 53%~74% 存储于棉花的茎秆中，26%~47% 存储在叶片中；对于河北省植棉区的土壤，以石家庄、邢台、邯郸沿线的中熟品种区和保定、沧州的中早熟品种区矿质层间钾含量比较高，秦皇岛、唐山早熟品种区较低；耗竭土壤对外源钾素的固定要比非耗竭土壤高；随着外源钾素加入量的提高，土壤对钾素的固定也在增加，当加入量超过一定量时，土壤对外源钾的固定会下降；土壤对外源钾素的固定受水分的影响，干湿交替后土壤对钾素的固定明显增加；土壤的含钾量越高，固钾能力越强；施用钾肥对棉花根际土壤钾素营养有影响，施用钾肥的处理比不施用钾肥的处理根际土壤中的钾素亏缺更为严重，非根际土壤中交换钾的含量比其他处理高，为棉花钾肥的施用提供了理论根据。"土壤层间钾对棉花钾素营养及作用机制"项目，2000 年获河北省科技进步三等奖。

主编《致富金桥》（1998 年第 12 期和 1999 年第 1 期，河北省科学技术协会出版）；副主编《涂层尿素及其应用》（中国农业出版社 1996 年出版）、《尿素应用研究与开发》（中国农业科技出版社 1998 年出版）。

撰写《高产棉花营养吸收规律及钾肥效果的研究初报》《棉花配方施肥技术》《高产棉花营养吸收规律及钾肥效果研究初报》《河北省主要棉区土壤钾素含量背景值分析》《耗竭土壤钾素的固定及对棉花钾素营养的作用》《涂层尿素在石灰性土壤上的行为》《河北省耕层土壤钾评价及钾肥效果》等论文 15 篇，在《华北农学报》《植物营养与肥料学报》《土壤肥料》《河北农业大学学报》《河北农业科学》等期刊发表。

国务院政府特殊津贴专家。曾任中国土壤学会理事，河北省土肥学会副理事长。河北省三八红旗手。

刘銮臣

刘銮臣，副研究员，1945 年生，河北省安平县人。1970 年毕业于北京农业大学农学系，1979 年由故城县植保站调入衡水地区农业科学研究所（今河北省农林科学院旱作农业研究所）从事棉虫研究工作。曾任研究室主任。2002 年退休。

主持、主研棉虫课题 10 余项。特别在棉铃虫的发生规律、分布为害、防治技术的研究中，有较大进展。通过对棉铃虫自然种群生命表的研究，明确了影响棉铃虫变动的关键时期、主导因素、不同世代不同时期的存活率、死亡率、生殖力等。结合试验研究结果，在全国率先提出放宽防治指标，并在华北冀、鲁、豫、晋、陕等主产棉

省推广，取得显著效果，提出的防治技术列入农业部的推广项目。"棉铃虫生命表及其在防治上的应用"项目，1984年获河北省科技进步二等奖，1985年获国家科技进步三等奖，第二完成人。

主研完成的"棉花害虫综合防治大面积示范"项目，1983年获河北省农业厅推广甲等奖，农牧渔业部技术改进二等奖，河北省科技进步四等奖，第二完成人；参加完成的"棉花害虫综合防治技术"项目，1983年获农牧渔业部技术进步二等奖；"棉铃虫玉米两诱法"项目，1979年获河北省科技成果四等奖；"棉铃虫的发生规律及综合防治"项目，1982年获河北省农业厅推广甲等奖，衡水地区科技成果一等奖，1983年获河北省发展研究四等奖；"天敌资源调查"项目，1984年获河北省科技进步三等奖；"黑龙港棉区棉铃虫分布为害及二代一次性防治技术"项目，1988年获河北省农林科学院科技成果二等奖；"农田蜘蛛种类、优势种生物学特性"项目，1989年获河北省农业厅科技成果一等奖，河北省科技进步二等奖。

撰写的《棉铃虫的整体治理》在中国昆虫学会召开的棉虫学术讨论会上发言；《棉铃虫综合防治技术及二代一次防治技术》在中国植保学会、中国昆虫学会联合召开的综合防治学术讨论会上发言；《冀中南棉区棉铃虫自然种群生命表》发表于1992年《第十九届国际昆虫学大会论文摘要集》《棉铃虫大发生的原因及控制对策》在1992年全国棉铃虫大发生原因及对策研讨会、1993年河北省棉铃虫防治对策研讨会上发言，并收录于《棉铃虫综合防治技术精选》。另有《二代棉铃虫初孵幼虫活动转移规律》《春玉米诱棉铃虫卵效果》《夏播棉棉铃虫发生规律》《黑龙港棉区二代棉铃虫一次性防治措施》《抗棉铃虫棉花品种田间鉴定方法研究》《棉田棉虫的主要天敌—小花蝽的初步研究》《麦田天敌向棉田的转移》《冀中棉田天敌种类及主要天敌发生情况》等论文，分别在《河北农业科学》《昆虫天敌》《中国棉花》《昆虫学报》《昆虫知识》《植物保护》等期刊发表。

河北省有突出贡献的中青年专家，河北省植保学会理事。1983年受到衡水地区行署通令嘉奖，1984年被评为河北省农林科学院先进个人，1992年被评为河北省防治棉铃虫工作先进个人。

孙 凯

孙凯，助理研究员，1945年生，辽宁省辽阳市人。1965年毕业于北京农业学校，1973年由沧州地区农业局调入沧州地区农业科学研究所（今沧州市农林科学院），主要从事棉花等作物的新品种选育及科研管理工作。2000年退休。

1980—1989年，参加了7315-38系的选育工作。为了培育纤维品质优良的品种，选育中多次检测纤维品质，针对纤维长度和强力不断改进工作方法，加快了育种进程。1983—1984年，7315-38系参加冀中南棉花品种区域试验，平均亩产皮棉102.0kg，比对照增产9.3%。纤维主体长度29.8mm，品质长度32.8mm，强力3.7g，细度6 060m/g，断裂长度22.2km，成熟系数1.5，纺纱品质指标2 290分，综合评定为上等一级。1986年通过沧州地区农作物品种审查小组审定。在沧州地区的吴桥、东光、南皮、盐山等县及廊坊地区示范推广，面积达238.4万亩，社会产值1.3亿元，受到棉农欢迎。"7315-38系优质棉新品种选育及推广"项目，1988年获河北省科技进步三等奖，第二完成人。

1990年受沧州市棉麻公司邀请，在沧州市电视台进行了《棉花播种技术》讲座，宣传了地膜覆盖播种技术的要领、具体播种方法，使农民掌握了该技术。

作为沧州市第五届、第六届、第七届政协委员、民盟常委，撰写了多篇与农业生产有关的提案，得到了有关部门的采纳和落实。1993年以民盟沧州市委科技委员会名义提写的《对沧州市发展棉花生产的提议》引起民盟中央领导的重视。主编的科技小报，由民盟市委印

发 1 000 余份，分发给农民。1996 年撰写的"扩种棉菜间作，提高植棉效益，势在必行"提案，主要论点是在单位面积上提高土地利用率及光合作用，该提案被评为市政协优秀提案。

马月红

马月红，副研究员，1946 年生，河北省东光县人。1969 年毕业于河北林业劳动大学（杨柳青），本科学历。1978 年从河北省景县调到衡水地区农业科学研究所（今河北省农林科学院旱作农业研究所）从事棉花育种研究。

主持了"棉铃虫发育历期研究""抗虫棉筛选鉴定及利用""棉铃虫捕食性天敌——青步甲的优势种研究""棉铃虫对转基因抗虫棉抗性动态研究""中国农业科学院棉花研究所新品系鉴定试验""棉花抗虫品种的鉴定与选育"等课题。

在多年的田间品系比较试验、适应性试种基础上，选出了绒长、衣分和产量都比对照种优异的棉花品种衡棉 1 号，1982 年通过河北省农作物品种审定委员会审定，定名为冀棉 4 号。主研完成的"棉花新品种冀棉 4 号"项目，1982 年获河北省科技进步三等奖。

通过棉花种质资源收集整理与利用研究，引入种质资源 69 个；通过棉花品种间杂交和远缘杂交等研究，创新选育出结铃性强、吐絮好、绒色洁白、抗虫品系 10 多个，包括 78-388、79-720、81-221、8078 等。

推广高压汞灯等物理

方法诱杀棉铃虫和天敌利用等棉田害虫防治成果。其中，"高压汞灯防治棉铃虫规范化技术及其应用"在全国范围内推广，对20世纪90年代初棉铃虫大发生起到了有效的控制作用。

深入棉花生产实际，普及先进技术，为提高棉花生产水平，编写棉花新品种介绍，提出关于棉花生产的几点建议，对提高当地棉花生产水平起到了积极作用。

参加完成的"黑龙港棉区棉铃虫分布为害及二代棉铃虫一次性防治技术"项目，1988年获河北省农林科学院科技成果二等奖，第五完成人。

撰写《农作物品种稳定性及其参数表征探讨》《棉田施磷量对棉铃虫落卵量及其幼虫的影响》《棉花抗棉铃虫品种田间鉴定技术的研究》《1994年冀中南棉铃虫历期研究》《1994年冀中南棉区发生棉铃虫完全五代》等论文，在《河北农业科技》《河北农业大学学报》《中国棉花文摘》《中国棉花》《中国农业文摘》等期刊发表。

刘顺英

刘顺英，副研究员，1950年生，河北省无极县人。1974年毕业于河北农业大学农学系，同年分配到河北省农林科学院经济作物研究所（今棉花研究所）工作。曾任早熟棉研究室主任。

主要从事棉花育种研究和棉花品种区域试验工作。

1974—1975年，在晋县试验基地以研究棉花高产栽培技术为主，初步探索出亩产皮棉100~125kg的种植密度和群体结构，总结出"狠抓全苗、蕾期促壮苗、盛蕾初花期稳用肥水"的高产栽培技术，使基地的棉花产量创历史新高。

参加完成的"黄河流域棉花品种区域试验"项目，1979年获中国农业科学院技术改进三等奖，"黄河流域棉花品种区域试验结果应用及其品种评价"项目，1985年获中国农业科学院技术改进三等奖，"全国棉花品种区域试验结果及其应用"项目，1985年获国家科技进步一等奖。

在主持河北省棉花品种区域试验过程中，为了提高试验质量，采取了一调整（调整试点布局）、二增加（增加纤维品种测定分析，增加霜前花统计分析）、三改进（改

单项区域试验为预备试验，使预备试验、区域试验、生产鉴定相配套；改田间设计对比排列为随机区组排列；改统计方法由平均数百分比为新复极差法统计分析）措施，有效地提高了试验的准确性和科学性。主持完成的"河北省棉花品种区域试验结果应用"项目，1986 年获河北省农林科学院科技进步三等奖，同年，"河北省棉花品种区域试验结果应用及方法改进"项目，获河北省科技进步四等奖。

主持育成早熟品种冀棉 23（90 早 64），1996 年通过河北省农作物品种审定委员会审定，获第八届中国新技术新产品博览会金奖，当年推广面积 35 万亩。1997 年被列为河北省重点成果推广项目，被河北省农业综合开发办公室列为海河流域开发品种。主持育成适宜棉麦套种的短季棉品种省早 441，1999 年通过河北省审定。"短季棉系列配套（纤维品质）新品种冀棉 23、省早 441 的选育及应用"项目，2001 年获河北省科技进步三等奖。

参加育成冀棉 10 号、冀棉 11、冀棉 13 等棉花品种，"棉花新品种 79-366（冀棉 10 号）的选育"项目，1988 年获河北省科技进步三等奖；"冀棉 11 新品种选育"项目，1990 年获河北省科技进步二等奖；"冀棉 13 新品种选育"项目，1992 年获河北省农林科学院科技进步四等奖；"冀棉 10 号、11 号、13 号新品种选育"项目，1991 年获河北省省长特别奖。

参加完成的"全国优质棉基地县"项目，1992 年获农业部科技进步一等奖；"冀棉 11 新品种选育及推广"项目，1992 年获农业部科技进步三等奖；"自研成果的综合开发"项目，1992 年获河北省农林科学院开发服务三等奖；"省优质棉基地县科技服务"项目，1992 年获河北省农林科学院科技进步三等奖。

撰写《加快发展黑龙港地区棉花生产的建议》《河北省棉花区试工作的发展及其在生产中的作用》《我省棉花区试参试品种产量和品质的发展趋势》《农副产品加工实用技术》等论文，在《河北农业情报》《中国棉花学会论文汇编》《河北棉花》《科普》《河北农业科技》等刊物发表。

河北省有突出贡献的中青年专家，曾任河北省农作物品种审定委员会常务委员兼棉花专业组副组长。

赵国忠

赵国忠，研究员，1950 年生，河北省赞皇县人。1973 年毕业于石家庄农业学校，

同年到石家庄地区农业科学研究所（今石家庄市农林科学研究院）工作。石家庄市农林科学研究院名誉院长。

主要从事棉花遗传育种、栽培技术研究及示范推广工作。尤其在棉花远缘杂交育种、三元杂种（海岛棉—瑟伯氏棉—陆地棉）的研究及新品种选育等方面进行了深入研究，并取得系列科研成果。

先后主持国家 863 计划"双价转基因抗虫棉新品种培育"，农业部发展棉花生产资金"优质转基因抗虫棉新品系筛选及新品种培育"，国家研究与开发专项"优质、抗逆转基因棉花新品种（系）选育与转基因技术创新研究"，国家转基因重大专项"转基因抗盐棉花新种质、新材料、新品系创制""转基因早熟棉花新品种培育"，国家棉花产业技术体系"海河综合试验站"及省、市级课题多项。

作为主持人获国家科技进步奖、河北省省长特别奖、国家技术发明奖、河北省科技进步奖、中国科学院发明特等奖、河北省发明奖等科技成果奖 20 余项。

主持育成棉花品种 17 个。其中，冀棉 8 号、冀棉 17、石远 321、sGK321、石抗 126、石杂 101 通过国家农作物品种审定委员会审定；石远 345、GK-12、晋棉 -26、石早 1 号、石抗 278、冀创棉 1、冀创 18、石抗 39、石早 98、石早 2 号、石早 3 号通过省级审定。

主持育成的棉花品种冀棉 8 号，1983 年通过河北省农作物品种审定委员会审定，产量、品质均比当时大面积种植的鲁棉 1 号有显著提高，1983 年种植面积 2.7 万亩，1984 年 95.6 万亩，1985 年达到 696.0 万亩，成为河北省当家品种，3 年普及了一个棉花品种，创造了全国新品种推广速度的很好水平。1989 年通过国家审定，打破了当时亩产皮棉 150kg 的最高纪录，被定为国家棉花品种区域试验对照品种。1983—1989 年，冀棉 8 号累计推广 1 707.0 万亩。"棉花新品种冀棉 8 号"项目，1984 年获河北省科技成果一等奖，1985 年获农业部科技进步二等奖，1987 年获国家科技进步二等奖，1989 年获河北省科技兴冀省长特别奖。

主持育成的棉花品种冀棉 17，以其播期弹性强，晚播能高产特性解决了华北棉区因干旱不能正常播种的难题。"棉花新品种冀棉 17 的选育"项目，1993 年获河北省科技进步三等奖。

主持育成的棉花品种冀棉 24（石远 321），是采用远缘杂交技术育成的海岛棉、陆地棉、瑟伯氏棉三元杂交棉花品种，在冀、鲁、豫、苏、皖以及新疆维吾尔自治

区（简称新疆全书同）等省区推广种植，在新疆出现了亩产皮棉257.8kg的高产纪录。"棉花新品种石远321"项目，1998年获河北省农业厅科技进步一等奖，1999年获农业部科技进步二等奖，2001年获石家庄市科技兴市市长特别奖，同年获国家科技进步二等奖；"棉花远缘杂交新品种石远321及其创新和发展"项目，2003年获河北省省长特别奖。

主持育成的双价转基因抗虫棉品种sGK321，是石家庄市农林科学研究院与中国农业科学院生物技术研究所等单位合作育成的第一个拥有我国自主知识产权的双价转基因抗虫棉品种。其育成填补了国际双价转基因抗虫棉育种的空白，也标志着我国在双价抗虫棉研究领域走在了世界前列。"双价抗虫棉sGK321示范推广"项目，2006年获河北省科技进步二等奖。

主持的"棉属杂交育种体系的创立"项目，创造了一套全新的育种方法，解决了棉花种间杂交不可交配性、杂种一代的不育性、杂种群体的长期分离以及双亲性状难以重组等许多理论和技术上的难题，创造了一大批优异种质资源，较大地丰富了我国棉花的遗传种质基础。1998年获中国科学院发明特等奖，1999年获国家技术发明三等奖。

副主编《棉检辞典》（中国科学技术出版社1991年出版）。

撰写《冀棉8号新品种的选育研究》《冀棉17棉花新品种的选育报告》《三元杂种（海岛棉—瑟伯氏棉—陆地棉）的研究及新品种选育》《三元杂交新品种石远321的育成及种间杂交育种程序的建立》《棉花8个野生种2个栽培种对陆地棉的改良效应》等论文多篇，在《河北农学报》《华北农学报》《作物学报》《棉花远缘杂交的遗传与育种》等刊物发表。其中，《棉花8个野生种2个栽培种对陆地棉的改良效应》被1994年"国际棉花学术研讨会"录用。

国家级有突出贡献的中青年专家，国务院政府特殊津贴专家，河北省省管优秀专家，河北省优秀专业技术人才。全国农业劳动模范，全国五一劳动奖章获得者，全国先进工作者，全国优秀科技工作者，首届中国青年科技奖获得者，河北省劳动模范，河北省优秀科技工作者，河北省科技战线"树比学"先进个人。

国家人事部专家服务中心顾问委员，中国科技会堂专家委员会专家，河北省专家献策团成员，河北省科技成果鉴定专家，河北省农作物品种审定委员会委员，中国

棉花学会理事，河北省棉花学会理事，河北省农业经作学会理事，河北省科协委员。河北省委小公厅特邀经济咨询员。第七届、第八届、第九届全国人民代表大会代表，1988年、1992年、1995年、2002年4次当选河北省党代会代表，河北省第九届政协委员。

李永起

李永起，副研究员，1951年生，河北省晋县（今晋州市）人。1976年毕业于河北农业大学，同年到河北省农林科学院经济作物研究所（今棉花研究所）工作。

先后从事棉花遗传育种、新品种示范推广、棉花杂种优势利用、精量播种机研制、棉花种子加工及试验地管理等工作。

1979年参加棉花远缘杂交种质资源创新和远缘杂交一代不育性的恢复及其研究，8个远缘杂交组合的不育材料通过秋水仙碱处理恢复育性结铃，其中6个材料培育出 F_2 代植株。通过对远缘杂交后代材料的观察和辅助试验鉴定，初步明确了一些材料的利用价值和学术意义。拍摄了大量有价值的照片，选出了一些性状有突破性改变的单株。

1983年从事棉花杂种优势利用研究，并在藁城县岗上乡制种基地蹲点，培训棉农制种技术，并研究提高制种效率的新方法，完善了棉花制种技术体系，为棉花杂交种的大面积推广发挥了作用。

主持"精量播种机研制"，经过两年试验、改进，成功研制出人力通用播种机，实现棉花播种的开沟、点种、覆土、镇压一次完成，并可用于小麦、玉米等作物的播种和化肥施用。

1987年主持棉花无污染脱绒及种子系列加工工作，提出了棉种商品质量与种子质量的不同概念，总结出了88-D棉籽脱绒新技术，降低了种子脱绒对环境的污染。

1989年开始负责单位试验地管理和农田作业机具配套研制，改进成功连播器、中耕机、开沟机、打药机等系列农机具，对改善试验条件、提升试验地管理水平发挥了重要作用。

之后的几年时间，除负责上述任务外，还增加了科技开发任务，积极组织，加强协调，开拓市场，充分调动开发人员积极性。创办小康建设农业科技服务站，建设和发展示范点，搭建从科研到生产的桥梁。撰写《农业科技与农业生产的发展》《怎样选择生产用优良品种》等宣传材料，下乡巡回讲课，指导农业生产，取得较好的效果。《关于开展科技兴农示范乡活动的论证报告》被河北省委农村工作部采纳，予以列项开展活动，对推动全省科技兴农活动发挥了重要作用。

获科技成果奖励3项：主持研制的"2BR-1型人力通用播种机"，1986年获河北省农林科学院科技进步三等奖；参加完成的"棉花新品种79-366（冀棉10号）的选育"项目，1988年获河北省科技进步三等奖；参加育成的冀棉13棉花品种，1992年获河北省农林科学院科技成果三等奖。

撰写《杂交棉的生产利用价值》《棉种无污染脱绒及系列加工技术》《88-D棉籽脱绒技术》等文章，在《河北农业科技》《河北省棉花学会论文集》《河北农业科技通讯》等刊物发表。

李延增

李延增，副研究员，1951年生，河北省魏县人。1974年毕业于河北农业大学，同年分配到河北省农林科学院经济作物研究所（今棉花研究所）工作。曾任研究室主任。

主要从事棉花遗传育种研究和新品种示范推广工作。先后主持和参加了国家重点课题"中熟（中早熟）棉花新品种选育"，农业部项目"河北省棉花高产简化促早熟高效集成技术应用与关键技术研究""抗（耐）黄萎病棉花杂种优势利用"，河北省重大攻关项目"中长绒陆地棉新品种选育"，河北省科委重点课题"高产优质抗病棉花新品种选育"，河北省自然科学基金项目"棉花辐射遗传研究"，河北省农林科学院项目"棉花新品种选育"等。

1975年冬代表河北省农林科学院经济作物研究所首次到海南岛繁种，以后又多次到海南，为本单位建立海南繁种基地及后来的繁种工作打下了基础。

　　1977—1981 年，参加棉花杂种优势利用研究，肯定了杂种二代的利用价值，筛选出 5 个优势组合用于生产。1977 年藁城县北席、良村两个大队，棉花杂交种一、二代种植面积近千亩，增产效果显著。"棉花杂种优势利用"项目，1979 年获河北省科技成果四等奖。

　　1978—1986 年，负责亲本选育、抗病性鉴定及产量比较试验，选出了岱石登、远系 1 等品系参加了河北省棉花品种区域试验。1987—1990 年，主持抗病育种工作，选出 327 系、47 系、111 系、713 系、选 35 等品系，先后参加了河北省棉花品种区域试验，累计种植面积 100 余万亩。1991—1995 年，主持中熟育种课题，育成高产、抗病、优质棉花品种冀棉 20，1996 年通过河北省农作物品种审定委员会审定。冀棉 20 是河北省第一个通过海、陆、野种间杂交育成的棉花新品种，列入了"九五"国家重大科技成果推广计划，被定为河北省品种更新换代的主推品种。在新疆兵团中熟陆地棉区第二轮抗病新品种（系）区域试验中，皮棉产量居第一位，成为"九五"期间该区的主栽品种。1995—1997 年，冀棉 20 在省内外累计推广面积 1 030.2 万亩，创经济社会效益 7.9 亿元。

　　主持或参加育成的棉花品种有：冀棉 20、冀棉 22、93 幅 56、新陆中 8 号、冀杂566、冀 668 等。

　　获得各级科技成果 4 项："抗虫杂交种冀杂 566 制种规模示范"项目，1999 年获河北省农林科学院科技开发一等奖；"冀棉 22 示范推广"项目，1998 年获河北省农林科学院科技开发一等奖，"中长绒陆地棉新品种冀棉 22 选育及应用"项目，1998 年获河北省农林科学院科技进步二等奖；"高稳产、兼抗枯黄萎病、广适应型棉花新品种冀 668"项目，2004 年获河北省科技进步一等奖。

　　参编《棉花检验技术手册》(中国科学技术出版社 1994 年出版)。

　　撰写《棉花一二代杂种优势探讨初报》《棉花黄萎病抗病性鉴定新方法探讨》《不同抗枯萎病类型棉花品种超氧化物歧化酶和过氧化物酶活性研究》《抗棉铃虫杂交棉抗虫性及主要经济性状研究》《抗棉铃虫杂交棉冀 HR94-1》《陆地棉有色纤维基因遗传及其对产量和品质的影响》《引进前苏联棉花种质资源抗病虫和抗逆性鉴定研究》《陆地棉高强纤维育种研究与进展》等论文，在《河北省科技大会论文汇编》《华北农学报》《棉花学报》《中国农学通报》《河北农业科技》等刊物发表。

赵敬霞

赵敬霞，助理研究员，1951 年生，河北省灵寿县人。1975 年毕业于石家庄地区农业学校，同年到石家庄地区农业科学研究所（今石家庄市农林科学研究院）从事棉花育种及栽培技术研究。

主持和参加了河北省科技攻关项目"抗黄、枯萎病适宜地膜栽培低酚棉专用品种选育的研究""棉花具标记性状自交系的选育及其应用"，河北省自然科学基金项目"陆地棉标记基因的组配改良、利用研究""棉花形态抗虫（棉铃虫）性的研究""低酚棉新品种选育的研究"等省、市级项目多项。

先后主研育成冀棉 7 号、冀棉 14、石抗 434、石标杂棉 1 号、红杂 101 等品种，通过河北省农作物品种审定委员会审定。

20 世纪 80 年代初，生产上枯萎病危害逐年加重，而当时生产上的主栽品种鲁棉 1 号、冀棉 1 号等均不抗枯萎病，河北省解决棉花枯萎病危害问题主要靠引进外省的抗枯萎病品种如陕棉系列、86–1 等。冀棉 7 号和冀棉 14 的育成，改变了河北省自育品种抗枯萎病差的历史，不仅解决和控制了枯萎病对棉花生产的危害，而且引导河北棉花育种研究走上抗病育种之路。主研完成的"棉花抗病新品种冀棉 7 号"项目，1984 年获河北省科技进步二等奖；"棉花抗病优质品种冀棉 14"项目，1992 年获河北省科技进步三等奖。

主研育成棉花标记性状自交系的 Y_{2-2}。利用回交转育、自交纯合的方法，选育出了具有 L_2^S、gl_2l_3 两种基因标记性状的棉花自交系 Y_{2-2}。用其作父本与常规棉花品种杂交，因其基因型纯度高，配制的杂交种表现出较强的生产优势；改变了 F_1 代的叶型，改善了群体的冠层结构，提高了光能利用率，为棉花杂种优势利用选配高优势组合提供了一个优良亲本。"棉花具标记性状自交系的选育"项目，1996 年获石家庄市科技进步一等奖，1997 年获河北省科技进步三等奖。1997 年以抗 28 为母本，Y_{2-2} 为父本，育成石标杂棉 1 号，2003 年通过河北省农作物品种审定委员会审定。石标杂棉 1 号高抗枯萎病，耐黄萎病，植株高大，茎秆粗壮，鸡脚形叶，适宜简化整枝、稀植大棵和间作套种，深受棉农欢迎。

参加完成的"低酚棉不同类型区配套栽培技术及副产品综合利用"项目，1995

年获河北省科技进步三等奖；

撰写《棉花标记自交系的杂种优势效应机理研究》《育种栽培植保一体研究选育棉花标记杂交种》《5 个陆地棉遗传标记基因系的选育利用》《棉花基因形态互作抗虫效应研究》《标记抗虫杂交棉—标杂 A-1》《实现棉花产业化生产途径的探讨》《棉花苗期病害的抗性鉴定》等论文 20 余篇，分别在《棉花学报》《中国棉花》《农业科技通讯》等期刊发表。

王志忠

王志忠，研究员，1954 年生，河北省元氏县人。1982 年毕业于河北农业大学唐山分校，同年分配到河北省农林科学院经济作物研究所（今棉花研究所）工作。主要从事种质资源收集、鉴定、创新，新品种培育、栽培生理与棉田生态等方面的研究。2014 年退休。

先后主持和参加的省部级科研项目有："棉花种质资源的征集、研究及创新""棉花品种资源研究""高产抗病棉花新品种资 123 的示范推广""棉花新品种冀棉 25 大面积示范推广及配套栽培""主要农作物新品种（杂交种）选育研究""棉花杂种优势利用研究""优质高产抗逆短季棉新品种选育""优质棉生产标准与节本增效种植技术研究"等。

在种质资源研究中，征集大量国内外棉属种质资源，创造出许多新种质及中间材料，为育种提供了多样化的种质资源，各有关单位利用这些优异种质育成新品种及新品系 28 个，推广面积 1586.7 万亩。在此基础上建立了"河北省棉花种质资源数据库及其管理系统"，以便育种查询和利用。主持完成的"棉花种质资源征集鉴定创新及数据库的建立"项目，1995 年获河北省科技进步三等奖。

主持或主研育成的棉花品种有：冀棉 25、冀棉 23、省早 441。冀棉 25 集高产稳产、适应性广、耐瘠性强、早熟不早衰及抗枯黄萎病（尤其抗黄萎病）等优良性状于一体，在省内外累计推广 683 万亩，新增纯效益 4.8 亿元，取得显著的经济效益和社会效益。"棉花种间杂交新品种冀棉 25 的选育及应用"项目，1999 年获河北省农林科学院科技进步二等奖。

冀棉 23、省早 441 棉花品种与小麦套种，在河北、河南、山东等地推广面积 650 万亩，新增纯效益 3.7 亿元，取得显著的经济效益和社会效益。参加完成的"短季棉系列配套（纤维品质）新品种冀棉 23、省早 441 的选育应用"项目，2002 年获河北省科技进步三等奖。

在棉花栽培生理与棉田生态研究方面，参加完成的"棉花前重式简化栽培集成技术"项目，2008 年获河北省科技进步三等奖。该技术以适宜品种为基础，以简化作业程序为核心，形成了以"一体化播种、一次性施肥、一次关键水及一次人工整枝"为关键措施的技术体系，制定了《河北省中熟和中早熟棉区棉花栽培技术规程》，累计示范推广 8 万余亩，实现亩节本增效 283 元，经济效益显著。

获国家发明专利 1 项，"一种棉花区位杂交高效制种技术"，2009 年获河北省第六届优秀发明奖。

参编《河北棉花品种志》（河北省农林科学院棉花研究所、邯郸农业研究所 1986 年编印）；参编《中国棉花遗传资源及性状》（中国农业出版社 1998 年出版）。

撰写《河北省棉花种质资源评估及育成品种的系谱分析》《河北省优良棉花种质资源的评价及利用》《种间杂交与陆地棉品种间杂交杂种优势利用研究》《黄河流域棉花品种产量及其组分的长期预测及技术研究》《黄河流域棉花品种产量长期预测技术的比较研究》《黄河流域棉花品种主要性状时间序列的变化趋势分析》《黄河流域棉花产量性状时间序列的 ARIMA 模型预测研究》《种间杂交种质系与陆地棉品种配合力的探讨》《棉花产量、品质、早熟及抗病性间典型相关分析》《黄河流域棉花主目标性状的分布特点及其相关性的研究》《地膜覆盖对中早熟棉花性状的影响》《揭膜时间对不同熟性棉花品种影响的研究》等论文，先后在《棉花学报》《华北农学报》《中国棉花》《河北农业科学》《中国种业》等刊物发表。

中国农学会中国当代农业高级专家库专家，河北省农业厅河北省农业专家咨询团专家。邯郸双增工程棉花示范方建设先进工作者，河北省威县人民政府科技工作先进个人。

李之树

李之树，研究员，1954 年生，河北省吴桥县人。1982 年毕业于河北农业大学，同年到河北省农林科学院经济作物研究所（今棉花研究所）工作。2014 年退休。

根据棉花生产对科研工作的要求，于1984年提出并实施了使用霜前皮棉对品系比较试验进行计产和分析。1985年河北省棉花品种区域试验和黄河流域棉花品种区域试验均以霜前皮棉作统计分析，为新品系提请参加河北省和国家棉花品种区域试验提供了相应的参考数据。

参加育成棉花品种5个：冀棉22、93辐56、冀668、冀棉516、冀杂3268；棉花新品系4个：杂327、杂290、选35、杂247。

参加中长绒陆地棉育种研究。在优质性尤其是纤维长度和强度上取得了较大进展。利用优质材料的剩余遗传变异进行系选、陆海杂交组合 F_1 辐射诱变选育及多个亲本复交配合回交，进行轮回选择等优质中长绒棉育种方法。这些方法在同步改良丰产性、优质性、抗病性以及打破它们之间的关系上效果明显。育成中长绒棉新品种140系（冀棉22）和91-19系，2.5%跨距长度分别达到33.5mm和32.4mm，比强度分别达到25.2gf/tex和26.5gf/tex。

93辐56是采用辐射育种与远缘杂交育种相结合的方法，利用钴60γ1.5万伦琴辐射"石选 14×K₄"，经多年南繁北育定向选择培育而成的抗病优质棉花品种。1996—1997年，参加河北省春播棉品种区域试验，子棉、皮棉、霜前皮棉产量均居第一位，皮棉产量和霜前皮棉产量分别比对照中棉所12增产21.0%和30.1%，1998年通过河北省农作物品种审定委员会审定。

主研完成的"高稳产、兼抗枯黄萎病、广适型棉花新品种冀668"项目，2004年获河北省科技进步一等奖；"大铃优质广适应型抗虫杂交棉新品种选育与应用"项目，2011年获河北省科技进步三等奖。

2003—2007年，主抓科技示范网络建设，新建示范网点8个，年经济效益20万元以上，辐射面积100万亩，增加社会效益1亿元。

2010年从事棉花种质资源创新研究，不仅选出衣分较高的红叶标记性状的种质资源，还选育出少量铃重6g以上的红叶材料，使以往红叶资源铃小、衣分低的状况明显改观，提高了这类材料的利用价值，研究中还选出部分衣分46%~48%和绒长35~37mm的新资源材料。

编写了《电子计算机基础知识》教材，并完成了对本单位科技人员的电子计算机基础知识培训。编制了一批农业科研方面的电子计算机程序，如"求和及平均数""求最小数""求组合数目""由小到大或由大到小排序求极差""求病情指

数""对比试验产量分析""单因子方差分析""二因子方差分析""一年多点、多年多
点方差分析""求多个性状间相关与回归"等。

撰写《中长绒棉杂种优势分析》《陆地棉品种间杂种 F_1 若干生理生化指标的表
现》《棉花辐射效应的研究》《陆地棉主要经济现状在棉株上的位置效应分析》《93 辐
56 棉花个体化管理》等论文，先后在《中国棉花》《核农学通报》《华北农学报》《棉
花学报》《河北农业科技》等期刊发表。

郝德有

郝德有，副研究员，1954 年生，河北省武强县人。
1982 年毕业于河北农业大学农学系，毕业后分配到衡
水地区农业科学研究所（今河北省农林科学院旱作农业
研究所）工作。

在种植、养殖与机械研发等领域获得科研成果与专
利多项。

主持完成省部、市级棉花科研项目 4 项："棉田间作
绿豆立体栽培技术""棉花减灾稳产栽培综合管理技术
研究""控制棉铃虫等病虫害的农田景观生态技术""高
压汞灯防治棉铃虫规范化技术的推广应用"。

20 世纪 90 年代，带领课题组在全国范围内推广了高压汞灯防治棉铃虫技术，其
技术要点为：在每百亩棉田吊置 250 瓦高压汞灯，200 亩左右棉田吊置 500 瓦高压汞
灯，灯泡下面设置 $1m^2$ 的水池，水池内盛放加入少许洗衣粉的清水，保持水深 15cm
左右，高压汞灯距水面 30cm，利用棉铃虫成虫的趋光性，夜间引蛾至灯掉入池中以
灭虫。为 20 世纪 90 年代最为有效的棉铃虫防治技术，农业部曾在全国 18 省棉区组
织推广应用。参加完成的"高压汞灯防治棉铃虫规范化技术的推广应用"项目，1996
年获河北省科技进步三等奖。

1997 年"高压电网除虫灯"获国家实用新型专利，该专利是将高压汞灯安装在
高压低电流的电网内，夜间将扑灯蛾直接电击致死而不必在灯下设置溺蛾水池。

提出了棉花减灾稳产的全新技术构想。分析总结了河北省黑龙港地区棉花生长四
大特性，即多灾敏感性、生长发育与气候节律的矛盾性、生殖生长与营养生长的量

比不稳定性和补偿及超补偿特性，并根据黑龙港地区气候环境与生产条件，提出了棉花减灾稳产的全新技术构想。即改革传统的耕作制度，实行起垄聚肥耕作法，并配合地膜覆盖，为棉花出苗创造一个良好的土壤条件，保证苗齐苗壮；将常规"闭垄栽培"改为"敞垄栽培"，将行距由 50~60cm 加大到 80cm 左右，实现全生育期不封行或基本不封行；6月下旬去除基部 1~2 个果枝，协调棉株营养生长与生殖生长关系，调节田间小气候，促进蕾铃良好发育，减少烂铃；实行以高压汞灯诱杀蛾为中心的病虫害综合防治技术。

"八五"期间全国棉花生产连年滑坡，尤其是 1992 年棉铃虫大暴发并交织干旱，在全国范围内棉花大面积减产甚至绝收的情况下，课题组在河北省景县龙华试区围绕棉花的减灾稳产技术进行攻关，使得龙华镇 8 277 亩棉花连年创高产，平均亩产皮棉 75kg、纯收益 600 元，高产地块达 180kg，亩收益 1 200 元，成为全国防灾高产典型。

撰写《棉花生育特性分析及黑龙港地区棉花减灾稳产技术构想》《依靠科技奔小康，实现粮棉连年上台阶——欠发达平原农区农业致富之路》等论文，在《河北省科学院学报》《河北农村工作》等期刊发表。

刘占国

刘占国，教授，1955 年生，河北省满城县人。1982 年毕业于中国农业大学，同年到南京农业大学农学系任教，1984 年调入河北农业大学从事教学和科研工作。

在教学研究方面，主讲《作物育种学总论》《棉花遗传育种学》《作物良种繁育学》《药用植物遗传育种学》等课程。开展了"作物育种学教学改革与实践""利用多媒体 CAI 完善作物育种学实践教学环节"等教学研究，分别获河北省优秀教学成果二等奖和河北省优秀教学成果三等奖。

科学研究方面，在中国农业大学马藩之教授、南京农业大学潘家驹教授、河北农业大学曲健木教授指导下，参加了"棉花高产优质抗逆遗传与育种"等多项国家重大攻关研究项目及河北省"高产、优质、抗病棉花新品种选育""低酚棉新品种选育"等重大攻关科研项目。

主持了"棉花蓄积杂交—混选—互交育种体系"研究。该育种体系以数量遗传学、群体遗传学为理论基础，融汇轮回选择、动态基因库、集团选择育种等方法的优点，以不断提高育种群的有益基因频率为工作重点，创建具有不同主要目标性状的育种群，应用孢子体选择和配子体选择相结合的选择和鉴定技术，在育种群不同世代中选择优异株，进而培育出新品种。该育种体系的特点是育种群的有益基因频率积累和提高的速度快，选择强度高，育种进程快，所需人力物力少。应用该育种体系陆续培育出"丰抗棉1号"等3个品种、纤维长度达33mm以上的陆地棉品系、平均单铃重7g以上的稳定品系、抗病高产高衣分的低酚棉品系和抗棉铃虫、抗盲蝽象的抗虫品系。

作为主持和主研人，培育棉花品种9个。参加完成的"棉花无色素腺体性状的育种选择和田间保纯技术"项目，1994年获河北省教委科技进步一等奖和河北省科技进步二等奖；"低酚棉种质资源创新与鉴评"项目，1999年获河北省教委科技进步一等奖和河北省科技进步三等奖；"河北棉花黄萎病菌分化、棉花抗性遗传和抗病种质筛选研究"项目，2001年获河北省教育厅科技进步一等奖和河北省科技进步三等奖。"高产、抗病、优势棉花新品种冀棉26和农大94-7的选育"项目，2004年获教育部科技进步二等奖；"棉花抗黄萎病育种基础研究与新品种选育"项目，2009年获国家科技进步二等奖。

译著1部，《棉花种质资源的研究与利用》（南京农业大学科技译丛出版社）；主编《作物品质遗传育种》（中国农业出版社），《农作物栽培》（中国农业科技出版社）；参编《作物育种学》（中国农业出版社），《作物良种繁育学》（中国农业出版社）。

撰写《棉花黄萎病田间发病时间和发病速度的研究》《陆地棉品种间杂交后代性状的遗传分析》《陆地棉吐絮进程与产量和纤维品质的关系》《陆地棉品种田间取样对纤维品质的影响》《河北省棉花抗病品种（系）区试的优系评选和预测》等论文50余篇，在《棉花学报》《北京农业大学学报》《华北农学报》《河北农业大学学报》等期刊发表。

1997年被评为河北省高等学校中青年骨干教师，2005年获河北省"比贡献，促发展"先进个人，2002年获保定市委、市政府、市政协优秀提案奖，2006年、2008年分别被评为保定市优秀政协委员，保定市参政议政先进个人。曾任河北省科技成果

鉴定评审专家，河北省棉花学会理事，保定市棉花专家组组长，保定市政协委员。

冯恒文

冯恒文，副研究员，1955年生，河北省元氏县人。1982年毕业于河北农业大学，同年分配到石家庄地区农业科学研究所（今石家庄市农林科学研究院）工作。2015年退休。

主要从事棉花远缘杂交遗传研究、新品种选育及配套栽培技术研究。获各级各类科技成果20余项。

主研完成的"棉属种间杂交创造新种质（新品系）技术"项目，1993年获石家庄地区科委科技进步一等奖，1996年获石家庄市政府科技兴市市长特别奖；参加完成的"适应不同种植模式早熟棉花品种的选育与应用"项目，2011年获石家庄市科技进步二等奖。

作为主研人育成棉花新品种16个。其中，国家农作物品种审定委员会审定品种6个：冀棉8号、冀棉17、石远321、sGK321、石抗126、石杂101；河北省审定品种10个：石远345、GK-12、晋棉-26、石早1号、石抗278、冀创棉1、石抗39、石早98、石早2号、石早3号。

主研选育的冀棉8号，高产稳产，生产应用面积大，社会效益显著。"棉花新品种冀棉8号"项目，1984年获河北省科技进步一等奖，1985年获河北省农业厅科技进步一等奖和农业部科技进步二等奖，1987年获国家科技进步二等奖。

主研选育的冀棉17，1992年通过河北省农作物品种审定委员会审定，1993年通过天津市审定，1994年国家农作物品种审定委员会审定。冀棉17播期弹性强，解决了华北棉区因干旱不能正常播种的难题，1990—1994年，累计种植面积525万亩。"棉花新品种冀棉17选育"项目，1993年获河北省科技进步三等奖。

主研选育的冀棉24（石远321），1997年分别通过了河北省、新疆和国家农作物品种审定委员会审定，并先后在冀、鲁、豫、苏、皖以及新疆推广，尤其在新疆大面积增产，出现了亩产皮棉257.8kg的高产纪录。"棉花新品种石远321示范与推广"项目，1997年获石家庄市科技进步三等奖；"棉花新品种石远321"项目，1998年获

河北省农业厅科技进步一等奖，1999年获农业部科技进步二等奖；"棉花远缘杂交新品种石远321"项目，2000年获国家科技进步二等奖，2001年获科技兴市市长特别奖；"棉花远缘杂交新品种石远321及其创新和发展"项目，2002年获河北省省长特别奖。

参加选育的sGK321是第一个拥有我国自主知识产权的转基因双价抗虫棉品种。"双价抗虫棉sGK321示范推广"项目，2006年获河北省科技进步二等奖。

参加选育的晋棉-26是利用生物技术将Bt基因导入到常规优良品种晋棉7号中，通过基因检测、田间及室内抗虫性鉴定、后代自交及系统选育而成。"棉花品种晋棉-26"项目，2007年获石家庄市科技进步二等奖，同年"抗盲蝽象棉花新品种晋棉-26"项目获河北省技术发明三等奖。

参加完成的"高产、稳产、广适型转基因抗虫棉石抗39选育及应用"项目，2010年获石家庄市科技进步一等奖；"优质、多抗国审转基因抗虫棉石抗126选育及应用"项目，2013年获石家庄市科技进步一等奖和河北省科技进步三等奖；"高产、优质、抗病虫棉花新品种石杂101和石早98选育及应用"项目，2014年获石家庄市科技进步二等奖。

撰写《棉属8个野生种2个二倍体栽培种对陆地棉的改良效应》《陆地棉品种的抗萎性与丰产性平衡分析》《棉属种间杂交新种质的选育及其利用效果》《棉属种间杂交高品质陆地棉型新品系的选育》等论文10余篇，分别在《华北农学报》《中国棉花》《作物品种资源》《中国种业》等期刊发表。

2010年被石家庄市委市政府评为市管专业技术拔尖人才。

李志铭

李志铭，助理研究员，1955年生，河北省深县（今深州市）人。1976年毕业于河北农业大学植物保护系，毕业后在深县从事农业技术推广工作，1979年调入衡水地区农业科学研究所（今河北省农林科学院旱作农业研究所），主要从事棉花害虫的综合治理研究。

1979—1989年，在农村基点工作，主要从事棉铃虫种群数量变动规律研究、棉铃虫自然种群生命表的研究、棉花害虫大面积综合防治技术研究和示范、农田害虫天敌调查及保护利用研究、农田蜘蛛发生规律及保护利用研究、棉铃虫为害损失和防治

指标的研究、棉花害虫的综合治理研究、棉花系统化控技术开发以及农药的试验示范等。

作为主研人完成的"棉铃虫自然种群生命表及其在防治上的应用"项目，是国内首次在自然状态下对经济昆虫生命表的研究。该项研究通过10年在田间自然状态下，跟踪观察记录，明确了棉铃虫各代不同龄期的存活率、死亡率及其致死因子，计算出各代繁殖系数，为预测预报和防治指标的制定提供了理论依据，也为各种防治技术的使用及综合治理奠定了基础。"棉铃虫生命表及其在防治上的应用"项目，1985年获国家科技进步三等奖。

作为主研人完成的"棉花害虫综合防治技术及推广"项目，根据棉花害虫种群数量变动规律及其生物学特性，在生态经济学理论的指导下，充分利用农业防治、生物防治、化学防治等多种方法配合，在衡水地区50万亩棉田开展大面积防治技术示范，取得了显著的防治效果和经济效益。"棉花害虫综合防治大面积示范"项目，1983年分别获河北省农业厅推广甲等奖、农牧渔业部技术改进二等奖和河北省科技进步四等奖。

参加完成的"河北省农田蜘蛛及保护利用"研究项目，对河北省农田蜘蛛进行了大面积普查，发现了许多新品种，确定了在害虫控制上的优势种群，形成了对棉田优势种群的保护利用技术，1989年获河北省科技进步二等奖。参加完成的"二代棉铃虫一次性防治技术"项目，1988年获河北省农林科学院科技进步二等奖。

1990年后主要从事示范推广工作。先后在衡水地区各县（市）对基层技术人员进行棉虫综合防治技术培训，深入乡村农户进行田间技术指导。并在衡水小侯乡、冀州徐庄乡蹲点，为农民提供技术服务。曾应邀在河北省植保总站对各县植保站人员进行天敌调查方法和保护

利用技术培训，配合河北省供销社对各地市供销社农药技术人员进行农药使用技术培训。

撰写《棉田蜘蛛的调查研究》《二、三代棉铃虫生命表和防治指标的研究初报》《农田常见蜘蛛的发生规律·习性观察及保护利用》《棉铃虫自然种群生命表及其在防治上的应用》《二代棉铃虫为害特点及一次性防治技术》《棉铃虫生命表的研究》等论文，在《中国农业科技通讯》《河北农学报》《植物保护杂志》《中国昆虫学会会刊》《国际昆虫学大会会刊》等刊物发表。《黑龙港流域棉虫综合防治工作回顾及总体防治策略》一文，在农业部北方棉虫综防讨论会交流。

1991年获首届河北省青年科技奖。1991年10月23日《河北日报》头版"登攀赞"专栏刊登事迹和照片，《河北经济报》《河北科技报》分别进行报道，衡水电视台专题片播报。

李爱国

李爱国，研究员，1955年生，河北省正定县人。1979年毕业于河北农业大学农学系，同年分配到石家庄地区农业科学研究所（今石家庄市农林科学研究院）从事棉花种质资源创新及新品种选育研究工作。石家庄市农林科学研究院棉花研究所副所长。

工作后，先后承担国家863计划"双价转基因抗虫棉新品种培育"、农业部发展棉花生产资金"优质转基因抗虫棉新品系筛选及新品种培育"、国家研究与开发专项"优质、抗逆转基因棉花新品种（系）选育与转基因技术创新研究"、国家转基因重大专项"转基因抗盐棉花新种质、新材料、新品系创制""转基因早熟棉花新品种培育"、国家棉花产业技术体系"海河综合试验站"及省、市级课题多项。

主持或主研育成棉花品种15个，其中通过国家农作物品种审定委员会审定5个：冀棉17、石远321、sGK321、石抗126、石杂101；河北省审定10个：石远345、GK-12、晋棉-26、石早1号、石抗278、冀创棉1、石抗39、石早98、石早2号、石早3号。石抗126自2015年开始作为国家黄河流域棉区中熟常规品种区域试验对

照品种，石早1号一直作为河北省棉花晚春播区域试验对照品种。

作为主研人获科技成果21项。其中，"棉花新品种石远321"项目，1999年获农业部科技进步二等奖，2001年获国家科技进步二等奖；"棉花远缘杂交新品种石远321及其创新和发展"项目，2002年获河北省省长特别奖；"棉属杂交育种体系的创立"项目，1999年获中国科学院科学技术发明特等奖；"双价抗虫棉sGK321示范推广"项目，2006年获河北省科技进步二等奖；"高产、优质、抗病虫棉花新品种石杂101和石早98的选育及应用"项目，2014年获河北省科技进步二等奖；"棉花新品种冀棉17的选育"项目，1993年获河北省科技进步三等奖；"高产、优质、多抗转基因抗虫棉GK-12选育及应用"项目，2008年获河北省科技进步三等奖；"高产、稳产、优质杂交抗虫棉新品种冀创棉1选育及应用"项目，2009年获河北省科技进步三等奖。

冀棉17是采用具备三个不同优良性状的亲本杂交选育而成，1986—1987年，在国家黄河流域棉花品种区域试验中，两年34点次均表现增产，平均子棉、皮棉、霜前皮棉产量均居8个参试品种首位，分别增产9.2%、14.1%和18.5%，是1985—1992年8年间国家黄河流域棉花品种区域试验中皮棉和霜前皮棉增产幅度最大的品种。冀棉17播种期弹性强，解决了黑龙港棉区春季干旱不能正常播种的难题。

石远321是用陆地棉、海岛棉、野生瑟伯氏棉杂交育成的棉花品种，在国家黄河流域棉花品种区域试验中，两年7省35点次亩产子棉、皮棉、霜前皮棉均居第一位，比对照品种增产19.7%，是1982—2000年19年间国家黄河流域棉花品种区域试验中增产幅度最大的品种。1997—2000年，累计推广2100万亩，获社会经济效益25.9亿元。

sGK321双价转基因抗虫棉是利用现代生物技术与常规技术相结合，培育出的双价转基因抗虫棉，它的育成填补了国际双价转基因抗虫棉育种的空白，也标志着我国在双价抗虫棉研究领域走在了世界前列。2001年通过河北省农作物品种审定委员会审定，2002年通过国家审定。这是美国转基因抗虫棉进入河北省后，省内第一个通过审定的具有我国自主知识产权的国产双价转基因抗虫棉，从而结束了美国抗虫棉品

种在河北省独占鳌头的局面。2002—2006 年，累计推广面积 1 811 万亩，获社会经济效益 18.7 亿元。

撰写《sGK321 双价转基因抗虫棉的选育研究》《棉属 8 个野生种 2 个二倍体栽培种对陆地棉的改良效应》《棉花矮化突变体的遗传分析》《三元杂种（海岛棉—瑟伯氏棉—陆地棉）的研究及新品种选育》《陆地棉 × 索马里棉（G. smalense）杂种的研究和利用》《不同抗源基因棉主要杂种优势及差异分析》《远缘杂交棉花新品种石远 321 综合分析》《黄河流域国家审定春播常规抗虫棉主要性状分析》等论文 50 余篇，分别在《华北农学报》《遗传学报》《作物学报》《科学通报》《棉花学报》《中国农学通报》等期刊发表。

国务院政府特殊津贴专家，河北省省管优秀专家，河北省有突出贡献的中青年专家，石家庄市市管优秀专家，石家庄市市管专业技术拔尖人才。河北省棉花学会理事，河北省农业专家咨询团专家。

李志锋

李志锋，研究员，1955 年生，河北省行唐县人。1982 年毕业于河北农业大学邯郸分校农业专业，同年分配到河北省新城县农业局工作，1986 年到河北省农林科学院棉花研究所工作。2015 年退休。

主要从事棉花种质资源创新、棉花栽培技术研究。主持完成了河北省农林科学院科技扶贫项目"威县棉花芦笋早丰优质增效技术规模示范"，农业部"棉花简化种植节本增效生产技术研究与应用"子项目——麦茬移栽棉密度试验，"春套萝卜的品种筛选""棉花萝卜套种的肥水试验"等项目。

1989—1990 年，参加"全国不同生态区优质棉花高产技术研究与应用"项目，1992 年获农业部科技进步一等奖和河北省农林科学院科技进步二等奖；1992—1995 年，参加棉花种质资源的征集、鉴定及创新研究。"棉花种质资源征集鉴定创新及数据库建立"项目，1995 年获河北省科技进步三等奖；参加培育的棉花新品种冀棉 25（资 123），1998 年通过河北省农作物品种审定委员会审定。"棉花品种间杂交新品种

冀棉 25 的选育及应用"项目，1999 年获河北省农林科学院科技进步二等奖；参加的（主持子项目）"棉花高产降耗增值关键技术"项目，2001 年获河北省农林科学院科技进步二等奖；"棉花前重式简化栽培集成技术研究与应用"项目，2008 年获河北省科技进步二等奖；"一种棉花区位杂交制种方法"，2009 年获河北省优秀发明奖。作为第二主持人编写了"河北省中熟和中早熟棉区棉花栽培技术规程"。作为参加人完成的"一种棉花区位杂交高效制种技术"，2006 年获国家发明专利，2009 年获河北省第六届优秀发明奖。

撰写《棉花与萝卜套作配置研究初报》《起垄种植与不同地膜覆盖对棉花生长发育及产量影响研究》《3 种液体地膜对棉花生长发育的影响研究》《中国棉花种植面积及皮棉产量时间序列的建模和预测研究》《不同熟性棉花品种在冀南棉区的适应性分析》《棉花生长指数在河北省的应用》《河北省棉花纤维品质区域化布局与优势区标准化栽培技术关键》《冀中地区棉田适宜施氮量研究》《冀南地区不同密度对棉花生长发育及产量品质的影响》《杂交棉的生物学特性及其栽培技术研究进展》《黄河流域春播杂交种与常规种差异研究》等论文，在《华北农学报》《河北农业科学》《安徽农业科学》《河北省棉田间套高效栽培技术实例》《中国农业科技通讯》《河北科技报》等期刊发表。

河北省农林科学院专家服务团成员。

贾树龙

贾树龙，研究员，1955 年生，河北省武强县人。1982 年毕业于河北农业大学农学系土壤农业化学专业，同年分配到河北省农林科学院土壤肥料研究所（今农业资源环境研究所）从事植物营养、土壤资源、保护耕作等研究工作。曾任农业资源环境研究所副所长。

获成果奖励 10 余项。在棉花需肥规律、棉花养分管理技术、棉花专用肥配方、盐碱地棉花栽培等方面做了很多相关研究工作。

主持完成的河北省科技支撑计划项目"棉花专用缓释肥料的研制与开发"，研究了河北省各区域的土壤养

分特点，各区域棉花的需肥规律，各区域棉花的养分管理技术以及适宜的棉花专用肥料配方，开发了适合于不同棉区的系列棉花专用肥料。

主持完成河北省科技支撑计划项目"盐碱地棉花专用肥料的研制与开发"，针对河北省东部地区盐碱土壤特点，研究了棉花在盐碱土壤生长发育的障碍因素及养分管理技术，开发了盐碱土壤适用的棉花专用肥料。

主持完成的"河北省棉田氮磷钾养分区域管理及专用肥料的开发"项目，以土壤养分状况和棉花需肥规律为基础，提出了河北省不同区域棉花的养分管理基本原则，并将区域养分管理技术物化成产品，开发适用于不同区域的棉花专用肥，深入研究了含氯肥料在盐碱地上的应用技术。该成果在河北省累计应用面积 500 余万亩，获得了显著的社会经济效益，获河北省农林科学院科技成果二等奖。

参加完成的河北省农业综合开发土地治理科技推广项目"棉花简化施肥技术应用与推广"，通过缓效型棉花专用肥料的应用，组织技术培训和技术示范，推广了棉花一次性施肥技术。

参加完成的河北省成果转化项目"河北省棉田氮磷钾养分区域管理及棉花专用肥应用技术"，通过技术工艺改进，实现了棉花缓效性系列专用肥料的产业化生产。通过开展广泛的技术培训，建立技术示范区，组织技术观摩，结合媒体宣传等途径，加快了棉花养分分区管理及专用肥料应用技术的普及推广。

撰写《河北省典型棉区土壤养分特征及养分管理技术》《盐渍化棉田施用含氯肥料对土壤及棉花产量的影响》《一次性施肥技术对棉花生长发育及产量的影响》等论文，在《中国土壤与肥料》《华北农学报》《河北农业科学》等期刊发表。

曾兼任河北肥尔得肥料科技开发有限公司董事长，河北省土壤肥料学会副理事长，河北省农业系统学学会秘书长及常务副理事长。

翟学军

翟学军，研究员，1955年生，河北省邢台县人。1983年毕业于北京农业大学，获硕士学位。1986年由国家教委派往苏联塔什干农学院攻读博士学位，主攻陆地棉与海岛棉种间杂种优势的遗传控制研究，1990年12月学成毕业回国。先后在北京农业大学博士后流动站、河北省农林科学院棉花研究所、河北省农林科学院、国家半干旱农业工程技术研究中心工作。曾任河北省农林科学院棉花研究所所长、河北省农林科学院院长助理、国家半干旱农业工程技术研究中心主任。

利用在苏联学习的机会，经多方协作，从苏联引进陆地棉和海岛棉资源200余份。通过3年的田间观察、研究，确定引进的陆地棉和海岛棉材料类型较多，有效地丰富了河北省棉花优异种质资源。

1995年代表河北省农林科学院向原国家科委争取在河北省建立国家半干旱农业工程技术研究中心，并得到国家立项，负责该中心的组建和验收后的整体工作。逐步建立了以生物节水为主导，以农艺节水和工程节水为两翼的旱作与节水农业工程化技术体系和覆盖北方16省区市的推广服务网络。在大田作物新品种选育方面突出抗旱、优质、高产、丰产等特点，培育出适合半干旱地区种植的棉花、玉米、小麦以及油葵等经济作物新品种（系）。在农艺节水和工程技术研究、集成方面取得较大进展。

先后主持、参加国家教委、人事部、科技部、农业部、河北省科技厅、河北省农业综合开发办公室等项目多项。

在棉花研究所工作期间，对中长绒陆地棉品种选育进行了研究，在优质性尤其纤维长度和强度上取得了较大进展。提出了利用优质材料的剩余遗传变异进行系选、陆海杂交组合 F_1 辐射诱变选育及多个亲本复交配合回交，进行轮回选择等优质中长绒棉育种方法。这些方法在同步改良丰产性、优质性、抗病性以及打破它们之间的关系上效果明显。育成中长绒棉新品种冀棉22（140系）和新陆中8号（冀9119），纤维2.5%跨长分别达到33.5mm和32.4mm，断裂比强度分别达到25.2g/tex和26.5g/tex，在优质棉生产中发挥了重要作用。

在国家半干旱农业工程技术研究中心工作期间，利用矮秆种质资源培育零式果枝型早熟棉新品种获得突破，培育的零式果枝短季棉品种——夏早2号和夏早3号，

于 2011 年通过河北省农作物品种审定委员会审定，是河北省首次审定的夏播棉品种。"零式果枝短季棉新品种培育及麦后免耕机播种植技术研究与应用"项目，2015 年获河北省科技进步三等奖。"超早熟短季棉培育方法"获国家发明专利。

另外还培育了科欣 1 号、科欣 2 号、科欣 3 号、sGK 中 156、旱农棉早 1 号等品种。

撰写《棉花辐射效应研究Ⅱ．M_2 主要经济性状的变异》《陆地棉中长绒杂种优势的研究》《计算机在棉花育种原始数据整理中的应用》《我国棉花育种现状与发展对策》《对从苏联引进棉花种质资源的初步研究和利用》《超早熟短季棉品种的选育》等论文 60 余篇，分别在《棉花学报》《北京农业大学学报》《华北农学报》《中国棉花》《核农学通报》等期刊发表。另有英俄译文 40 多篇，合作出版棉花方面专著 3 部。

曾任河北省棉花学会副理事长。中国棉花学会常务理事。

刘永平

刘永平，研究员，1956 年生，河北省南皮县人。1978 年毕业于沧州农业学校，1986 年河北农业大学大专毕业。沧州农业学校毕业后到沧州地区农业科学研究所（今沧州市农林科学院）工作。曾任沧州市农林科学院农田高效所所长。

"八五"期间，主持国家及河北省农业科技攻关项目。依据棉花生育特点和气候条件，针对棉花常规株型"稀植高放易晚熟，密植郁闭易徒长，蕾铃脱落严重问题"，创新了棉花"开心株型"高产栽培新技术：宽行距，低密度，留叶枝，早摘心；探明了开心株型两个成

铃高峰，主茎 4 个果枝结铃高峰在 7 月 20 日至 25 日，叶枝结铃高峰在 8 月 10 日至 15 日，实现最佳结铃期多结铃，把高产优质结合于一体，开辟了利用叶枝实现棉花高产的新途径。大面积示范田经国家科技部和河北省科技厅两年组织同行专家现场检测，亩产皮棉 135.6kg，增产 23.6%，1996 年列入农业部主推技术之一，在黄河流域和长江流域推广面积 210 万亩，创社会经济效益 1.64 亿元，《人民日报》《河北日报》《科技日报》《农民日报》、中央及河北省广播电台等新闻媒体先后报道。1996 年获沧

州市科技进步一等奖和河北省科技进步三等奖，1999年获国家科技发明奖。

"九五"至"十五"期间，承担国家黄淮海科技攻关项目子课题。针对抗虫棉"苗弱根差，库强源弱易早衰"和整枝繁、工序多、工效低的问题，依据抗虫棉生育规律，创新抗虫棉多茎倒伞株型简化高效种植技术，揭示叶枝无机营养具有分流作用，有机营养具有促进作用的特点，实现棉花栽培理念的两个转变，一是变常规株型"封堵型"精细整枝为利用叶枝"疏导型"简化管理，既减少整枝用工又保障蕾期棉株稳长；二是变化学控制棉株生长为光合增效保叶增铃，延长叶片功能期，多结铃，结优质铃，减少无效生育。其高产关键技术控制点包括一个核心，两个关键，三项保障措施：以留叶枝、早摘心，塑造多茎倒伞株型为核心；以扩大行距、重施底肥，壮苗早发为关键；以喷施光合增效剂，抑芽增铃剂，及时治虫为保障。变五步整枝技术为两次摘心，节省整枝用工70%，亩产子棉300kg以上，高产地块达350kg，2004年获沧州市科技进步一等奖，2005年获河北省科技进步二等奖。

"十一五"期间，主持科技部成果转化项目及河北省科技支撑项目。创新的棉花—土豆、棉花—天鹰椒高效种植模式，亩增效益300元以上。品种与技术配套，农机与农艺结合，棉花增产15%以上，减少劳动投资69%，劳动效率提高3.8倍。建立了以科技为主导，以乡镇农技、农资、农机服务协会为中心，以"支部＋协会"组织体系为基础，以网络建设和市场开发为保障的科技成果转化体系。2006—2009年，新品种、新技术先后列入国家科技部、国家农业综合开发办公室，河北省科技厅及沧州市重大科技成果推广项目，应用范围扩大到冀、鲁、豫、津、陕、晋五省一市，面积740万亩，创社会经济效益达10.8亿元，2008年获沧州市科技进步一等奖，2009年获沧州市科技特等奖。

进入"十二五"，任河北省现代农业产业技术体系棉花创新团队—盐碱地植棉技术岗位专家，参加农业部行业公益专项子项目。针对环渤海盐碱地春季干旱、土壤返盐棉花保苗难，雨热同期晚发棉

花易徒长等问题，依据土壤水盐运行规律，确定研究的基本思路：以雨水资源周年调控为前提；以沟渠相通排水淋盐为基础；以集雨压盐、培肥吸盐、沟播躲盐、品种耐盐保全苗为重点；以宽幅密植、控氮补磷、抑芽增铃、光合增效为主要措施；以规模化种植、全程机械化管理，优质棉产业化研发为方向，带领团队成员经过 4 年艰苦努力，创新了盐碱旱地棉花一膜双沟垄作集雨抑盐保苗新技术。发明了集旋耕施肥、开沟起垄、覆膜播种一体化播种机。申报两项发明专利和一项实用新型专利，中央电视台《农村天地》栏目制作专题片宣传，2016 年进行大面积示范。

科技创新与成果转化相结合，试验研究与示范研究相结合，典型示范与大面积推广相结合，技术培训与配套物资供应相结合。2004—2006 年，与东光供销合作社合作，承担国家标准委项目—东光县 10 万亩棉花标准化示范园区建设，与力科棉纺织企业合作承担国家农业开发项目—优质棉产业化基地建设，建成 3 个优质棉良繁基地，组建了 3 个乡镇 80 个村的"支部＋协会"示范网络体系，培训棉农及农机人员 2 000 人次，发放技术资料 8 000 余份。对于重点示范村，科技培训到村，资料发放到户，技术指导到田间，2005 年 10 万亩标准化示范田，经国家标准委组织专家验收，增产 15.6%，农民每千克子棉高于市场价 0.4 元，企业吨棉增效 500 元。2006年被东光县政府授予棉花生产特殊贡献奖。

2006 年与《沧州日报》合作，在全市范围内举办棉花简化高产示范典型擂台赛，3 月 20 日《沧州日报》头版头条套红标题，刊登了擂台赛实施方案。在实施过程中，开通技术咨询专线，三个技术指导专家组巡回培训指导，同一品种，统一技术，统一验收。全市 14 个乡镇 1 200 名示范会员参加，对在简化管理条件下，亩产 300kg 以上子棉会员，由相关县市农业局人员带队，在沧州市农林科学院举行颁奖大会，发放奖品折合现金 6 万元，沧州电视台跟踪报道，产生较大社会影响。

在《华北农学报》《河北农业大学学报》《作物杂志》《中国棉花》《河北农业科学》《作物研究》等期刊发表论文 50 余篇。

国务院特殊津贴专家，河北省省管优秀专家，河北省优秀科技工作者，沧州市专业技术拔尖人才，河北省棉花生产指导专家，河北省高层次人才帮带专家，河北省科技成果评审专家。2003 年、2005 年沧州市直优秀共产党员。先后多次被评为沧州市三农服务先进工作者，2005 年沧州市十佳科教功臣，2012 年沧州市十大科技创新人物。

张彦才

张彦才，研究员，1956年生，河北省武邑县人。1982年毕业于河北农业大学土壤农化专业，同年分配到河北省农林科学院土壤肥料研究所（今农业资源环境研究所）工作，主要从事棉花、蔬菜、中药材、果树等经济作物施肥技术及新型肥料研发与应用。研究室主任。

先后主持和参加国家星火计划、国家科技攻关、国家成果转化、国家科技支撑计划专题、国家"973"子课题、河北省科技支撑计划、河北省自然科学基金、河北省科技成果转化、河北省农业综合开发土地治理科技推广等40余项。

主持完成的"棉花抗盐抗旱研究与应用"项目，采用调节营养平衡，抗性锻炼，增强种子活力，提高细胞渗透压，降低细胞膜透性，与杀菌农药有机结合等手段处理棉种，显著提高了棉花苗期的抗盐渍、干旱、低温和病害能力；显著提高了种子活力和棉苗苗期耐盐临界值。"棉花抗盐抗旱研究与应用"项目，1995年获河北省科技进步三等奖。

主持完成的"我国主要棉区棉花保苗剂应用研究"项目，有效地解决了我国植棉中因土壤盐渍、干旱、低温、病害而导致的棉花出苗率低、病苗死苗多、苗弱晚发等问题，在盐渍旱薄棉田平均亩增产子棉29.4kg，增产率17.2%。在我国主产棉区进行了大面积应用，对促进我国棉花生产和提高作物耐盐技术研究具有很大推动作用。"棉花保苗剂研究与应用技术"项目，1995年获河北省科技进步三等奖。1997年获国家发明专利，入选《世界优秀专利精选》。"我国主要棉区棉花保苗剂的应用"项目，1998年获河北省科技进步三等奖。

主持完成的"棉花种子丸粒化技术"，将带短绒棉种经介电式种子分选机精选和丸粒机丸粒化处理。首次实现了带绒棉种的精选丸粒化作业，降低了设备投资及加工成本，又避免了因化学脱绒造成的环境污染和烧伤种子等问题。丸粒化棉种出苗率较国内外9个种衣剂处理提高5.2%~21.6%，发病率降低1.9%~7.5%，死苗率降低2.9%~9.4%，增产率10%以上。2006年获国家发明专利，2010年获河北省技术发明三等奖。

撰写《Effects of Partial Replacement of Potassium by Sodium on Cotton Seedling Development and YieldEffects of Partial Replacement of Potassium by Sodium on Cotton》《冀中南棉区土壤钠的形态与棉花吸收的关系》《丸粒化处理对棉花种子萌发期抗寒性与生理特性的影响》等论文 40 余篇，在《Journal of Plant Nutrition》《植物营养与肥料学报》《棉花学报》等期刊发表。

河北省有突出贡献的中青年专家，河北省优秀发明者，河北省优秀科技工作者。河北省土壤肥料学会常务理事，河北省农业厅农产品质量安全专家顾问组成员。

张香云

张香云，研究员，1956 年生，河北省行唐县人。1979 年毕业于北京农业大学农学系农学专业，同年到河北省农林科学院经济作物研究所（今棉花研究所）工作。曾任河北省农林科学院棉花研究所所长。

主要从事棉花杂种优势利用和遗传育种研究工作。带领团队率先将半配合纯化技术应用于远缘杂交后代的快速稳定，改进传统远缘杂交后代选择方法，用海岛棉姊妹系作回交亲本，使杂交后代目标性状更为突出，育成高产型资源海陆 1-1、高抗病资源 FR2-2、优质型资源海陆野 96-3 等多个具有海、陆、野血统，遗传基础丰富、配合力高，且优质、丰产、抗病突出的种质资源；首次将 AFLP-PCR 指纹图谱检测技术用于棉花种质资源的评价鉴定，探明种质资源间的亲缘关系；首次提出并构建了抗病、优质、早熟等 5 个棉花主要目标性状的育种基因库，为多类型棉花品种的选育奠定基础；将全程病圃抗病性鉴定、连续单株纤维品质测定、全程测定皮棉产量、以形态特征、生物学特性评判早熟性和综合评判等多项技术相结合，建立了相应的高效育种技术体系，培育多类型棉花新品种。

主持培育出冀棉 18、冀 228、冀杂 1 号、冀 2000 等 22 个抗病、高产、优质、抗虫的棉花新品种。其中冀杂 1 号、冀 2000、冀杂 2 号、冀 228、冀棉 958、冀杂 999 等 6 个品种，先后通过国家农作物品种审定委员会审定。其中冀棉 18 为我国第一个在生产上可利用两代的棉花杂交种，该杂交种的育成，解决了杂交棉种子量少，难以

在生产上推广的技术难题，使杂交棉大面积应用于生产变为现实。育成品种成为黄淮海流域及新疆棉区主推品种。这些优良品种的育成和推广，丰富了生产上抗病虫、耐旱和优质棉品种，增强了河北省原棉在市场中的竞争力。

1985年以来一直主持国家、河北省重大科技攻关课题，主持完成国家科技支撑计划、国家棉花杂种优势利用新技术研制及强优势杂交种选育项目、国家棉花产业技术体系、国家转基因生物新品种培育科技重大专项、河北省科技支撑计划重点项目、河北省自然科学基金项目等课题40余项。

主持或主研完成的科技成果奖励："野生与特色棉花遗传资源的创新与利用研究"项目，2006年获国家科技进步二等奖；"资源创新与优质抗病高产棉花新品种选育及产业化"项目，2013年获农业部中华农业科技一等奖；"棉花杂交种冀棉18（杂29）的选育与应用"项目，1994年获河北省科技进步二等奖，1998年获河北省优秀发明奖；"优异棉花种质资源的创制及利用""棉花抗病、优质、高产多类型新品种选育及应用""高产优质与早熟广适棉花新品种选育及应用"等三个项目，分别于2005年、2010年、2011年获河北省科技进步二等奖；"河北省农村妇女人力资源开发研究"项目，2006年获河北省社科优秀成果三等奖。

撰写《冀228纤维均一化全长cDNA文库的构建与鉴定分析》《利用棉花纤维品质相关QTL评价海陆渐渗品种品质初探》《陆、海、瑟棉花远缘杂交后代的遗传改良》《海岛棉纤维品质关联分析初探》《陆地棉表型性状与主要育种性状的相关性分析》等论文70余篇，在《中国农业科学》《棉花学报》《华北农学报》《作物杂志》《河北农业科学》等期刊发表。

《英汉·汉英棉花专业实用手册》副主编（化学工业出版社2015年出版）。

国家棉花改良中心河北分中心主任，农业部黄淮海半干旱区棉花生物学与遗传育种重点实验室主任，河北省棉花产业技术体系首席专家，中国棉花学会常务理事，河北省棉花学会名誉理事长，河北省棉花协会副理事长，河北省"双十双百双千"人才工程跨世纪学科带头人，全国、河北省农作物品种审定委员会评审专家，河北省成果鉴定评审专家，河北省专家献策服务团专家，河北省农林科学院学科带头人。

中国共产党第十八届全国代表大会代表，全国"五一"劳动奖章获得者，国务院政府特殊津贴专家，河北省十大杰出青年，河北省劳动模范，河北省有突出贡献的中

青年专家，河北省省管优秀专家，河北省巨人计划领军人才，河北省优秀专业技术人才，河北省十大经济风云人物，河北省优秀共产党员，河北省先进女职工、河北省三八红旗手标兵。

王有增

王有增，研究员，1957 年生，河北省深县（今深州市）人。1982 年毕业于河北农业大学，农学学士学位。1984 年到衡水地区农业科学研究所（今河北省农林科学院旱作农业研究所）工作。主要从事旱地农业增产技术与棉花高产栽培技术研究。1996 年后从事科研管理与技术推广工作。

"六五"以来，承担了国家"六五"旱地农业攻关项目，在旱地农业增产技术研究方面，研究形成了以旱地棉花趁雨追肥为核心的关键技术、棉花旱地化肥施用技术、雨养农田棉花因雨种植技术、雨养农田实用技术规范和"一调四改三同步"增产技术，即调整种植结构、改传统的秋耕敞垡晾墒为秋耕合墒保水，改集中灌溉为分散（储墒）灌溉，改旱地三肥底施为粗肥、磷肥底施，氮肥底追结合，改旱地作物单一品种为中、早、晚熟品种搭配，实现作物生长盛期、雨热季节、化肥施用高效期三者同步。"旱地农田秋收作物化肥施用技术"项目，1985 年获河北省科技进步三等奖。"河北省旱地农业增产稳产技术"项目，1986 年获河北省科技进步二等奖。

主持"河北低平原旱地土壤水分运动规律及调控技术研究"子课题，参加河北省科技厅"河北低平原半湿润易旱区农业增产技术研究"项目，提出不同降雨年型因雨种植理论，即因雨耕作，因雨定播期，因雨墒定轮作形式，因降雨年型施肥。"河北低平原雨养农田提高水分利用率配套技术"项目，1990 年获河北省科技进步二等奖。

1991—1995 年，承担了河北省科技厅"黑龙港地区不同年型棉花稳产高产栽培技术研究"项目，提出棉田"湿害控制"理论，明确了棉花产量与气象因子的关系，确定了不同年型合理的群体结构，形成肥水管理综合配套技术。该技术在黑龙港区累计推广面积 300 多万亩，获经济效益 5 717 万元。该项目 1996 年获衡水市科技进

步二等奖，1997年获河北省农林科学院科技成果二等奖。

围绕棉花高产栽培理论与实践，撰写《河北省低平原旱作农业特点与稳产技术对策》《河北低平原生态条件对棉花产量的影响》《低平原雨养农田因雨种植技术的理论与实践》等论文20余篇，在《干旱地区农业研究》《生态学杂志》《耕作与栽培》等期刊发表。《河北低平原旱地化肥施用技术》在1987年陕西杨凌国际旱地农业学术会交流。撰写的《因雨种植是提高雨养农田水分利用率的主要途径》被收入《第七次国际雨水利用学术会（中英文）论文集》。

衡水市第二届、第三届政协委员，衡水市第四届、第五届人大代表（常委）。全国科技下乡十大优秀人物，河北省优秀科技工作者，河北省科技管理先进个人，多次被评为河北省科协系统先进个人，河北省农林科学院科技服务先进个人，衡水市三下乡先进个人，衡水市科协先进个人。

王金耀

王金耀，研究员，1957年生，河北省巨鹿县人。1982年毕业于复旦大学生物系昆虫专业，同年到河北省农林科学院植物保护研究所工作，从事棉花主要害虫发生规律、防治对策以及棉花害虫生物防治研究。

先后主持河北省农林科学院重点项目"棉铃虫发生规律与防治对策研究"、河北省自然科学基金项目"棉铃虫滞育与发生消长关系的研究"、科技部成果转化资金"棉铃虫低龄幼虫天敌—中红侧沟茧蜂中试生产与应用技术"等项目。

主持完成的"棉铃虫滞育与发生消长关系的研究"项目，1995 年获河北省农林科学院科技进步三等奖。该研究明确了棉铃虫滞育对发生消长的影响，找到了棉铃虫在我国的越冬界线为北纬 40°，为防治对策的建立提供了依据。

针对棉铃虫抗药性，研制出了 35％甲·辛·丹乳油，对抗性棉铃虫的防治起到重要作用，防治效果达 90％以上，深受广大棉农欢迎。1996 年该项研究成果获河北省农林科学院科技进步三等奖。

"棉铃虫低龄幼虫天敌—中红侧沟茧蜂人工繁殖利用技术"项目，2005 年获河北省技术发明二等奖，第二完成人。该项研究以中红侧沟茧蜂生物学特性为依据，以该天敌的应用为目的，从各虫态的饲养、条件的控制、操作规范等方面进行了系统研究，建立中红侧沟茧蜂人工繁育的工艺技术流程，繁育出的滞育蜂源产品能保存 1 年以上，具备了良好的商品属性，为今后的产业化生产奠定了雄厚的基础。经多地多点大面积防治棉铃虫释放示范，对棉铃虫的防治效果达到 70％。

参加完成的"棉铃虫微孢子虫的发现及其致病机理研究"项目，2006 年获河北省自然科学三等奖。

主编《棉花植保员培训教材》（金盾出版社 2008 年出版）。

撰写《二代棉铃虫在棉株上的落卵规律研究》《中红侧沟茧蜂田间释放技术研究》《中红侧沟茧蜂繁蜂器的研制及操作规程》《影响中红侧沟茧蜂后代性比的因素》等论文，分别在《华北农学报》《河北农业大学学报》《中国生物防治》等期刊发表。

曾任河北省昆虫学会理事、副秘书长。

宋玉田

宋玉田，研究员，1957 年生，河北省武安县（今武安市）人。1982 年毕业于河

北农业大学邯郸分校，毕业后即到邯郸地区农业科学研究所（今邯郸市农业科学院）工作，主要从事抗病低酚棉花新品种选育及其配套栽培技术研究。曾任邯郸市农业科学院院长。2015 年退休。

主持或主研培育出邯无 23、冀棉 7 号、冀棉 19、邯郸 284、邯郸 109、冀棉 26、农大 94-7 等棉花品种 11 个，实现了抗病、丰产、优质同步改良和突破，在黄河流域棉区大面积示范、推广，累计推广面积 9 000 万亩，创经济效益 45 亿元。

获国家、河北省和市级科技成果奖励 15 项。其中，与河北农业大学合作完成的"棉花黄萎病育种基础研究与新品种选育"项目，创造了多份抗黄萎病亲本，克隆了 7 个抗黄萎病相关新基因；寻找到与抗病基因连锁的 BNL3556、BNL3255-208 SSR 分子标记。为抗性鉴定与选择提供了有效的技术和方法；发现了落叶型菌系、品种抗病类型以及棉花新的抗病性遗传方式，2009 年获国家科技进步二等奖。

主持完成的"丰产优质抗病低酚棉新品种邯无 23 选育及应用"项目，2002 年获河北省科技进步二等奖；主研完成的"棉花品种资源抗黄萎病田间鉴定"项目，1979 年获全国成果奖励大会四等奖；"棉花抗病丰产新品种冀棉 7 号"项目，1984 年获河北省科技进步二等奖；"抗病、高产低酚棉新品种冀棉 19 选育"项目，1996 年获河北省科技进步三等奖；"高产省工、广适型棉花新品种邯 4849 的选育与应用"项目，2008 年获河北省科技进步三等奖；"三系抗虫棉生物育种技术体系创建及应用"项目，2011 年获中国农业科学院科学技术特等奖。

主持完成了 5 个平台项目建设：邯郸市国家级农作物品种区域试验站建设，2012 年经河北省农业厅批准实施，投资预算 316 万元；邯郸市优质高产棉花原原种扩繁基地建设，2012 年经河北省农

业厅和财政厅批准实施，投资预算 160 万元；河北省杂交棉工程技术研究中心建设，2008 年经河北省科技厅批准实施；邯郸市海南岛繁育基地建设，2013 年邯郸市财政投资 350 万元；在海南省三亚市南滨农场租地 50 亩，建设南繁用房 600 平方米。

参编《冀南棉虫天敌植保文集》（上海科普出版社 2008 年出版）；参编《棉花高产栽培技术》丛书（中国致公出版社 1993 年出版）。

撰写《遏制我省棉花滑坡的十条重大建议》《种衣剂爱农对棉花不同品种苗期生长的影响》《抗虫棉田虫害发生较重的原因及防治对策》《百亩棉田实现"两高一优"的栽培经验》等论文，在《1998 年河北省棉花学会论文汇编》《1996 年全国中青年作物栽培学会论文集》《河北农业科技》《河北农业》等刊物发表。

国务院政府特殊津贴专家，河北省省管优秀专家，河北省有突出贡献的中青年专家，邯郸市优秀专业技术拔尖人才，国家和省市项目、成果评审专家。曾任河北省棉花学会副理事长，邯郸市种子学会理事长，河北省农作物品种审定委员会委员，邯郸市科学技术协会副主席，河北省科协委员，国家棉花产业技术体系冀南综合试验站站长，河北省杂交棉工程技术中心主任。

马峙英

马峙英，教授，博士生导师，1958年生，河北省新乐县人。1980 年毕业于张家口农业专科学校，同年到新乐县农业技术站工作。1986 年获河北农业大学作物遗传育种专业硕士学位，同年留校从事作物育种教学和棉花育种科研工作。1998 年获华中农业大学作物遗传育种专业博士学位。1999—2000 年到澳大利亚CSIRO Plant Industry 作访问学者。河北农业大学副校长。

30 多年来，带领团队创新了抗黄萎病育种理论和方法，发现了河北省落叶型黄萎病菌系和陆地棉品种抗病类型，揭示了抗病和纤维强度基因表达规律，发掘出一批抗病相关新基因，首创转基因磷高效和高衣分新材料，创建棉花一年多代育种法，发现抗性分子标记及一些纤维品质 QTL，集成创新了抗病品种选育技术。育成了抗病、

高产、优质冀棉 26、农大 94-7、农大棉 6 号、农大棉 7 号、农大棉 8 号、农大棉 9 号、农大棉 10 号、农大棉 12 号、农大棉 13 号、农大 601、农大 KZ05 等棉花品种，生产应用产生了显著的社会经济效益。

主持完成国家 973 计划子课题、973 计划前期研究专项、863 计划了课题、国家自然科学基金、国家棉花产业技术体系、国家转基因生物新品种培育科技重大专项、河北省科技支撑计划、河北省自然科学基金（重大）项目等国家和省部级课题 40 余项。

作为第一完成人，获得省部级以上教学和科研奖励 9 项。主持完成的"棉花抗黄萎病育种基础研究与新品种选育"项目，2009 年获国家科技进步二等奖；"抗病、抗虫、高产棉花新品种农大棉 7 号、农大棉 8 号选育及应用"项目，2013 年获河北省科技进步一等奖；"作物细菌人工染色体文库构建新方法及其应用"项目，2008 年获河北省自然科学一等奖；"棉花种质资源分子指纹图谱构建和杂交棉新品种选育"项目，2007 年获河北省科技进步一等奖；"高产、抗病、优质棉花新品种冀棉 26 和农大 94-7 选育"项目，2005 年获教育部科技进步二等奖；"农学类专业教育教学与学科建设良性互动机制研究与实践"项目，2005 年获国家教学成果二等奖。

为首批省级本科生精品课程《作物育种学》负责人；讲授博、硕士研究生《分子生物学》《遗传学研究进展》《作物育种学研究进展》等课程，培养博士、硕士研究生 100 余人。

主编或参编了《中国棉麻丝产业可持续发展研究》《快乐植棉》《作物良种繁育学》《作物育种学》《Transgenic cotton》《植物生物技术》《作物育种学原理》《作物育种学论丛》《棉作学》等著作。

在《Nat Genet》《Nat Biotechnol》《Plant J》《Nucleic Acid Res》《BMC Genomics》《Planta》《Genome》《Plant Mol Biol Rep》《Plant Cell Rep》《Plant Breed》《Euphytica》《作物学报》《遗传学报》《棉花学报》等期刊发表学术论文 200 余篇，其中 SCI 收录 40 余篇。

国家现代棉花产业技术体系高产育种岗位科学家，河北省棉花育种首席专家，河北省棉花技术推

广专家组组长，中国棉花学会副理事长，中国作物学会常务理事，中国遗传学会理事，河北省遗传学会副理事长，河北省农学会副理事长，中国农学会理事。《中国农业科学》《作物学报》《棉花学报》《植物遗传资源学报》《中国农业科技导报》编委，《河北农业大学学报》主编。国家农作物品种审定委员会棉花专业委员会委员，河北省农作物品种审定委员会副主任。曾担任河北省农作物品种审定委员会棉花专业委员会主任，河北省自然科学基金委员会委员、生物学科组组长。多次担任河北省科学技术奖评审委员会委员、农林组副组长，农业部丰收奖评审委员会委员，国家自然科学基金项目评审专家，国家科技进步奖评审专家。

国务院政府特殊津贴专家，国家、河北省五一劳动奖章获得者，全国优秀教师，国家教学名师，何梁何利科学与技术创新奖获得者，河北省省管优秀专家，河北省"三育人"先进工作者，河北省劳动模范，河北省杰出专业技术人才，河北省第三批高端人才，河北省"巨人计划"第二批创新创业团队及领军人才。

孙玉英

孙玉英，研究员，1958年生，河北省沧县人。1982年毕业于河北农业大学植保系，同年到沧州地区农业科学研究所（今沧州市农林科学院）工作，主要从事棉花病虫害防治、棉花栽培及育种等方面研究。

先后承担国家公益性行业农业科研专项"耐盐棉花品种筛选与盐碱地棉花增产技术集成研究与示范""棉田病虫害综合防治""棉田简化高效株型集成技术创新与推广"，河北省科技支撑计划"棉花高产优质耐盐品种选育"，河北省农业综合开发土地治理科技推广项目"高产优质棉花新品种及省工高效集成技术推广"等国家、省、市级科研项目多项。

主要从事的棉蚜、棉铃虫综合防治研究，获省级成果1项，地市级成果3项。其中，"棉蚜特定时间生命表及防治决策计算机模拟模型的研究"项目，1995年获河北省科技进步三等奖，该项成果推广应用面积120万亩，增收节支显著，经济效益突出。

"棉花害虫优化综合防治"项目，1988年获河北省农业厅科技成果三等奖。该成果着重应用物理、生物、化学防治三种方法有机结合，明显提高了棉花害虫防治效果。

"昆虫天敌数据库应用"项目，1993年获河北省农林科学院科技成果三等奖；"诱杀棉铃虫蛾及防治其幼虫新技术示范和应用"项目，1995年获沧州市科技成果三等奖。

2001年开始从事棉花栽培和育种研究。参加完成的棉花简化高效集成技术研究示范推广项目，使棉花栽培技术获关键性突破，创新的抗虫棉多茎株型高产简化栽培技术，解决了抗虫棉苗弱根差易早衰、烂铃重等问题，在节省用工50%~70%条件下，增产15%~23%，该技术累计推广面积达160万亩，创社会经济效益8.9亿元。"抗虫棉多茎株型高产简化栽培技术及复合高效产业化体系"项目，2004年获沧州市科技进步一等奖，2005年获河北省科技进步二等奖。

主研育成高产优质棉花新品种沧198和德利农5号，分别通过河北省、山东省农作物品种审定委员会审定。创新了棉花高效集成技术：品种与技术配套、农机与农艺结合、生物肥料与化学肥料配合。累计推广面积300万亩，创经济效益9亿元，"抗虫棉多茎株型高产简化高效复合产业化体系推广"项目，2009年获沧州市科技进步特等奖；"优质棉新品种沧198及高产简化集成技术示范"项目，2011年获沧州市科技进步一等奖。

参编《农林病虫害防治百科》（中国商业出版社1994年出版）。

撰写《辐射处理在棉花抗虫育种工作中的应用》《棉田新除草剂除草效果初报》《棉花伏蚜为害程度与产量损失的优化模型》《棉蚜特定时间生命表及配套防治技术》《适宜北方半干旱地区持续农业种植结构——枣粮间作》《高产简化抗虫棉新品种沧198的选育研究》《滨海盐碱地微沟覆膜植棉模式的研究》等论文20余篇，在《北方半干旱地区持续农业研究》《第十九届国际昆虫大会会刊》《昆虫学研究进展》《河北农业大学学报》《华北农学报》《中国棉花》《中国农学通报》《河北农业科学》《江西农业大学学报》《植物保护》《农药》等刊物发表。

1993年沧州市农业科学研究院先进工作者，1984年、1997年下乡送科技先进

个人，1995 年、2004 年两次获沧州市市级嘉奖，2000 年沧州市农林科学院先进工作者。

徐 显

徐显，研究员，1958 年生，河北省束鹿县（今辛集市）人。1982 年毕业于河北农业大学农学专业，同年分配到河北省农林科学院经济作物研究所（今棉花研究所）从事棉花遗传育种工作，2003 年到遗传生理研究所植物转基因中心从事棉花快速育种研究。植物转基因中心副主任。

先后主持了国家科技重大攻关、河北省科技攻关、河北省农业综合开发土地治理科技推广和河北省农林科学院项目。主持或主研育成棉花品种 7 个：冀棉 10 号、冀棉 13、冀棉 20、杂 66F$_1$、冀棉 653、快育 2 号、快育 66，先后通过河北省农作物品种审定委员会审定。

冀棉 20 是河北省第一个通过海、陆、野种间杂交育成的棉花新品种。1992—1993 年参加河北省棉花品种区域试验，平均亩产子棉 134.9kg，较对照中棉所 12 增产 18.6%，亩产皮棉 53.0kg，较对照中棉所 12 增产 17.3%。纤维主体长度 29.5mm，强力 4.0g，细度 5 792m/g，断裂长度 23.2km，成熟系数 1.7。1996 年通过河北省农作物品种审定委员会审定。被河北省定为更新换代的主推品种，列入了"九五"国家重大科技成果推广计划。在新疆兵团中熟陆地棉区第二轮抗病新品种（系）区域试验中，皮棉产量居第一位，成为"九五"期间该区的主栽品种。1995—1997 年，冀棉 20 在省内外累计推广面积 1 030.2 万亩，创经济效益 7.9 亿元。

主持育成高产、抗病、抗虫棉杂交种杂 66 F$_1$，1996—1997 年，参加河北省抗虫棉区域试验，平均亩产霜前皮棉 70.0kg，皮棉总产 75.0kg，1997 年同组生产试验，平均亩产霜前皮棉 91.7kg，比对照新棉 33B 增产 14.6%，皮棉总产 95.0kg，比对照增产 11.6%。高抗枯萎病，耐黄萎病，抗棉铃虫。2.5% 跨距长度 28.9mm，比强度 22.3g/tex，麦克隆值 4.8，气流纺品质 1 893.5 分。1998 年通过河北省农作物品种审定委员会审定，是河北省第一个通过审定的抗虫棉自育品种，填补了河北省自育抗棉

铃虫品种的空白，为河北省棉花生产发展做出了较大的贡献。

2003年后主要从事棉花快速育种研究。利用温室棉花快速发育技术，将温室加代、幼胚培养与大田鉴定巧妙结合，建立了1年3~4代的棉花快速育种技术体系，使棉花育种年限由10年左右缩短到3~5年，大大加快了棉花育种进程，在棉花育种方法上实现了新突破。育成高产、稳产、高效、广适棉花品种快育66，2011年通过河北省农作物品种审定委员会审定，2013年通过了天津市引种试验，解决了棉花生产中早熟品种不抗黄萎病、烂铃多、产量低、品质差、管理费工等难题。

取得科技成果多项。其中，参加完成的"土壤层间钾对棉花钾素营养及作用机制"项目，2000年获河北省科技进步三等奖；"棉花新品种79-366（冀棉10号）的选育"项目，1988年获河北省科技进步三等奖。河北省农林科学院农业科技开发服务奖5项。

参编《河北棉花品种志》（河北科学技术出版社2013年出版）。

撰写《棉花远缘杂交新类型品种冀棉20选育》《棉花黄萎病发病期与危害损失关系分析》《高产、抗病、抗虫棉杂66F$_1$的选育》《棉花品质育种研究现状及对策》等论文29篇，分别在《华北农学报》《河北农业大学学报》《河北农业科学》《中国棉花》等期刊发表。

2002年被评为河北省农林科学院学术带头人，2004年获第四届河北省优秀发明者称号。

潘文亮

潘文亮，研究员，1958年生，河北省霸县（今霸州市）人。1982年毕业于河北农业大学植物保护系，农学学士学位，1985年毕业于中国农业科学院，获农学硕士

学位，同年分配到河北省农林科学院植物保护研究所从事农业害虫综合治理工作，后考入华南农业大学攻读博士学位，1989 年毕业。河北省农林科学院植物保护研究所副所长。

　　主持、参加"河北省主要农作物害虫抗药性监测及杀虫剂增效复配研究""几种蚜虫对吡虫啉的抗性监测及其抗性机制""棉铃虫低龄幼虫寄生蜂—中红侧沟茧蜂中试生产""棉花绿盲蝽综合防治技术研究与示范""盲蝽象的扩散转移规律、种群动态模拟及区域性治理技术研究""河北省现代农业产业技术体系"项目。研究内容主要是棉铃虫、盲蝽象、棉蚜等棉花害虫的抗药性监测、新药剂筛选、增效复配药剂研制、生物防治、物理防治以及综合防治技术。

　　主持棉铃虫低龄幼虫天敌—中红侧沟茧蜂人工繁殖与利用技术研究，解释了中红侧沟茧蜂具有兼性滞育特性，并能产生两种不同颜色的茧，即滞育茧（褐色）和非滞育茧（绿色）；掌握了使中红侧沟茧蜂产生滞育茧的条件和使之解除滞育的方法，首创了周年性累积繁育滞育蜂茧，进行保存和按需择期解除滞育进行释放的技术；创建了中红侧沟茧蜂人工繁育的工艺技术流程；完善了释放中红侧沟茧蜂防治棉铃虫的田间应用技术，经多年大面积防治示范，防治棉铃虫效果达 60%~70%，2002—2004年，在新疆维吾尔自治区及河北省部分地区释放中红侧沟茧蜂防治棉铃虫面积达到16 万亩。"棉铃虫低龄幼虫天敌—中红侧沟茧蜂人工繁殖与利用技术"项目，2005年获河北省技术发明二等奖。

　　参加完成的"棉铃虫微孢子虫的发现及其致病机理研究"项目，2006年获河北省自然科学三等奖。

　　主持、参加了"20%氯·对乳油""20%氯氰·辛乳油"等产品的研制。

　　撰写《25% 环氧虫啶可湿性粉剂对绿盲蝽的防

治效果及对天敌的安全性评价》《寄主植物花器挥发性物质分析及其对绿盲蝽成虫的引诱作用》《苯甲酰基脲类杀虫剂对绿盲蝽的生物活性及亚致死影响》《棉蚜种群密度对其转主取食适合度的影响》《感染微孢子虫的棉铃虫幼虫对化学杀虫剂的敏感性》《棉蚜抗吡虫啉品系和敏感品系主要解毒酶活性比较》《棉铃虫幼虫感染棉铃虫微孢子虫后的组织病理变化》《河北省主要棉区棉铃虫对杀虫剂抗性的发展趋势》《棉蚜对几种杀虫剂抗性的监测》《几种几丁质合成抑制剂对棉铃虫生物活性的研究》等论文49篇，在《农药》《河北农业大学学报》《应用昆虫学报》《植物保护学报》《昆虫学报》等期刊发表。

国务院政府特殊津贴专家，河北省有突出贡献的中青年专家，河北省农业科技先进工作者。曾任河北省植物保护学会理事长，河北省昆虫学会副理事长，河北省棉花学会理事。

崔瑞敏

崔瑞敏，研究员，1959年生，河北省深县（今深州市）人。1982年毕业于河北农业大学农学专业，学士学位。同年分配到河北省农林科学院经济作物研究所（今河北省农林科学院棉花研究所）工作。研究室主任。

先后主持或主研国家转基因重大专项、国家科技支撑计划、国家产业技术体系、国家农业科技成果转化资金项目、河北省重大科技攻关、河北省科技支撑计划、河北省财政专项、河北省科学技术研究与发展计划、河北省农业厅科技成果推广项目、河北省农业综合开发土地治理科技推广项目、国家棉花品种区域试验、河北省棉花品种区域试验等项目30余项。

1983—1994年，主要从事棉花杂种优势利用研究。研究了高产、抗病杂交种的亲本选择依据，探索了亲本组配新模式，开展了杂种优势早期预测研究，改创了杂交制种技术和方法，分析了杂种一、二代性状相关性及优势率分布，明确了杂交种二代优势利用的可能性，创新出棉花二代杂交种选育的技术路线，建立了杂交棉推广技术体系。1991年作为第二完成人育成的高优势杂交种冀棉18（杂29），是河北省也是

国内第一个通过审定的二代杂交种，为棉花杂交种的二代利用提供了成功的范例，把河北省的棉花杂种优势利用的研究和应用提高到一个新水平。

1995年之后，主要从事高产、抗虫、抗病、优质棉花新品种培育。针对当时河北省棉花生产上黄萎病和棉铃虫两大危害，及时修订育种目标，更新技术路线，创新种质资源，遴选骨干亲本，改进育种技术。以第一、二、三育种人育成不同类型棉花品种17个，其中通过国家农作物品种审定委员会审定品种6个：冀杂1号、冀杂2号、冀棉958、冀2000、冀杂999、冀228；省级审定品种11个：冀棉18、冀1316、冀3816、冀H239、冀122、冀H156、冀151、冀1516、冀优861、冀1518、冀航8号。

在国家和省级示范推广项目支持下，深入基地县推广新品种新技术，并在实践中改创出行政领导和技术人员相结合，研究、试验、示范、推广相结合，推广部门、科研单位与农业新型经营主体相结合，核心示范与大面积辐射相结合的"四结合"推广模式，促进了科技成果转化。多次被河北省农林科学院和示范基地县县委、县政府评为科技服务先进工作者。

作为前三名完成人获科技成果奖励8项。"棉花杂交种冀棉18（杂29）的选育及应用"项目，1994年获河北省科技进步二等奖，1998年获河北省优秀发明奖；"棉花抗病、优质、高产多类型新品种选育及应用"项目，2010年获河北省科技进步二等奖；"高产优质与早熟广适棉花新品种选育及应用"项目，2011年获河北省科技进步二等奖；"资源创新与优质抗病棉花新品种选育及产业化"项目，2013年获农业部中华农业科技一等奖；"国审双抗优质棉花品种冀杂1号、冀228的选育及应用"项目，2013年获河北省科技进步二等奖；"高产抗逆易管高效棉花新品种冀杂999和冀1316的选育及应用"项目，2016年获河北省科技进步二等奖；主编的科技专著《河北棉花品种志》，2013年获河北省自然科学学术创新成果三等奖。作为参加人获国家科技进步二等奖、河北省农业技术推广二等奖、河北省技术发明奖、河北省农业厅丰收奖、河北省农林科学院科技开发奖等成果9项。

2000 年后，兼任棉花品种区域试验负责人，包括国家棉花品种区域试验，河北省棉花品种区域试验。多次荣获国家、河北省区域试验先进单位和先进个人。

撰写《转 Bt 基因杂交棉主要性状优势率分布研究》《陆地棉亲本不同组配模式杂交后代差异分析》《陆地棉花粉柱头生活力研究》《河北省棉花新品种主要性状参数分布解析》《国家棉花品种区试方案中几个问题的商榷》《陆地棉品种间杂种 F_2 代及亲本主要经济性状的通径分析》等论文 60 余篇，先后在《棉花学报》《华北农学报》《河北农业大学学报》《分子植物育种》《中国棉花》等期刊发表。

主编科技专著 3 部：《河北棉花品种志》（河北科学技术出版社 2013 年出版）；《河北植棉史》（河北科学技术出版社 2015 年出版）、《河北棉花人物志》（中国农业科学技术出版社 2017 年出版）。

河北省政府特殊津贴专家，河北省科技奖励评审专家，河北省科学技术普及工作专家，河北省农业咨询专家团专家，中国农学会中国当代农业高级专家库专家，河北省棉花学会理事，河北省农林科学院专家服务团专家，河北省棉花产业协同创新中心岗位专家。中共河北省委组织部"巨人计划"高层次创新团队核心成员，全国巾帼建功先进集体核心成员，河北省三八红旗手，荣立二等功一次，入选河北省农林科学院《创先争优百星璀璨》一书。

李洪芹

李洪芹，研究员，1961 年生，河北省沧州市人。中专毕业，1979 年到沧州地区农业科学研究所（今沧州市农林科学院）从事棉花育种和栽培研究。

先后承担国家科技部、农业部、河北省科技厅、河北省农业厅、河北省农业综合开发办公室、沧州市科技局等国家、省、市级科研课题多项。

1995—2010 年，主持棉花新品种选育课题，育成棉花品种沧棉 198 和德利农 5 号。沧棉 198：叶枝发达，叶色浅绿，茸毛多，果枝短，赘芽少，单铃重 5.7g，衣分 40.5%，抗枯萎病，耐黄萎病。纤维洁白，品质优良，纤维上半部平均长度 31.6mm，整齐度指数 86.6%，马克隆值 4.5，断裂

比强度 32.0cN/tex，伸长率 6.3%，反射率 74.6%，黄色深度 6.8，纺纱均匀性指数 164。2007 年通过河北省农作物品种审定委员会审定。德利农 5 号：出苗较好，中后期生长稳健，不早衰，植株塔型，较松散，叶片中等大小。铃卵圆形，吐絮畅，结铃性较强。纤维上半部平均

长度 29.3mm，断裂比强度 28.3cN/tex，马克隆值 5.1，整齐度 85.5%，纺纱均匀性指数 139。抗枯萎病，耐黄萎病，高抗棉铃虫，2010 年通过山东省农作物品种审定委员会审定。截至 2009 年，累计推广面积 300 万亩，创社会经济效益 9 亿元。

2005—2015 年，主持优质耐盐棉花新品种选育课题，育成沧棉 268 和沧棉 666 新品系。沧棉 268：植株稳健，赘芽少，适宜简化栽培，果枝平展，透光性好，大铃大籽，结铃吐絮集中，吐絮肥畅。单铃重 6.8g，衣分 41.3%，子指 11.4g。纤维上半部平均长度 30.0mm，断裂比强度 29.7cN/tex，马克隆值 4.8，抗枯萎病，耐黄萎病，高抗棉铃虫。沧棉 666：植株塔型，茎秆粗壮，果枝舒展，叶片中等大小，结铃性强，铃卵圆形，中等偏大，吐絮畅。整个生育期生长稳健，后期不早衰。单铃重 6.0g 以上，衣分 40.0%，上半部平均长度 29.5mm，断裂比强度 31.4cN/tex，马克隆值 4.8，抗枯萎病，耐黄萎病，高抗棉铃虫。

2013—2016 年，作为河北省现代农业产业技术体系棉花创新团队骨干成员，创新了棉花集雨抑盐保苗新技术，通过聚集无效降雨，提高水资源利用效率；采用一膜双沟模式，降低棉花苗期胁迫；利用宽幅增密，错位播种，改善棉田光照条件；明确了根叶同补、调控株型、抑芽增铃简化整枝的基本途径。获得国家发明专利 2 项：盐碱地开沟起垄多功能棉花播种机；一种适用于盐碱旱地的棉花种植方法。

主持完成的"抗虫棉简化高效株型集成技术创新与推广"项目，2009 年获沧州市科技进步特等奖，第一完成人；"优质棉新品种沧 198 及高产简化集成技术示范"项目，2011 年获沧州市科技进步一等奖。

作为国家科技攻关及河北省科技支撑计划项目第二主持人，创新的"棉花开心株型高产栽培新技术"，1996 年获沧州市科技进步一等奖和河北省科技进步三等奖，

1999年获国家科技发明奖；创新的"抗虫棉多茎株型高产简化栽培技术及复合高效产业化体系"，2004年获沧州市科技进步一等奖，2005年获河北省科技进步二等奖；完成的"抗虫棉多茎株型高产简化及产业化体系推广"项目，2008年获沧州市科技进步一等奖。

撰写《棉花开心株型增产机理分析》《抗虫棉多茎株型增产机理研究》《中棉所30在河北省株型栽培技术初报》《短季棉株型栽培技术研究》等论文40余篇，分别在《河北农业大学学报》《江西农业大学学报》《中国棉花》《河北农业科学》等期刊发表。

河北省"三三三人才工程"第二层次人选，河北省有突出贡献的中青年专家，沧州市专业技术拔尖人才。多次获得沧州市先进个人。

王兆晓

王兆晓，研究员，1962年生，河北省元氏县人。1987年毕业于河北农业大学农学系，学士学位，同年分配到河北省农林科学院棉花研究所从事棉花遗传育种及新品种示范推广工作。

先后主持和参加国家科技重大专项"抗除草剂转基因棉花高产、优质新材料选育研究"，国家科技支撑计划项目"多抗棉花育种技术研究及新品种选育"，河北省科技支撑计划项目"棉花高产、优质、抗病新品种选育与种质资源创新"，河北省科技成果转化项目"国审棉花新品种冀杂2号及其配套技术示范推广"，河北省农林科学院项目"抗病虫棉花核质不育系与优良恢复系的培育"等。

针对黄河流域棉区生产上存在的主要问题，开展了育种技术改进，种质资源的搜集、创新及新品种选育等工作，对棉花高产、优质、抗病与早熟等多性状协同改良的技术进一步完善。在棉花转基因抗虫、抗枯黄萎病基因挖掘、棉花杂种优势机理及三系利用、优质基因挖掘、棉花品质改良及抗病虫高产优质棉花品种选育等方面取得了一些成果。主研育成了适应不同区域种植的优良棉花品种，以满足黄河流域不同生态条件与种植制度对棉花品种的需求，控制棉铃虫为害、降低枯黄萎病损失、提高纤维

品质、简化管理环节、增加植棉效益。

主研育成棉花品种21个，其中6个通过国家农作物品种审定委员会审定：冀杂1号、冀杂2号、冀棉958、冀2000、冀杂999、冀228；15个品种通过省级审定：冀228、冀1316、冀3816、冀优杂69、冀H239、冀优768、冀122、冀H156、

冀151、冀1516、冀3816、冀优861、冀FRH3018、冀8158、冀2658。

获省级及以上科技成果奖7项。主研完成的"资源创新与优质抗病棉花新品种选育及产业化"项目，2013年获农业部中华农业科技一等奖；"高产抗逆易管高效棉花新品种冀杂999和冀1316的选育及应用"项目，2016年获河北省科技进步二等奖；"国审双抗优质棉花品种冀杂1号、冀228的选育及应用"项目，2013年获河北省科技进步二等奖；"棉花抗病、优质、高产多类型新品种选育及应用"项目，2010年获河北省科技进步二等奖；"高产优质与早熟广适棉花新品种选育及应用"项目，2011年获河北省科技进步二等奖；"优异棉花种质资源创制及利用"项目，2005年获河北省科技进步二等奖。

副主编《河北棉花品种志》（河北科学技术出版社2013年出版）。

撰写《棉麦两熟不同耕作栽培途径比较研究》《自然昆虫传粉转Bt基因棉花核质不育系的主要性状研究》《棉花新品系冀228的选育及栽培规程》《早熟高产抗虫棉冀优768的选育》《高产优质"三系"杂交棉品种冀FRH3018的选育》《国审抗枯黄萎病抗虫棉新品种冀杂1号选育研究》《利用棉花纤维品质相关QTL评价海陆渐渗品种品质初探》《棉花三元杂种（HBT）衍生系应答黄萎病菌侵染反应》《通过转CaM基因提高了棉花抗寒性》等论文80余篇，先后在《棉花学报》《分子植物育种》《河北农业科学》《华北农学报》等期刊发表。

河北省科技奖励评审专家，河北省科学技术普及工作专家，河北省农业咨询专家团专家，河北省棉花学会理事，河北省农林科学院专家服务团专家，中共河北省委组织部"巨人计划"高层次创新团队核心成员。2016年被全国农业技术推广服务中心

评为区试工作先进个人。

田志刚

田志刚，农业技术推广研究员，1962年生，河北省内丘县人。1981年毕业于张家口农业专科学校，同年分配到邢台地区农业科学研究所（今邢台市农业科学研究院）工作，2006年取得河北农业大学推广硕士学位。主要从事棉花栽培技术研究和棉花新品种选育及示范推广工作。

主持国家科技部项目1项，河北省科技厅项目2项，邢台市科技局项目1项。取得科研成果3项，培育棉花品种1个。

1983—1985年，在威县负责本单位承担的"黑龙港地区旱薄碱地棉花增产技术研究"项目，主持推广"旱薄棉田三改、两保配套栽培技术"，3年累计增加经济效益1 315.6万元。"黑龙港地区旱薄碱地棉花增产技术"项目，1986年获河北省农林科学院科技进步四等奖，1987年获邢台地区科技进步三等奖。作为主研人参加的"黑龙港地区旱、薄、碱地棉花增产技术及副产品综合利用技术"项目，1986年获农牧渔业部科技进步二等奖。

培育的邢棉2号（邢台79-11）棉花品种，1990年经河北省农作物品种审定委员会批准，通过了邢台地区农作物品种审查小组认定。该品种的突出特点是：高产、稳产，早熟不早衰，耐旱，适应性广，衣分高（43%~45%），纤维长（31.3mm），吐絮畅。1987—1989年，邢棉2号在邢台地区累计推广面积116.1万亩，增加经济效益5371.3万元。1991年获河北省农林科学院科技进步三等奖。

1997—1998年，被威县政府聘为威县棉花技术顾问，主要负责河北省招标项目"冀中南春播棉高产示范区"的全程技术指导工作，在11.3万亩棉田中实施"优良品种为先导，地膜覆盖为主线，减灾防病虫为保证"的综合技术体系，实现亩增效益132元，亩降成本82.9元，新增经济效益2 498.4万元。

1995—1996年，被邢台市棉麻公司聘请为棉花技术顾问，主要负责邢台市棉麻系统的技术培训、棉花品种和栽培技术的服务等工作，通过引进、示范冀资123、石

远 321 等新品种，并进行全程技术指导，使农民获得丰收。

撰写论文 15 篇。其中，《短季棉早熟性状及产量构成因素的遗传分析和选择策略》在《华北农学报》发表，并被《Plant Breeding Abstracts》收录；《短季棉株型性状与经济性状关系初探》在《中国棉花》发表，并被《Plant Breeding Abstracts》收录；《河北省棉花品种改良的成就及展望》发表在《理论与实践》一书。

先后 3 次获河北省科委先进个人，获邢台市人事局嘉奖和三等功各一次，1996年入选邢台市跨世纪优秀人才队伍。

张桂寅

张桂寅，研究员，博士生导师，1962 年生，河北省邢台县人。1983 年河北农业大学农学系毕业后留校工作，1999 年获农学硕士学位，2005 年获农学博士学位，主要从事棉花遗传育种研究。

主持完成国家 863 计划子课题、国家转基因生物新品种培育科技重大专项子课题、河北省现代农业产业技术体系、国家自然科学基金、教育部重点科学研究计划、河北省自然科学基金、国家农业科技成果转化资金重点项目、河北省农业综合开发科技推广项目等。作为主研人参加了国家重大基础研究（973）前期研究专项、863 计划项目、农业部公益性行业（农业）科研专项经费课题、河北省政府重大攻关项目、河北省自然科学基金重大项目、河北省科学技术厅重大项目、农业科技成果转化资金重大项目等。

研究了 200 多份低酚棉种质资源和新中国成立以来抗枯黄萎病资源的生长发育、抗病规律、纤维品质、农艺性状、丰产性等；研究了河北省黄萎病的发生、病菌分化、病菌形态、生长发育、病菌致病力与棉花抗病性之间的互作关系；研究了杂种优势利用中亲本选择与杂种优势关系。培育出具有不同特性的棉花品种冀棉 26、农大 94-7、冀棉 7 号、农大棉 8 号、农大 601、农大棉 13 号、农大棉 12 号、农大棉 6 号、农大棉 9 号、农大 KZ05、农大棉 10 号等通过河北省农作物品种审定委员会审定。

获国家和省部级奖励多项。"棉花抗黄萎病育种基础研究与新品种选育"项目，2009年获国家科技进步二等奖，第一完成人；"抗病、抗虫、高产棉花新品种农大棉7号、农大棉8号选育及应用"项目，2013年获河北省科技进步一等奖，第二完成人；"棉花种质资源分子指纹图谱构建和杂交棉新品种选育"项目，2007年获河北省科技进步一等奖，第二完成人；"作物细菌人工染色体文库构建新方法及其应用"项目，2008年获河北省自然科学一等奖，第三完成人；"高产、抗病、优质棉花新品种冀棉26和农大94-7的选育"项目，2004年获教育部科技进步二等奖，第二完成人；"棉花无色素腺体性状的育种选择和田间保纯技术"项目，1994年获河北省教委科技进步一等奖，同年获河北省科技进步二等奖，第四完成人；"抗病、高产低酚棉新品种冀棉19选育"项目，1996年获河北省科技进步三等奖，第三完成人；"低酚棉种质资源创新与鉴评"项目，1999年获河北省科技进步三等奖，第三完成人；"河北棉花黄萎病菌分化、棉花抗性遗传和抗病种质筛选研究"项目，2001年获河北省科技进步三等奖，第二完成人。

在棉花抗黄萎病育种基础研究与新品种选育研究中，鉴定、筛选出565份不同类型棉花特色种质，首次建立了240份优异种质分子指纹图谱，创造了47份抗黄萎病育种亲本，克隆了7个抗黄萎病相关新基因，创立了棉花黄萎病抗性苗期鉴定技术，寻找到抗病性鉴定和选择的生化标记和SSR分子标记，发现了棉花品种5种抗病类型和黄萎病抗性新的遗传方式。集成创新了棉花抗病品种选育技术，实现了抗病、丰产、优质性状同步改良和突破。新品种在黄河流域棉区大面积示范、推广，成为适宜种植区的主推抗病品种。

在抗病、抗虫、高产棉花新品种选育及应用研究中，首次育成适宜河北省所有生态棉区的转基因抗虫棉新品种农大棉7号；育成了集品质综合指标最优、超高产、抗枯萎病、耐黄萎病、抗棉铃虫等优良性状于一身的转基因抗虫棉新品种农大棉8号。

撰写《不同抗性品种对棉花黄萎病菌致病力的影响》《转Bt基因抗虫棉杂种优势利用研究》《陆地棉品种抗黄萎病反应规律的研究》《中国抗枯、黄萎病陆地棉材料分

子水平的遗传差异评价》等论文 40 余篇，在《中国农业科学》《作物学报》《棉花学报》《植物遗传资源学报》等期刊发表。

河北省省管优秀专家，河北省中青年骨干教师，国家自然科学基金项目函审专家，河北省现代农业产业技术体系棉花岗位专家，河北省农作物品种审定委员会委员，河北省棉花学会副理事长。全国优秀科技工作者，河北省优秀科技工作者。

崔海英

崔海英，副研究员，1962 年生，河北省景县人。1983 年毕业于河北农业大学植物保护专业，学士学位。同年就职于衡水地区农业科学研究所（今河北省农林科学院旱作农业研究所）从事棉花害虫综合治理研究工作。

1983—1987 年，在饶阳县五公镇五公村负责"棉铃虫种群数量变动规律研究"项目和"棉铃虫自然种群生命表的研究"项目的田间调查和数据分析工作。完成了20 余个世代的田间调查，组建完善了一代麦田、二代和三代棉田棉铃虫自然种群生命表，其中二代棉铃虫自然种群生命表资料长达 10 年，是我国首次完成的 10 年昆虫生命表。

通过生命表研究，明确了棉铃虫在自然条件下，各个世代，各个龄期死亡率、致死因子、种群趋势指数等，明确了致死关键因子，致死主要龄期和天敌对棉铃虫种群的影响，加深了对棉铃虫自然种群变动规律的了解，为准确预测预报、制定防治指标和棉铃虫区域治理提供了理论依据。参加完成的"棉铃虫自然种群生命表及其在防治上的应用"项目，1985 年获国家科技进步三等奖。撰写的论文《棉铃虫自然种群生命表的研究》在《第十九届国际昆虫学大会会刊》发表，并受邀参加大会。

1988—1995 年，主要承担"农田害虫天敌调查及保护利用研究""棉铃虫危害损失和防治指标的研究""棉花害虫大面积综合防治技术研究和示范"等项目的实施。其中"黑龙港地区棉田棉铃虫分布危害及二代一次性防治技术"项目，1988 年获河北省农林科学院科技进步二等奖。该技术在明确二代棉铃虫在棉田分布危害规律的基础上，充分利用天敌，在二代棉铃虫卵至初孵幼虫盛期用药一次，控制二代棉铃虫为

害，大大减少用药成本，经济效益、生态效益和社会效益显著。

1995—2000年，与河北省农林科学院棉花研究所合作，在南宫市驻点进行"棉花高产降耗增值关键技术"研究；与孟山都公司合作，在河北省永年县进行"大面积释放螟黄赤眼蜂防治棉田棉铃虫示范"项目，亩放蜂量3万头，被寄生卵达38%~65%。

2000年以后，承担了河北省、衡水市下乡扶贫等工作。深入县、乡、村进行棉花病虫害防治培训和田间指导。由于成绩显著，获"衡水市扶贫开发工作先进个人"称号，并记二等功奖励。

参加完成的"螟黄赤眼蜂于绿豆、棉花之间化学信息联系机制研究"项目，2004年通过河北省科技厅成果鉴定。

"棉花高产降耗增值关键技术"，2011年通过河北省科技厅成果鉴定。该技术通过优化栽培模式、栽培技术、平衡施肥、引进抗虫品种和高产品种，结合种植玉米诱集带等减虫措施，充分保护利用天敌，实现增产的同时降低用工用药成本。伏蚜和二代棉铃虫做到用一次药或不用药即可控制为害。

撰写《棉红铃虫发生发展趋势》《黑龙港棉区二代棉铃虫一次性防治措施》《冀中棉田天敌种类及主要天敌发生情况》《棉铃虫自然种群生命表的研究》《冬麦田棉铃虫多胚跳小蜂发生对一代棉铃虫的影响》《棉田施磷量对棉铃虫的落卵量及幼虫的影响》等论文20余篇，先后在《植物保护》《病虫测报》《河北农业科学》《第十九届国际昆虫学大会会刊》《中国棉花》等期刊发表。

廖　贵

廖贵，副研究员，1962年生，河北省玉田县人。1983年毕业于河北农业大学，学士学位。先后在玉田县农业局、唐山市农业科学研究院从事棉花等作物新品种选育及农业技术示范、推广工作。

参加工作后，主持完成了唐山市科委"棉花新品种选育及化学调控试验研究""棉花新品种选育示范"项目，唐山市农业综合开发办公室"转Bt基因抗虫棉试验、示范研究与推广"项目，河北省种子管理总站"冀东早熟棉花品种区域试验"等省、市级科研课题7项。

主持选育出棉花品种唐9103，1998年通过河北省农作物品种审定委员会审定，

是唐山市第一个通过河北省审定的棉花品种。唐9103早熟、高产，在1996—1997年河北省冀东早熟棉区域试验中，平均亩产子棉、皮棉分别为222.3kg、83.2kg，比对照冀棉17增产22.7%和15.6%。生产示范中，一般亩产皮棉75kg，高产地块达150kg，铃大，棉絮洁白，有丝光，纤维品质优良。苗期病害轻，抗枯萎病，耐黄萎病。抗旱、耐涝、抗倒伏。吐絮畅而集中，易采摘、好管理。适宜冀东及保定以北地区春播，冀中南地区麦套或夏播种植。"唐9103棉花新品种选育"项目，1999年获唐山市科技进步二等奖。

主研完成的"棉花主动化调技术"项目，1993年获唐山市科技进步三等奖，第二完成人。该研究通过按棉花各生育时期主动化调，限制封垄，塑造棵矮、枝短、节密的株型，构建高产低耗的群体结构，使各类棉田苗期健壮、蕾期不旺、打顶后不疯长、初花期不封垄、立秋后少生赘芽和晚蕾，从而增强抗病、抗旱、耐涝能力，减轻病虫发生程度，降低蕾铃脱落率，实现省工、早熟、高产、高效益。棉花主动化调技术示范棉田平均亩增产皮棉15.1%，每亩节省整枝用工5~10个，显著提高了植棉效益。

撰写《棉花新品种—唐9103》《京津唐地区多熟制棉田高效增产机理及模式》《缩节安在棉花育种中的应用与展望》《棉花烂铃的原因与防治》《短季棉一次性化调技术》《三种调节剂在棉花上的应用效果》《棉花主动化调技术研究初报》等论文30余篇，分别在《中国棉花》《江西棉花》《中国农学通报》《河北农业科学》等期刊发表。

唐山市第九届政协常委。

王国印

王国印，研究员，1963年生，河北省魏县人。1986年毕业于河北农业大学农学专业，获农学学士学位，1989年毕业于新疆石河子农学院作物遗传育种专业，获西北农业大学农学硕士学位，同年到河北省农林科学院棉花研究所工作，曾任副所长，2002年到河北省农林科学院粮油作物研究所任副所长。

　　长期从事棉花遗传育种研究，先后开展了优异纤维、高产抗病虫、棕色纤维等新品种选育研究，主持或参与承担各级各类科研项目30余项，育成棉花品种20多个，获省级科技进步奖6项，发表论文30余篇。

　　在优异纤维棉花新品种选育方面，先后承担河北省科技发展计划项目"中长绒陆地棉新品种选育研究""丰产抗病虫高强纤维陆地棉新品种选育"、农业部国家转基因生物新品种培育重大专项"转基因优质纤维棉花新品种培育"等科研项目，育成适合纺中高支纱的冀棉22、新陆中8号（9119）和纤维长度、比强度达到"双30"的冀丰4号、冀丰914、冀丰1982等品种。"中长绒陆地棉生产基地建设与配套技术研究"项目，1995年获河北省农林科学院科技成果二等奖，冀丰914获河北省2017年重大新品种后补助资助，在陆地棉纤维品质遗传改良方面取得显著进展。

　　在棉花品种间杂种优势利用研究方面，先后主持、参加农业部"抗（耐）黄萎病棉花杂种优势利用研究"、科技部"转基因抗虫棉杂交新组合选配"、农业部国家转基因生物新品种培育重大专项子课题"黄淮流域棉区转基因杂交棉新品种培育"等项目。为解决早期转基因抗虫棉丰产性、抗病性较差的问题，率先在国内开展转Bt基因抗虫一代杂交种选育研究，先后育成冀杂566、冀杂3268、GKz19、冀杂6268、冀杂708、创杂棉20、冀丰光杂棉1号、冀丰杂6号、冀丰杂8号等抗虫棉杂交种，其中GKz19和创杂棉20通过国家农作物品种审定委员会审定，冀杂6268先后通过河北省、安徽省审定和河南省认定，冀杂3268通过河北省审定和天津市认定。"适合不同类型棉田种植的系列抗虫棉新品种选育与应用"项目，2010年获河北省科技进步二等奖，"大铃优质广适应型抗虫杂交棉新品种选育与应用"项目，2011年获河北省科技进步三等奖。培育的杂交种在黄河流域、长江流域和新疆棉区得到大面积推广应用，并在优异亲本创制、亲本选配等方面进行了有益探索。

　　在高产抗病常规陆地棉新品种选育研究方面，先后参与或主持河北省科技支撑计划"高产优质抗病虫棉花新品种（杂交种）选育研究""特色棉花新品种选育及栽培技术研究"等项目，先后育成冀丰197、冀丰106、冀1056、冀丰554、冀丰1271以及适宜新疆棉区种植的新陆中20、新陆中22和冀丰107等品种，其中冀丰554获得河北省重大新品种后补助资助。"转Bt基因抗棉铃虫、高产、抗病棉花新品种冀丰197的选育与应用"项目，2008年获河北省科技进步三等奖；"适合不同类型棉田种植的系列抗虫棉新品种选育与应用"项目，2010年获河北省科技进步二等奖；"适宜

简化种植的高稳产抗病虫广适棉花新品种冀丰554选育与应用"项目，2014年获河北省科技进步二等奖；"抗早衰、抗烂铃棉花新品种冀丰1271选育与应用"项目，2015年获河北省科技进步三等奖。上述品种在黄河流域和新疆棉区得到了大面积生产应用，并在主要农艺性状和抗早衰、抗烂铃等性状遗传选择方法方面进行了有益探索。

在彩色棉育种研究方面，率先在国内对天然棕色纤维进行遗传改良研究，先后主持河北省农林科学院"天然彩色棉育种研究"、农业部国家转基因生物新品种培育重大专项"转基因彩色棉新品种选育"等项目。在棕色陆地棉衣分、纤维品质、丰产性、抗病性等遗传改良方面取得较大进展，育成抗虫棕色陆地棉杂交种冀丰杂9号，通过河北省农作物品种审定委员会审定。

在棉花主要性状遗传和育种方法研究方面，先后开展了棉花主要数量性状遗传规律、杂种优势表现、辐射遗传、叶枝利用以及新品种（系）评价方法等研究。

撰写的《棉子品质性状的遗传研究》《陆地棉幼苗叶片硝酸还原酶活力（NRA）的遗传研究》《模糊概率在棉花品种综合评价中的应用初探》《星座图在棉花品种数量分类中的应用初探》《陆地棉品种间杂种 F_1 若干生理生化指标的表现》《陆地棉数量性状遗传研究与进展》《抗虫杂交棉种植密度与叶枝利用效应研究》《陆地棉辐射遗传变异选择效果研究》《陆地棉新品种选育研究》等论文，先后在《华北农学报》《棉花学报》《作物学报》《中国棉花》《河北农业科学》等期刊发表。

曾兼任河北冀丰种业有限责任公司副董事长、董事长，河北冀丰棉花科技有限公司董事长。河北省有突出贡献的中青年专家，河北省作物学会副理事长兼秘书长，河北省棉花生产顾问组成员，河北省棉花学会常务理事，《河北农业科学》编委会委员。

朱青竹

朱青竹，研究员，1963年生，河北省平山县人。1986年毕业于河北农业大学，

同年分配到石家庄地区农业科学研究所（今石家庄市农林科学研究院）工作。2000年取得硕士学位。石家庄市农林科学研究院棉花研究所副所长。

主持或参加国家863计划、国家转基因植物研究与产业化专项、国家转基因重大专项、国家科技支撑计划等科研项目22项。

主持或主研育成棉花品种12个。其中，通过国家农作物品种审定委员会审定4个：石远321、sGK321、石抗126、石杂101，河北省审定8个：石抗435、冀创棉1、冀石39、石抗278、石早1号、石早98、石早2号、石早3号。

1993年开始主攻早熟棉育种与栽培，先后育成了石早1号、石早2号、石早3号3个早熟棉品种，并开展了与之相配套的不同形式棉田高效复种模式研究。试验、示范了早熟棉花与饲草小黑麦复种、与二季作马铃薯两茬平播、麦后直播、麦后移栽等棉田高效复种模式，解决了传统春播棉烂铃、早衰、地膜污染、费工、费力、效益低下和粮棉争地矛盾等问题，省去了地膜覆盖，躲过棉花枯萎病发病高峰，减少苗期防病治虫费用和用工，达到了节本增效，轻简化栽培的目的。《棉花与饲草小黑麦复种栽培技术规程》于2016年通过了河北省地方标准审定。

主持育成的石早1号是第一个通过河北省审定的早熟棉品种，具有早熟性好、丰产稳产、抗病性强的特点，生育期110天左右。自2008年河北省设立晚春播区域试验后一直作为对照品种。

主持育成的石抗126于2008年通过了国家农作物品种审定委员会审定，具有高抗棉铃虫，抗枯黄萎病，纤维品质优异等特性。在同期参试品种中Bt毒蛋白含量最高，对棉铃虫抗性强，抗黄萎病性突出。纤维长度31.0mm，比强度31.0cN/tex，马克隆值4.3，伸长率6.7%，反射率74.7%，黄色深度8.1，整齐度84.5%，纺纱均匀性指数151。实现了棉花枯萎病、黄萎病和棉铃虫等综合抗性的突破，达到了高产与优质、抗病与早熟性状的协调统一。2010—2012年，在河北省累计推广面积706.7万亩，2015年开始作为黄河流域常规棉区域试验对照品种。

石抗126第一果枝节位较高，株型疏朗，烂铃少，叶片对脱叶剂敏感，吐絮集中，较适合棉花机械化采收。2010—2012年，连续3年被中国农业大学用作棉花机械化采收示范品种。2013年被农业部全国农业技术推广服务中心列入棉花机械化采收试验、示范品种。2016年作为河北省机采棉区域试验对照品种。

取得植物新品种权 3 项：sGK321、石旱 1 号、石抗 278。

获科技成果奖励 9 项。其中，主持完成的"优质、多抗国审转基因抗虫棉石抗 126 选育及应用"项目，2013 年获河北省科技进步三等奖；主研完成的"棉花新品种冀棉 17 的选育"项目，1993 年获河北省科技进步三等奖；"棉花新品种石远 321"项目，1999 年获农业部科技进步二等奖；"棉花远缘杂交新品种石远 321"项目，2001 年获国家科技进步二等奖；"双价抗虫棉 sGK321 示范推广"项目，2006 年获河北省科技进步二等奖；"抗盲蝽象棉花新品种晋棉 –26"项目，2007 年获河北省技术发明三等奖；"高产、优质、多抗转基因抗虫棉 GK–12 选育与应用"项目，2008 年获河北省科技进步三等奖；"高产、优质、抗病虫棉花新品种石杂 101 和石旱 98 的选育及应用"项目，2014 年获河北省科技进步二等奖。

撰写《不同来源棉花种质资源材料主要农艺经济性状鉴定与分析》《不同抗源基因棉主要杂种优势及差异分析》《棉花杂种优势与亲本表现的关系研究》《河北省棉花区试品种（杂交种）主要性状分析》《新型转 Bt 基因抗虫棉新品系 126/ 系 9 的特性分析》《中早熟抗虫棉新品种石抗 278 的选育》《特早熟棉石旱 1 号》《天然彩色棉育种研究进展及展望》《石家庄市农林科学研究院棉花育种回顾及发展方向》《不同来源棉花种质资源基于 RAPD 的遗传变异》等论文 30 余篇，分别在《棉花学报》《华北农学报》《河北农业科学》《河北农业大学学报》等期刊发表。

河北省有突出贡献的中青年专家，石家庄市市管专业技术拔尖人才，石家庄市有突出贡献的中青年专家，石家庄市首批高层次人才，河北省产业技术体系棉花创新团队岗位专家。石家庄市三八红旗手标兵。

齐　新

齐新，研究员，1963年生，河北省蠡县人。1984年毕业于河北农业大学农业机械化系，获学士学位，1999年毕业于中国农业大学工学院机械设计及理论专业，获工学硕士学位。1984年到河北省农林科学院农业机械化研究所（今河北省农业机械化研究所有限公司）工作。曾先后担任河北省农林科学院农业机械化研究所副所长、所长，河北省农业机械化研究所有限公司董事长等职务。

主要从事农业机械化科研开发和管理工作，主持或参加了多项棉花生产机械化机具、设备的研究与开发，研制成功了棉花种子加工设备、棉花种子播种机和棉花收获机等棉花生产机械化所需的机械设备，并广泛应用于棉花生产。

主研完成的"5JDF介电式种子分选机系列"项目，2002年获河北省科技进步三等奖。该成果是在吸收苏联介电式种子分选机械的基础上，研制的用于解决小粒种子、形状不规则种子及带绒棉花种子分选难题的系列种子分选机具。分选带绒棉种时，由专用的喂入机构将带绒棉种喂入到介电分选滚筒上进行分选。分选后种子的发芽势、发芽率、健籽率等都得到了较大程度的提高。

主研完成的"粮棉节本增效集成技术配套机具的研究与推广"项目，2007年获河北省科技进步三等奖。完成了一套粮棉节本增效集成技术规程和与之配套的作业机械。最主要的有两种机具，一是棉花播种、施肥、喷药、覆膜、封土一体化作业机。主要技术参数更适应农艺要求，棉花大行距110cm、小行距50cm、株距23cm、施肥量每亩60kg；二是研制开发了玉米免耕施肥、播种机。主要技术参数为：播种行距60cm、亩密度4 000株，最大播肥量每亩70kg，肥位位于种下5cm、种侧5cm，较好地满足了出苗、生长等农艺要求。

主研完成的"4MC-4型拔棉柴机"项目，2007年获河北省科技进步三等奖。该成果的主要创新点：一是采用滚刀入土嵌拔式的工作原理，拔起棉柴，可以全幅宽作业，不受对行作业的限制；二是利用入土嵌拔和棉秆的缠带作用能同时较好地清除覆盖的地膜，减少了对土壤的污染；三是滚刀入土作业能同时起到地表植被灭茬和松土作用。使用该机作业，可减轻农民劳动强度，提高拔棉柴的工作效率，有利于棉花秸

秆资源的综合利用。

主研完成的"棉花种子丸粒化技术"项目，2010年获河北省科技进步三等奖。研制了棉花种子加工、丸粒化的新工艺，以滚筒式丸化机进行丸粒化加工。通过丸粒化棉种种植实验，证明这一加工工艺可行，从而实现棉花机械化精量播种。

撰写的《新型棉花种子分选机及加工工艺的研究》《APPLICATION OF A NEW TECHNOLOGY FOR SEED PROCESSING》《带绒棉籽介电分选机理的研究》《带绒棉种丸粒化加工工艺的研究》《我国栽植机械研制现状及发展建议》等论文，在《1997年第二届中国国际农业科技年会》《Agricultural Engineering & Rural Development》《河北农业大学学报》《农业工程学报》《农机化研究》等期刊或国际会议上发表。

曾任中国农业机械学会第六届、第七届、第八届、第九届理事会理事，河北省农业机械学会副理事长，国家重点新产品项目评审专家，多次担任省部级科技攻关项目鉴定专家。

李记臣

李记臣，研究员，1963年生，河北省邢台市人。1984年毕业于河北农业大学植物保护专业，获学士学位，同年分配到邢台地区农业科学研究所（今邢台市农业科学研究院），从事棉花科研及技术推广工作。邢台市农业科学研究院经济作物研究所所长。

1984—2001年，在农村基点从事农作物栽培技术研究与推广工作。

主持研究的市级科技支撑计划课题"多抗型高产棉花新品种选育"，在科研经费不足和棉花生产持续滑坡双重压力下，克服困难，紧扣育种目标，优化试验程序和内容。通过多种渠道引进种质资源材料308份，利用这些材料做杂交组合207个，由此产生的大量后代变异群体，为新品种选育及种质创新提供了丰富的基础材料。培育出邢1030、邢1147、邢1486、邢1487等多抗型高产系，其中，邢1030系子棉产量较对照增产12.1%~20.4%。创新了一批适合机采、抗病虫、耐旱、丰产、优质的中间种质材料，为新品种选育奠定了基础。

2009 年开始承担河北省冀中南春播棉品种预备试验、区域试验、生产试验，对参试品种的丰产性、抗逆性、适应性进行鉴定，为新品种审定提供科学依据。

2014 年加入河北省棉花产业技术体系节水高产技术创新团队，开展限水棉田节水栽培技术、高水肥单作棉田高产栽培技术、水肥一体化节水和高肥效标准化生产技术创新研究。

2016 年与河北省农林科学院棉花研究所栽培研究室协作，在威县棉花试验站开展棉花高产简化栽培新技术等研究。

在做好科研工作的同时，积极参加河北省、邢台市和单位组织的科技服务活动。每年深入到威县、南宫市、广宗县、临西县、巨鹿县等棉区田间地头，现场指导棉农进行科学植棉；多次受邀到邢台人民广播电台、电视台专题讲解棉花高产优质栽培新技术，开通咨询热线，解答棉农生产中遇到的问题，提高了棉农科学植棉水平。

参编《河北植棉史》（河北科学技术出版社 2015 年出版）。

撰写《我国棉花早衰的发生与控制对策》《对小量棉种浓硫酸脱绒法的 2 点技术改进》《对我国棉花生产持续滑坡的思考》等论文，先后在《植物生理与分子生物学研究》《中国棉花》《现代农村科技》等期刊发表。

河北省农作物品种审定委员会棉花专业委员会委员，河北省植物生理与分子生物学学会理事，河北省现代农业产业技术体系棉花节水高产岗位专家团队成员。记市级三等功 1 次、市级嘉奖 2 次，获邢台市委、市政府颁发的"邢襄技能大奖" 1 次。

李俊兰

李俊兰，研究员，1963 年生，河北省清河县人。1983 年毕业于河北农业大学农学专业，学士学位，同年分配到河北省农林科学院经济作物研究所（今棉花研究所）工作。1987 年毕业于北京农业大学作物遗传育种专业，获硕士学位。河北省农林科

学院棉花研究所副所长。

参加工作以来，主要从事棉花种质资源创新、新品种培育和示范推广工作，主持各类课题20余项，培育优质、抗病、丰产等棉花新品种11个，获各级科技奖励15项，在棉花学报等期刊发表论文60余篇。

在棉花种质资源创新研究方面，作为主研人员参加了国家"八五"攻关课题"棉花种质繁种、编目及农艺经济性状鉴定"，主持了河北省农林科学院"观赏棉花的选育"、河北省科技厅"利用蜘蛛丝蛋白基因改良棉花纤维品质的研究"、河北省现代农业产业技术体系"棉花种质资源创新与评价"等项目，创造出一大批优质、抗病、抗虫、观赏等优异种质材料，观赏棉花被收入《中国棉花遗传育种学》，为我国棉花新品种的培育提供了宝贵的种质资源。"优异棉花种质资源的创制及利用"项目，2005年获河北省科技进步二等奖，第三完成人；"野生与特色棉花遗传资源的创新与利用研究"项目，2007年获国家科技进步二等奖，第七完成人。

利用生物技术创新棉花种质方面，主持了省长基金课题"利用生物技术创造抗棉铃虫棉花研究"子课题、河北省自然科学基金课题"棉花体细胞培养胚胎发生机制的研究"，在荷兰农科院植物育种繁殖研究中心参加了"通过蜜腺的遗传修饰改良棉花的虫媒传粉"项目的研究，建立起一套成熟的植株再生技术体系和基因转化体系，利用愈伤组织状态调控，通过体细胞胚胎发生途径，使20个棉花品种（系）获得体细胞胚或再生植株，通过农杆菌介导法，将Bt基因导入棉花品种邯93-2中。

在棉花新品种培育研究方面，主持了农业部转基因重大专项"转基因优质纤维棉花新品种培育"子课题、河北省重大科技攻关"中长绒陆地棉新品种选育"、河北省科技支撑计划"高产、抗病虫常规棉花新品种选育"、河北省农业综合开发土地治理科技推广项目"高产、抗病虫棉花新品系298的生产示范"、河北省科技厅成果转化"抗病、抗早衰、高产棉花新品种冀棉616中试与示范"项目等。主持培育的11个新品种中，冀棉22、冀棉298、冀优01、冀棉3536、冀3927、冀棉229通过河北省农作物品种审定委员会审定；冀棉998通过天津市审定；冀棉616通过河北省审定及天津市、山西省认定；冀863通过河北、山东和山西三省审定。冀棉315和冀棉521通过河北省预审定。冀棉298列入国家"863"计划后补助，冀棉616获河北省现代农业科技奖励性后补助。冀棉298在大面积示范推广中表现出高抗枯、黄萎病，有效地遏制了严重影响棉花生产的黄萎病病害问题，被棉农誉为"抗死棉"。冀优01是河北

省第一个抗虫中长绒棉杂交种，适纺60支精梳纱，原棉品质显著提高。冀棉616是冀中南棉区第一个兼抗枯、黄萎病的抗早衰、抗虫、高产棉花新品种，实现了该棉区双抗高产品种的育种突破。主持完成的"抗黄萎病、高产棉花新品种冀棉298的选育与推广应用"项目，2007年获河北省科技进步二等奖和第六届河北省优秀发明奖；"抗病、抗早衰高产棉花新品种冀棉616的选育与应用"项目，2011年获河北省科技进步二等奖和第七届大北农科技二等奖；"优质高产抗虫棉花杂交种冀优01的选育及应用研究"项目，2009年获河北省科技进步三等奖；主研完成的"抗枯黄萎病品种冀棉616配套技术推广"项目，2013年获全国农牧渔业丰收二等奖。

在棉花杂交制种技术研究方面，研制了去雄钳、授粉指套和集粉袋，有效提高了制种效率。"棉花去雄授粉简易器械研制及杂交制种技术研究"项目，1992年获石家庄地区行署科技进步一等奖，第二完成人。

围绕棉花新品种的示范推广，在河北、天津、山东、江苏等省市的棉产区，组织棉花栽培技术培训会和新品种展示会，加快了新品种推广步伐；受河北人民广播电台、河北农民报的邀请，到巨鹿、邱县、永年等植棉县讲授棉花田间管理技术，提高了当地农民植棉水平；利用电话、网络技术平台为农民提供远程技术咨询，为棉农解决生产中的技术问题，深受棉农欢迎，也受到当地政府的好评，多次被基地县、市评为农业科技服务先进个人。

撰写《中长绒棉陆陆杂种优势分析》《棉花去雄授粉简易器械研制和杂交制种技术研究》《低酚陆地棉体细胞培养获得再生植株的研究》《陆地棉主要经济性状在棉株上的位置效应分析》《农杆菌介导棉花基因转化的研究》《棉花抗黄萎病种质资源的选育与鉴定》等论文60余篇，在《棉花学报》《华北农学报》《农学学报》《中国棉花》等期刊发表。

国务院政府特殊津贴专家，河北省有突出贡献中青年专家，河北省棉花学会副理事长，河北省农业专家咨询团专家，河北女性创业创新专家志愿服务团成员，河北省农林科学院科技专家服务团专家。

河北省省直先进女职工，省直三八红旗手，省直"五一"劳动奖章获得者，全国五一巾帼标兵。负责的研究室荣获河北省省直"三八红旗集体""巾帼文明岗"和河北省"巾帼文明岗"称号。

李增书

李增书，研究员，1963年生，河北省行唐县人。1985年毕业于石家庄地区农业学校，同年到石家庄地区农业科学研究所（今石家庄市农林科学研究院）从事棉花育种及新品种示范推广工作。

先后承担国家863计划"双价转基因抗虫棉新品种培育"、农业部发展棉花生产资金"优质转基因抗虫棉新品系筛选及新品种培育"、国家研究与开发专项"优质、抗逆转基因棉花新品种（系）选育与转基因技术创新研究"、国家转基因重大专项"转基因抗盐棉花新种质、新材料、新品系创制"及"转基因早熟棉花新品种培育"、国家棉花产业技术体系"海河综合试验站"等国家、省、市级课题多项。

参加工作以来，主持或主研培育出15个棉花品种。其中，冀棉17、石远321、sGK321、石杂101、石抗126通过国家农作物品种审定委员会审定；石远345、GK–12、晋棉–26、石早1号、石早2号、石早3号、石早98、石抗278、冀创棉1、石抗39通过省级审定。

先后获得科技成果奖励14项。其中，主持完成的"高产、优质、抗病虫棉花新品种石杂101和石早98的选育及应用"项目，2014年获河北省科技进步二等奖；主研完成的"棉花新品种冀棉17的选育"项目，1993年获河北省科技进步三等奖；"棉花新品种石远321"项目，2000年获国家科技进步二等奖；"棉花远缘杂交新品种石远321及其创新和发展"项目，2002年获河北省省长特别奖；"双价抗虫棉sGK321示范推广"项目，2006年获河北省科技进步二等奖；"高产、稳产、优质杂交抗虫棉新品种冀创棉1选育及应用"项目，2009年获河北省科技进步二等奖；"高产、优质、多抗转基因抗虫棉GK–12选育及应用"项目，2008年获河北省科技进步二等奖；"优质、多抗国审转基因抗虫棉石抗126选育及应用"项目，2013年获河北省科技进步

三等奖。

主持育成的双价抗虫杂交棉石杂101，在河北省和国家棉花品种区域试验中，创造了株高、子指、单株结铃数、子棉产量和抗黄萎病性能5个第一，纤维品质明显优于对照，打破了产量与品质、早熟与抗病两对性状的负相关，实现了超高产、优纤维、抗病好的协调统一。

1999年从中国科学院遗传与发育生物学研究所引进了陆地棉与野生索马里棉、海岛棉三元杂种低代材料，后又与陆地棉石远321连续3次回交，多次南繁北育，于2005年选育出纤维品质特优的陆地棉新种质H287，连续3年在农业部棉花品质监督检验测试中心检测，上半部纤维长度35.1~36.8mm、比强度38.0~40.3cN/tex、马克隆值3.4~4.3。

针对棉花杂交制种费用高的问题，进行了棉花杂交制种不同方法比较试验，创造了选择长柱头棉花品种作母本，采用人工喷水杀雄杂交制种的新方法，降低了二分之一的人工费用，大幅度降低了棉花杂交种子的成本，为棉花杂种优势的充分利用、杂交棉品种的培育开辟了一条新方法和新途径。

撰写《高强长纤维陆地棉新种质H287的创造》《开展优质特用低酚棉杂种优势利用研究的意义及可行性分析》《转Bt+CPTI基因对棉纤维品质的影响及系统选育效果》《棉花雄性不育系石A-1的发现与利用》《棉花黄萎病种质资源鉴定及抗性品种选择》《不同防治措施下棉盲蝽象的发生规律及对产量的影响》《比克氏棉渐渗到陆地棉的花色基因的遗传分析》《棉花喷水杀雄技术研究初报》《棉属8个野生种2个二倍体栽培种对陆地棉的改良效应》《正反交抗虫杂交棉 F_2 性状差异研究初报》《棉花新品种石杂101冀中南棉区高产优化栽培技术规程》《抗病虫高优势杂交棉新品种冀创棉1特征特性及配套栽培技术》等论文30余篇，先后在《河北农业科学》《安徽农业科学》《中国棉花》《华北农学报》《中国农学通报》《遗传学报》等期刊发表。

石家庄市有突出贡献的中青年专家，石家庄市市管专业技术拔尖人才。

林永增

　　林永增，研究员，1963年生，河北省威县人。1982年毕业于河北农业大学邯郸分校农学专业，同年分配到河北省农林科学院经济作物研究所（今棉花研究所）工作。2012—2016年参加省直帮扶工作队，任副队长，兼任河北省沧州市海兴县副县长。2017年任河北省农林科学院棉花研究所所长。

　　主要从事棉花栽培生理与棉田生态研究，"六五"至"七五"期间参加国家科技攻关和河北省科研项目；"八五"至"十五"期间，主要从事棉花简化、高产、棉田高效、优质棉、专用棉技术研究，并参与优质棉基地棉花产业改造与升级工作；"十一五"期间，主要开展棉花轻简化栽培研究；"十二五"期间，根据国家布局调整和河北省棉花生产形势变化，进行盐碱地生态改良、盐碱地植棉技术与棉田高效复种相关研究。

　　先后主持河北省农业试验示范区课题"限水条件下棉粮高产高效配套技术及机理研究""棉花简化高效种植技术体系研究""棉花高产降耗增值关键技术研究"，河北省农业园区课题"海河低平原棉花可持续发展产业化技术研究"，河北省财政厅"河北省粮棉节本增效集成技术示范与推广（棉花部分）"，农业部"河北省优质棉基地县科技服务""棉花简化种植节本增效生产技术研究与应用"子课题，科技部"渤海粮仓科技示范工程"子课题等10余项。

　　获得各级科技成果10余项。主持的"水约束型棉粮产区实现中产变高产途径及系统调节技术"项目，1997年获河北省科技进步三等奖；"棉花前重式简化栽培集成技术"项目，2008年获河北省科技进步三等奖。参加完成的"黑龙港旱地棉花规范化栽培技术"项目，1989年获河北省科技进步四等奖；"海河低平原限水农田节水种植系列技术"项目，1990年获河北省科技进步二等奖；"海河低平原节水型农业研究与综合开发"项目，1991年获河北省农林科学院集体二等功、国家星火计划三等奖；"河北省棉花生态地质地球化学比配与优质施肥技术应用"项目，2012年获河北省科技进步三等奖；与中国农业科学院棉花研究所合作完成的"黄淮海平原棉田高产高效施肥技术研究与应用"项目，2014年获河南省科技进步三等奖。

　　获国家发明专利2项："摘棉专用套装"和"一种棉花区位杂交高效制种方法"。

主持或参加制定了《河北省中熟和中早熟棉区棉花栽培技术规程》等地方标准 3 项。

根据农村工作的特点，利用多种形式的传播途径，力争使示范推广的技术让农民看得见、问得着、学得会、用得好，实现农业科技与农民的零距离接触，把棉花栽培技术送进千家万户。30 多年间，足迹遍布了河北省的每一个植棉区。在长期的培训过程中，总结形成了一套行之有效的讲课方式，内容精练，诙谐幽默，简单易懂，便于理解。

充分利用电台、电视台、报纸、咨询电话等现代媒介宣传植棉技术。多次在河北电视台"三农最前线""四季乡风""今日咨询"等栏目讲座，2010 年被河北电视台农民频道评为"明星农博士"，还为多个地方电视台录制各种讲解棉花栽培技术的专题，每年给《河北农民报》《河北农业科技》《河北科技报》撰写棉花管理文章，根据气候状况、虫害、病害发生轻重等提出相应的管理措施，促进了棉花生产发展和农民增产增效。

副主编《中国棉花栽培学》（上海科学技术出版社 2013 年出版）、《当代全球棉花产业》（中国农业出版社 2016 年出版）。

撰写《中国北方陆地棉历代商用品种生理指标与农艺性状比较研究简报》《河北省棉花栽培技术体系进展》《水约束型棉粮产区中产变高产的途径及系统调节技术》《冀南半湿润易旱区棉花适应性栽培技术的研究》等论文 20 余篇，先后在《棉花学报》《中国棉花》《河北农业科学》《生态农业研究》等期刊发表。

河北省"双十双百双千人才工程"和河北省农林科学院跨世纪学术带头人，农业部丰收奖河北省组评委，河北省科技成果鉴定评审专家，中国棉花学会理事，河北省棉花学会副理事长，河北省农林科学院首批专家科技服务团成员及三个市、县农业技术顾问。获厅局级荣誉称号 5 次，新长征突击手称号 1 次，河北省农林科学院集体二

等功 1 次；农业厅棉花工作先进个人，邯郸市棉花技术推广先进个人。

赵俊丽

赵俊丽，研究员，1963 年生，河北省无极县人。1987 年毕业于河北农业大学农学专业，同年分配到无极县农技推广中心工作，1990 年调入河北省农林科学院棉花研究所。

作为主研人员参加河北省科技重大攻关、河北省科技支撑计划、河北省自然科学基金、河北省棉花产业技术体系、河北省渤海粮仓、河北省农业综合开发土地治理科技推广等项目 30 余项。主要包括"低酚棉花新品种选育研究""抗病、优质低酚棉新品种选育""高产、抗病虫棉花新品种冀棉 169 中试与示范""河北省渤海粮仓建设工程""重离子辐照结合远缘杂交技术创制抗病、耐盐碱棉花新资源""冀中南棉花新品种及简化配套技术示范推广""高产、优质、多抗棉花新品种选育"等。

20 世纪 90 年代初期，开展了低酚棉新品种的选育研究，搜集、鉴定低酚棉品种资源，评价、归类、选配优势杂交组合，为低酚棉新品种选育奠定了基础。

进入 21 世纪，棉花育种目标趋向多元化：抗虫、抗病、优质、适机采、轻简化、间作套种等。为加快育种进程，采用了常规育种与生物技术相结合，利用修饰回交育种进行创新研究，增加基因重组概率。采用修饰回交打破了丰产与抗病、丰产与优质的负相关，育成棉花品种 4 个。其中，冀棉 169 通过国家农作物品种审定委员会审定，省无 538、冀 H170、冀 178 通过河北省审定。

针对低酚棉品种省无 538 产量高、子指较大，种仁蛋白质含量高（46%），棉酚含量低（0.02%）的特性，探索出一种利用低酚棉种子生产芽菜的新工艺。生产的芽菜营养丰富，维生素 E 含量较高，适口性强，风味独特，又名"维益菜"。1996 年"低酚棉食用苗的生产方法"获国家发明专利，2004 年获河北省优秀发明奖，第一发明人。

主研育成高产抗病广适国审棉花新品种冀棉 169。在品种培育过程中，首次运用

激素测定的方法，辅助筛选赘芽生长势弱、适简化管理的品种；率先采用基因型鉴定、聚类分析高代选系辅助纯化技术，加快育种进程；轻重交替、高低结合，双向协同选择，实现了抗病性与产量的同步提高。冀棉169抗枯萎病，耐黄萎病，2007—2008年参加黄河流域棉花品种区域试验，平均子棉产量254.5kg，皮棉总产100.2kg，分别比对照鲁棉研21增产13.3%和7.3%。2010年通过国家农作物品种审定委员会审定。"高产抗病广适国审棉花新品种冀棉169的选育及应用"项目，2015年获河北省科技进步一等奖，第二完成人。

撰写《低酚棉区域试验新品种的综合评价》《省无538的选育及应用研究》《低酚棉维益菜的应用及开发》《棉花杂种优势的早期生理预测研究》《不同种衣剂对棉花种子出苗及苗期病虫害的影响》等论文，分别在《华北农学报》《中国棉花》《河北农业科学》《中国棉花学会论文集》等刊物发表。

2009年、2014年、2015年被评为河北省农林科学院科技服务先进工作者，4次被南宫、曲周等市（县）人民政府授予农业科技服务先进工作者。

柴卫东

柴卫东，研究员，1963年生，河北省南皮县人。1985年毕业于河北农业大学邯郸分校农学专业，同年到沧州地区农业科学研究所（今沧州市农林科学院）工作。沧州市农林科学院农田高效研究所副所长。

主要从事棉花育种、栽培研究工作。作为主要研究人员，创新了棉花开心株型高产技术体系、抗虫棉多茎株型高产简化栽培及复合高效产业化体系，开辟了利用棉花叶枝实现棉花高产的新途径，实现了抗虫棉高产简化栽培的高效统一，是棉花简

化高产高效种植的重大技术突破。累计推广面积 1 150
万亩，比常规栽培增产 15.0%~20.0%，节省整枝用工
50%~70%，亩增经济效益 300.0 元以上。深受棉农欢
迎，社会经济效益显著。

依据棉花生育特点和气候条件，针对棉花常规株型
"稀植高放易晚熟，密植郁闭易徒长，蕾铃脱落严重"
问题，参加完成了"棉花开心株型高产栽培新技术"项
目，1999 年获国家科技发明奖。

棉花多茎株型，有效叶面积增大，叶面积系数最大
值 4.6，比常规株型增大 23.0%；盛花期，棉田行间、
株间光强分布比常规棉田分别提高 22.4% 和 19.1%；地上干物质重比常规株型提高
17.1%，生殖体干物重比常规株型提高 28.3%；根系数量、活力，初花期比常规株
型分别提高 10.1% 和 32.4%，吐絮期比常规株型分别提高 39.2% 和 77.1%。多茎株
型建造了高质量光合系统，地上与地下相互促进协调发育，既发挥了叶枝对产量的补
偿作用，又利用叶枝与主茎水肥的竞争关系减少赘芽滋生，实现高产简化目标。参加
完成的"抗虫棉多茎株型高产简化栽培技术及复合高效产业化体系"项目，2005 年
获河北省科技进步二等奖，2008 年获沧州市科技进步一等奖；"抗虫棉简化高效株型
集成技术创新与推广"项目，2009 年获沧州市科学技术特等奖。

主研育成优质、多抗、高产棉花品种沧 198，2008 年列入国家重大科技成果转化
项目及河北省人民政府补贴品种。"优质棉花新品种沧 198 及高产简化集成技术示范"
项目，2011 年获沧州市科技进步一等奖。

制定河北省地方标
准《环渤海盐碱旱地棉花
省工高产栽培技术规程》，
2013 年通过河北省质量监
督局审定，并颁布实施。

撰写《空心多茎株
型短季棉施氮效应研究
初报》《河北沧州地区棉
花蕾铃期田间管理技术》
《短季棉空心多茎株型施
氮效应研究初报》《地膜

棉"三防"增产显著》《沧州市棉花生产用种存在的主要问题及对策》等论文 30 余篇，分别在《中国生态农业学报》《中国棉花》《江西农业大学学报》《中国农垦》《中国种业》等期刊发表。

河北省"三三三人才工程"二层次人选，沧州市专业技术拔尖人才。

眭书祥

眭书祥，研究员，1963 年生，河北省赞皇县人。1986 年毕业于河北农业大学农学专业，同年分配到石家庄地区农业科学研究所（今石家庄市农林科学研究院）从事棉花科研工作。石家庄市农林科学研究院棉花研究所副所长。

主持国家棉花产业技术体系"海河综合试验站"项目，参加国家转基因重大专项"抗病及转基因早熟棉花新品种培育"，河北省科技支撑计划"利用远缘杂交创制早熟棉资源及应用"，河北省产业技术体系"棉田复种新品种选育"，河北省巨人计划创新团队、高等学校创新能力提升计划"河北省棉花产业协同创新中心"、石家庄市科技支撑计划"棉花高产、抗病虫、优质新品种选育与种质资源创新"等项目。

研究内容主要包括棉花种质资源创新、新品种选育和栽培技术研究。通过抗盲蝽象棉花品种晋棉 –26 的培育，提出了棉花形态抗盲蝽象的理论与抗盲蝽象鉴定方法；在早熟棉花品种培育方面，提出了利用陆地棉以外其他棉种的早熟性改良陆地棉，培育短铃期早熟棉花品种的育种方法，并育成铃期 45 天的陆地棉早熟品种石早 3 号；育成河北省早熟转基因棉花品种石早 1 号，实现了棉花晚春播种植，自 2008 年河北省设立晚春播棉花品种区域试验后，一直作为对照品种。

先后参与育成棉花品种 16 个。其中，通过国家农作物品种审定委员会审定的棉花品种 5 个：冀棉 17、冀棉 24、sGK321、石抗 126、石杂 101；通过省级审定的棉花品种 11 个：石远 345、GK–12、晋棉 –26、石早 1 号、石抗 278、冀创棉 1、冀创 18、石抗 39、石早 98、石早 2 号和石早 3 号。

取得多项科技成果。主研完成的"棉花远缘杂交新品种石远 321"项目，2001 年

获国家科技进步二等奖；"棉花新品种石远321"项目，1999年获农业部科技进步二等奖；"双价抗虫棉sGK321示范推广"项目，2006年获河北省科技进步二等奖；"高产、优质、抗病虫棉花新品种石杂101和石早98的选育及应用"项目，2014年获河北省

科技进步二等奖；"高产、稳产、优质杂交抗虫棉新品种冀创棉1选育及应用"项目，2009年获河北省科技进步三等奖；"优质、多抗国审转基因抗虫棉石抗126选育及应用"项目，2013年获河北省科技进步三等奖；"抗盲蝽象棉花新品种晋棉-26"项目，2007年获河北省技术发明三等奖；"转Bt+CPTI双价转基因抗虫棉新品种sGK321"项目、"高产、优质、多抗转基因抗虫棉GK-12选育及应用"项目、"高产、稳产、广适型转基因抗虫棉石抗39选育及应用"项目，分别于2005年、2008年和2010年获石家庄市科技进步一等奖；"适应不同种植模式早熟棉花品种选育与应用"项目，2011年获石家庄市科技进步二等奖。

撰写《83份早熟抗虫棉种质资源的SSR标记聚类分析》《河北省2009—2013年审定棉花品种纤维品质分析》《短铃期特早熟棉花新品种石早3号的选育》《棉花品种审定与推广脱节问题探讨》《转基因杂交抗虫棉冀创棉1的选育及性状分析》等论文52篇，分别在《华北农学报》《农学学报》《中国种业》《作物品种资源》《河北农业科学》等期刊发表。

石家庄市有突出贡献的中青年专家，河北农业大学兼职教授和硕士研究生导师，国家棉花产业技术体系海河综合试验站站长。

马 平

马平，研究员，博士生导师，1964年生，江苏省南京市人。1985年毕业于河北农业大学植物保护系，农学学士学位，同年到河北省农林科学院植物保护研究所工

作，1992年北京农业大学植物病理学硕士研究生毕业，2001年获中国农业大学和加拿大农业部联合培养植物病理专业博士学位。河北省农林科学院植物保护研究所所长。

先后主持国家863计划重大项目"农作物重大病害多功能广谱生防菌剂研究和创制"、科技部国际合作项目"防治作物土传病害新型微生物杀菌剂的分子机制"、国家公益性行业科研专项"棉花黄萎病减灾技术体系研究—棉花黄萎病生防菌的筛选及应用示范"、国家自然科学基金"生防枯草芽孢杆菌NCD-2菌株的抑菌功能基因克隆及其表达调控分析"等国家及省级课题30余项。

参加研究了棉铃疫病的病原发生规律和防治技术，在探明棉铃疫病发病规律造成经济损失的基础上，从农业措施、化学药剂和棉花品种抗性鉴定等方面经单项与综合试验研究提出了有效的防病技术。"棉铃疫病的病原发生规律和防治技术"项目，1992年获河北省科技进步三等奖。

主持研究了棉铃疫菌拮抗菌的筛选及棉铃疫病的防治，首次利用拮抗菌对棉铃疫菌进行了生物防治；报道了棉铃疫菌与棉苗疫菌均为苎麻疫霉，无生理小种分化；提出25℃是室内棉铃疫菌和棉苗疫菌导致棉铃和棉苗发病的关键因素。"棉铃疫菌拮抗菌的筛选及防治棉铃疫病的应用"项目，1998年获河北省科技进步三等奖。

主持研究了土壤微生物对棉花黄萎菌微菌核的影响及其利用，首次提出了"微菌核际"的概念，研究出利用微菌核作为诱饵分离微菌核际微生物的新方法，为菌核类病原菌拮抗微生物的研究提供了依据；发现了环境相对湿度是影响单个微菌核萌发的关键因素；结合栽培措施和使用技术研究，建立了有效控制棉花黄萎病的技术体系，为棉花黄萎病的防治开辟了新的途径。"土壤微生物对棉花黄萎菌微菌核的影响及其利用"项目，2003年获河北省自然科学三等奖。

主持研究了棉花黄萎菌微菌核际拮抗微生物对微菌核消长的影响，首次提出了棉田土壤中棉花黄萎菌微菌核数量与棉花黄萎病的发生呈正相关；明确了从微菌核际可分离到更多和拮抗效果更强的拮抗微生物；建立了棉花黄萎菌拮抗菌资源库，丰富了拮抗微生物资源。"棉花黄萎菌微菌核际拮抗微生物对微菌核消长的影响"项目，2007年获河北省科技进步三等奖。

主持了枯草芽孢杆菌NCD-2防治作物黄萎病生物农药的研制及应用，通过多指标定向筛选作物黄萎病的高效生防菌，开展了优良菌株生物学、生态学、分子生物学

和作用机制及其发酵工艺、后处理工艺和使用技术研究，研制并登记了新型生物农药，实现了产业化。"枯草芽孢杆菌NCD-2防治作物黄萎病生物农药的研制及产业化"项目，2010年获河北省科技进步一等奖。

主研完成的"芽孢杆菌生物杀菌剂的研制与应用"项目，2010年获国家科技进步二等奖；主持完成的"生物农药高效微生物杀菌剂的创制及应用"项目，2014年获河北省技术发明一等奖。

主编《河北省植物病理学研究》（第1卷）（中国农业出版社2003年出版）；参编《北方主要作物病虫害实用防治技术》（中国农业科技出版社2002年出版）。

在《Plant Disease》《Applied and Enviromental Microbiology》《Microbiological Research》《Genetics and molecular biology》《Plant Pathology Bulletin》《Canadian Journal of Microbiology》《中国农业科学》《植物病理学报》《植物保护学报》等期刊发表论文90余篇。

国务院政府特殊津贴专家，河北省省管优秀专家，河北省有突出贡献的中青年专家，全国百名农业科研杰出人才，河北省"巨人计划"领军人才。全国五一劳动奖章获得者。中国生物农药与生物防治产业技术创新联盟副理事长，中国植物保护学会常务理事，河北省植物保护学会理事长，河北省植物病理学会副理事长。

马维军

马维军，研究员，1964年生，河北省成安县人。1985年毕业于河北农技师范学院，2008年毕业于中国农业大学，获硕士学位。河北农技师范学院毕业后到邯郸地区农业科学研究所（今邯郸市农业科学院）从事棉花三系应用研究。邯郸市农业科学院棉花研究所副所长。

先后参加、主持完成了国家"七五""八五""九五"

"十五""十一五"科技攻关、国家重大转基因专项、国家"863"科技攻关项目子专题和河北省重大科技攻关项目10余项。

创新了恢复系有性杂交育性跟踪选育技术。该项技术通过远缘、多次杂交手段，既注意其可育性（$F_1 \sim F_6$ 代开花期按五级育性分级进行调查），又兼顾其丰产性，通过抗病性鉴定、品质鉴定、配合力测定和产量鉴定，成功选育出配组后能够筛选出强优势抗虫组合的恢复系邯R174和邯R251，为转基因抗虫三系杂交棉选育奠定了基础。

主持育成邯杂98-1、邯杂429、邯杂301、邯杂306、sGKz8、邯368、邯6208、邯6203等8个棉花杂交种（品种）分别通过国家、省级农作物品种审定委员会审定。2005年"转抗虫基因的三系杂交棉分子育种技术体系"，经农业部组织的专家鉴定达到国际领先水平。

先后获河北省科技进步一等奖、农业部科技进步三等奖、中国农业科学院科学技术成果特等奖、邯郸市突出贡献奖等奖励9项。

主持完成的"转单双价基因抗虫三系杂交棉邯杂98-1和邯杂429选育与应用"项目，2010年获邯郸市科技进步一等奖和河北省科技进步一等奖，2012年获邯郸市突出贡献奖。该成果成功培育出我国第一个中熟单价抗虫三系杂交棉邯杂98-1和第一个中早熟双价抗虫三系杂交棉邯杂429。至2011年黄河流域累计推广865万亩，新增纯收益11.5亿元。

由邯郸市农业科学院与中国农业科学院生物中心合作完成的"三系抗虫棉生物育种技术体系创建及应用"项目，2011年获中国农业科学院科学技术成果特等奖。该成果攻克了三系杂交棉恢复系狭窄、抗虫性缺乏、可育性不稳以及杂种优势不明显等一系列难题，利用基因工程技术和杂种优势，创建了高产量、高纯度、高效率、大规模、低成本、能直接应用的三系抗虫棉育种技术体系，较常规棉增产25%以上，减少制种成本约50%，增加制种产量约20%，累计推广400万亩，经济效益显著。

培育的超高产杂交棉邯杂306，实现了超高产、稳产与高衣分、优质、抗

病虫等优良性状的有机聚合，2008 年开始作为河北省抗虫杂交棉区域试验对照。连续多年列为河北省良种补贴品种、主导品种和高产创建品种，2011—2013 年，在河北省累计推广 438 万亩，创经济效益 15.5 亿元。"超高产稳产优质抗病虫杂交棉邯杂 306 的选育与应用"项目，2014 年获河北省科技进步三等奖。

参编《冀南棉虫、天敌、植保文集》（上海科学普及出版社 2008 年出版）、《河北食虫蜂类介绍》（武汉出版社 2011 年出版）、《河北棉花品种志》（河北科学技术出版社 2013 年出版）、《河北植棉史》（河北科学技术出版社 2015 年出版）。

撰写《陆地棉胞质不育系下胚轴线粒体 DNA 的制备》《去早果枝对不同密度三系杂交棉生长发育和产量的影响》《利用多重 PCR-SSR 标记鉴别三系杂交棉种子混杂和 SSR 位点杂合》《利用 SSR 标记鉴定抗虫三系杂交棉邯杂 429 的纯度》《抗虫杂交棉新品种邯杂 306 的高产稳产性分析》等论文，在《华北农学报》《河北农业大学学报》《生物技术进展》《河北农业科学》等期刊发表。

河北省有突出贡献中青年专家，邯郸市首批优秀专业技术人才，邯郸市十大行业标兵，邯郸市跨世纪学术和技术带头人。

李世云

李世云，研究员，1964 年生，河北省枣强县人。1985 年毕业于河北农业大学农学专业，后分配到邯郸地区农业科学研究所（今邯郸市农业科学院）从事棉花栽培、育种等研究工作。邯郸市农业科学院副院长。

先后承担国家科技攻关项目、国家转基因生物新品种培育重大专项、国家农业科技成果转化资金项目、国家棉花产业技术体系等国家级项目 6 项，河北省棉花产业技术体系、河北省重大科技攻关、河北省科技支撑等省级项目 12 项，邯郸市科技项目 20 余项。

主研完成的"冀中南麦棉一体化栽培体系研究"项目，将冀中南棉田拔秆时间由枯霜后提早到 10 月 15 日左右，棉茬小麦播种从 11 月上中旬提早到 10 月中下旬。提出了夏棉提早串种的适宜时期、种植规格及相应的管理技术，筛选出了适宜配套的早熟麦棉品种。该技术突破国内外公认的北纬 34° 以

北不能麦棉满幅复种的禁区，使麦棉满幅复种推移到北纬38°~39°，实现了粮棉同步增产增收。1990年12月1日《光明日报》头版头条报道"麦棉两熟种植的临界线被突破"。1992年该技术被列入"八五"国家科技成果重点推广计划和河北省政府指令性推广计划。"冀中南棉麦一体化栽培体系研究"项目，1989年获河北省科技进步二等奖，1990年获国家科技进步三等奖，1995年获河北省科技兴冀省长特别奖。

主持培育出冀棉21、邯719、邯241、邯685、邯686、邯258、邯818等11个早熟棉品种，其中冀棉21、邯258通过国家农作物品种审定委员会审定。新品种在冀、鲁、豫和新疆早熟棉区推广，对麦棉、菜棉两熟的发展做出突出贡献，取得多项研究成果。

培育的早熟低酚棉品种冀棉21，填补了河北省早熟低酚棉品种空白，2001年获邯郸市科技进步一等奖；培育的早熟优质丰产抗病短季棉新品种邯241，2003年获河北省科技进步三等奖，邯郸市科技进步一等奖；培育的高产优质抗病虫转基因棉花品种邯棉103、邯685，2012年获河北省科技进步三等奖；利用转基因生物技术和常规育种技术相结合，培育的棉花品种邯258，具有早熟优质、抗病高产等优良性状，实现了早熟棉产量、品质和抗性的同步提高，居国内先进水平。

参编《河北植棉史》（河北科学技术出版社2015年出版）。

撰写《优质抗病虫早熟棉新品种邯686的选育及配套栽培技术》《棉花新品种邯棉103选育及栽培技术》《Excel在一年多点区域试验分析中的应用》《不同密度不同种植方式对麦后移栽棉产量的影响》等论文30余篇，在《河北农业科学》《安徽农业科学》《山东农业科学》等期刊发表。

国家棉花产业技术体系冀南综合试验站站长，河北省农作物品种审定委员会委员，河北省棉花学会理事。河北省"三三三人才工程"第二层次人选，邯郸市首批优

秀专业技术人才，邯郸市优秀科技工作者，邯郸市十佳共产党员。

李存东

李存东，教授，博士生导师，1964 年生，河北省清河县人。1984 年毕业于河北农业大学，毕业后留河北农业大学农学院工作，1995—1998 年在南京农业大学攻读博士，获博士学历和学位。主要从事棉花等作物栽培生理研究和教学工作。

先后主持（或第二主持）国家 973 前期专项、国家863、国家自然科学基金、国家成果转化资金、国家公益性行业科研专项、国家粮食科技丰产工程河北省课题子专题、教育部重点项目、教育部博士点基金、农业部专项、农业部重点开放实验室基金、河北省自然科学基金、河北省博士基金等项目。

主要从事棉花营养生理、抗旱生理、早衰生理及其防控技术，以及小麦发育生理及其染色体调控效应研究，取得了显著成效。主讲作物栽培学、作物高产理论与实践、作物栽培研究法、生命科学研究前沿等本科生和硕士、博士研究生课程。

主持的"不同形态氮素营养对棉花生长生理与产量的效应及其应用"项目，2008年获河北省科技进步一等奖。该项目针对我国棉田氮肥施用量大，当季利用率低，对生态环境造成污染的现状，得出通过硝化抑制剂阻止棉田中的 NH_4^+-N 向 NO_3^--N 的转化，增加土壤铵态氮营养，协调棉花"铃—叶系统"关系，改进棉田施肥技术，提高氮肥利用率与产量水平，并为改善棉田生态环境提供理论与技术依据。

主持的"转基因抗虫棉早衰的生理生态机制及调控技术"项目，2012年获河北省科技进步一等奖。对抗虫棉早衰的形态、生理和生长发育特征进行了深入系统研究，揭示了棉花早衰的机理，探明了黄河流域抗虫棉早衰的各种影响因子的主次关系、作用机制及其产量品质效应，创建了转 Bt 基因抗虫棉早衰防控技术，出版了《棉花早衰的生理机制及防控技术》著作，制定了河北省棉花防衰高产地方标准，促进了行业科技进步和成果的推广。

主持的"太行山丘陵区旱地棉田高产措施与主副产品加工利用研究与开发"项

目，1998 年获河北省科技进步三等奖。主研完成的"黑龙港生态区旱地棉田基础措施和综合措施优化组合的筛选"项目，1992 年获河北省科技进步四等奖。作为国家粮食丰产科技工程河北省课题子专题主持人参加的小麦、玉米周年丰产项目，先后获河北省、教育部科技进步 等奖，国家科技进步二等奖。

在教学研究方面，作为第二、第三主研人参加的项目荣获国家教学成果二等奖2 项，河北省教学成果一等奖2 项，河北省教学成果二等奖1 项、三等奖1 项，主持获得河北省教学成果一等奖1 项。主讲的《作物栽培学》和《农学概论》分别于2003 年、2005 年被评为省级精品课程，被所任教的学生评为首届"学生心目中的好老师"。主编《农学概论》《植物生理学》《作物栽培学总论》，参加编写《作物生态学》《作物高产理论与实践》等本科生与研究生教材。主编的《农学概论》被评为国家"十二五"规划教材。

1991 年开始，指导农学专业近百名本科生的教学实习、课程论文和毕业论文，指导硕士研究生30 人，指导博士研究生8 人、博士后3 人。多篇本科生论文被评为校级优秀论文，多名研究生论文被评为省级优秀论文。热爱教育事业，为人师表，重视学生的科研基本功和综合素质的培养，为他们的进一步成长打下了坚实基础，培养的学生得到了用人单位和有关院校的好评。

作为中国作物学会理事、中国棉花学会常务理事、河北省棉花学会副理事长、河北省棉花专家顾问组组长、棉花产业技术体系岗位专家，经常深入田间现场指导，举办大型技术培训班或接受电话咨询，努力推广棉花科研成果，研究成果累计在黄河流域棉区推广2 000 余万亩，深受广大科技人员和棉农欢迎。弘扬了河北农业大学"艰苦奋斗、甘于奉献、求真务实、爱国为民"的太行山精神。

先后在《Field Crops Research》《Agronomy Abstracts》《植物学报》《农业工程学报》《作物学报》《中国农业科学》《棉花学报》《应用生态学报》《植物营养与肥料学报》等国内外重要学术刊物和国际国内学术会议上发表论文120 余篇，其中SCI 收录文章6 篇、EI 收录2 篇。

国家百千万人才工程国家级人才，国家级有突出贡献中青年专家，国家万人计划国家级名师，国务院政府特殊津贴专家，教育部植物生产类教学指导委员会委员，全国五一劳动奖章获得者，河北省特等劳动模范，河北省省管优秀专家，河北省"三三三人才工程"一层次人选，河北省教学名师，河北省高等学校创新团队领军人才。国家和河北省科技进步奖、发明奖评审专家，国家科技支撑计划、国家杰出青年基金、国家自然科学基金等项目评审专家。

李 妙

李妙，研究员，1964年生，河北省晋县（今晋州市）人。1986年毕业于河北农业大学农学系，先后在河北省农林科学院棉花研究所、粮油作物研究所工作。粮油作物研究所棉花育种室主任。

参加工作后，一直从事棉花新品种选育研究以及自研品种的示范推广工作。在转基因高产抗病虫棉花新品种选育、优质专用棉、杂种优势利用、彩色棉育种研究等方面取得明显成效。

先后主持河北省科技支撑计划项目、河北省科技发展计划项目、农业部发展棉花生产专项资金项目、国家转基因植物专项、国家转基因生物新品种培育重大专项、河北省财政专项、河北省农业开发综合治理推广项目、河北省农林科学院项目等30余项。

主持育成棉花品种24个。其中冀668、GKz19、创杂棉20、冀丰914、冀丰103通过国家农作物品种审定委员会审定；冀丰554、冀丰197、冀丰106、冀杂6268、冀丰4号、冀杂3268、冀丰1271、冀丰1982、冀杂708、冀丰光杂棉1号、冀丰杂6号、冀丰杂8号、冀丰杂9号、冀1056、冀908、GK50、冀丰107、新陆中22、冀丰优1187通过省级审定。参加育成的品种有冀棉20和冀棉25。主持申报的冀668、冀丰197和冀棉25皆获得国家棉花新品种后补助；主持育成的适宜简化种植的高稳产抗病虫广适棉花新品种冀丰554获得河北省农作物新品种重大资助；冀丰914获得河北省棉花新品种后补助；冀丰1982、冀丰914和冀丰杂6号均列入河北省农业科技成果转化项目。

获得各级成果奖励16项。其中河北省科技进步一等奖1项，二等奖2项，三等奖5项，河北省农林科学院奖励8项。"高稳产、兼抗枯黄萎病、广适应型棉花新品种冀668"项目，2004年获河北省科技进步一等奖；"适合不同类型棉田种植的系列抗虫棉新品种选育与应用"项目，2010年获河北省科技进步二等奖；"适宜简化种植的高稳产抗病虫广适棉花新品种冀丰554选育与应用"项目，2014年获河北省科技进步二等奖；"棉花种质资源征集、鉴定、创新及数据库的建立"项目，1995年获河北省科技进步三等奖；"高产多抗棉花新品种国审冀668大面积示范推广"项目，2006年获河北省科技进步三等奖；"转Bt基因抗棉铃虫、高产、抗病棉花新品种冀丰197的选育与应用"项目，2008年获河北省科技进步三等奖；"大铃优质广适应型抗虫杂交棉新品种选育与应用"项目，2011年获河北省科技进步三等奖；"抗早衰、抗烂铃棉花新品种冀丰1271选育与应用"项目，2015年获河北省科技进步三等奖。

曾兼任河北冀丰种业有限责任公司副总经理，河北冀丰棉花科技有限公司总经理、董事长，任职期间公司取得了明显的经济效益，并实现了注册资本500万到3006万的跨越，建立了育、繁、推一体化的运行模式。

撰写《病害对不同抗枯类型棉花品种SOD和POD活性的影响》《棉铃着生位置对棉花主要经济性状的影响》《大铃、高产转基因抗虫棉冀丰554的选育及栽培要点》《我国低酚棉副产品综合利用》等论文及科普文章50余篇，在《棉花学报》《华北农学报》《中国棉花》《中国农学通报》等期刊发表。

国务院特殊津贴专家，河北省省管优秀专家，河北省"三三三人才工程"第一层次人选。先后荣获河北省科技十大杰出青年、河北省优秀发明者、河北省巾帼建功明星、河北省三八红旗手、河北省直五一奖章、燕赵百名优秀女性等荣誉称号，并被省政府荣记二等功，获"中国百名行业杰出创新人物"金像奖。中国当代农业高级专家库专家，中国棉花学会理事，河北省棉花学会理事，河北省棉花协会理事，河北省作物学会理事，石家庄市种子协会副理事长。《中国农村科技》期刊特约通讯员，《新农民》杂志社特约技术顾问，河北电视台农民频道《致富情报站》栏目特约顾问，《农

业科技通讯》杂志编委。

耿军义

耿军义，研究员，1964 年生，河北省行唐县人。1984 年毕业于河北农业大学邯郸分校，同年分配到河北省农林科学院棉花研究所从事棉花遗传育种及新品种示范推广工作。研究室主任。

先后主持国家科技重大专项"转基因特色专用棉新品种培育"、国家科技支撑计划"多抗棉花育种技术研究及新品种选育"等各级各类科技项目 60 余项。

针对棉花生产及科研上存在的主要问题，开展了种质资源创新，育种技术改进，目标性状育种基因库构建等工作，有效解决了优质、抗病、早熟与高产多性状协同改良的技术难题，形成了相应的育种技术体系。在棉花转基因抗虫、抗枯黄萎病基因挖掘、棉花杂种优势机理与利用，优异品质基因挖掘和棉花品质改良及抗病虫、高产、优质棉花品种选育等方面取得了重要成果。

主持或主研育成了适应不同区域种植的优良棉花品种 27 个。其中：冀杂 1 号、冀杂 2 号、冀棉 958、冀 2000、冀杂 999、冀 228 6 个转基因抗虫棉品种通过国家审定；冀 228、冀 1316、冀 3816、冀优杂 69、冀 H239、冀优 768、冀 122、冀 H156、冀 151、冀 1516、冀优 861、冀 FRH3018、冀杂 566、冀 8158、冀 2658、冀 968、冀棉 669、冀棉 516、93 辐 56 等 21 个品种通过省级审定。可满足黄河流域棉区不同生态条件与种植制度对棉花品种的需求，为控制病虫为害、提高产量和品质、简化管理环节、增加植棉效益做出了突出贡献。

主持育成的冀杂 1 号是第一个通过国家审定的高抗枯萎病、抗黄萎病的转基因抗虫杂交棉品种，增产潜力大、纤维品质优，达到 II 型标准；冀棉 958 表现抗病虫、高产、优质、适应性广，多次被农业部推介为主导推广品种，曾连续多年作为河北省棉花品种区域试验对照品种；冀 228 不仅产量高、抗病性好，而且纤维品质优良，达到了国家优质棉 I 型标准。

为加快成果转化，使科研成果尽快变为生产力，长期坚持深入生产一线，推广

科研成果，指导棉花生产，把研究成果送到田间地头，做给农民看，带着农民干，把论文写在了田间地头。先后与成安、曲周、南宫、故城、芦台等有关县市合作创建了高产样板示范田200余块，其中26块通过了专家验收，多次刷新了当地单产纪录，为当地棉花生产树立了典范，促进了当地棉花生产发展。在推广棉花新品种新技术工作中，坚持"授人以鱼，不如授人以渔"的原则，将大规模帮助农民掌握生产管理技术作为重要抓手。在棉花生长关键时期，及时深入田间地头给农民进行技术培训和技术指导，将棉花管理主要技术落实到实处，提高了农民的科学种田水平和棉花生产的科技含量。此外，利用报纸、广播、电视、网络、手机短信等多种形式，宣传各种具体可行的技术措施。由于科技服务工作扎实，成绩突出，自2000—2016年连续17年被南宫、威县、邱县等县市评为农业科技服务先进个人。

获得各级科技成果奖励25项，其中："野生与特色棉花遗传资源的创新和利用研究"项目，2007年获国家科技进步二等奖，第五完成人；"资源创新与优质抗病棉花新品种选育及产业化"项目，2013年获农业部中华农业科技一等奖，第二完成人；"高产抗逆易管高效棉花新品种冀杂999和冀1316的选育及应用"项目，2016年获河北省科技进步二等奖，第一完成人；"国审双抗优质棉花品种冀杂1号、冀228的选育及应用"项目，2013年获河北省科技进步二等奖，第一完成人；"棉花抗病、优质、高产多类型新品种选育及应用"项目，2010年获河北省科技进步二等奖，第二完成人；"高产优质与早熟广适棉花新品种选育及应用"项目，2011年获河北省科技进步二等奖，第二完成人；"优异棉花种质资源创制及利用"项目，2005年获河北省科技进步二等奖，第二完成人。

副主编《河北植棉史》（河北科学技术出版社2015年出版）。

撰写《陆地棉品种和骨干品系黄萎病抗性鉴定》《机采紧凑型棉花类固醇5α-还原酶基因（GhDET2）单核苷酸多态性》《棉花种间杂交渐渗系抗黄萎病性状遗传分析》等论文100余篇，在《中国农业科学》《棉花学报》《植物遗传资源学报》等期刊发表。

国务院特殊津贴专家，河北省有突出贡献的中青年专家，河北省21世纪"三三三

人才工程"二层次人选，河北工程大学硕士研究生导师，农业部全球农业数据调查分析系统农产品市场分析预警团队（棉花）省级分析师，河北省农业司法鉴定专家，河北省棉花学会副秘书长。

张寒霜

张寒霜，研究员，1965年生，河北省清河县人。1985年毕业于河北农业大学土壤农业化学专业，获学士学位，同年到河北省农林科学院棉花研究所从事棉花育种、生物技术、棉花栽培等科研工作。研究室主任。

先后主持河北省科技支撑计划、河北省自然科学基金、河北省棉花产业技术体系、河北省渤海粮仓、农业部保种计划、河北省农业综合开发土地治理科技推广等项目20余项。

主持或主研培育了冀棉169、冀H170、冀178、冀棉298、晋棉-26等抗枯黄萎病、抗棉铃虫棉花品种5个，其中冀棉169通过国家农作物品种审定委员会审定。

主持育成高产抗病广适国审棉花新品种冀棉169。在品种培育过程中，首次运用激素测定的方法，辅助筛选赘芽生长势弱、适简化管理的品种；率先采用基因型鉴定、聚类分析高代选系辅助纯化技术，加快育种进程；轻重交替、高低结合，双向协同选择，实现了抗病性与产量的同步提高。冀棉169抗枯萎病，耐黄萎病，2007—2008年参加黄河流域棉花品种区域试验，平均子棉产量254.5kg，皮棉总产100.2kg，分别比对照鲁棉研21增产13.3%和7.3%。2010年通过国家农作物品种审定委员会审定。"高产抗病广适国审棉花新品种冀棉169的选育及应用"项目，2015年获河北省科技进步一等奖。

主研完成的"抗黄萎病高产棉花新品种冀棉298的选育与推广应用"项目，2007年获河北省科技进步二等奖；"优异棉花种质资源创新及利用"项目，2005年获河北省科技进步二等奖。

为了提高棉田复种指数，发展高效农业，增加农民收入，针对河北省存在品种配套性差、种植模式有待优化、管理机械化程度低等问题，筛选、探索适合新形势下的

种植模式，为推广棉田高效技术提供有力保证。集成了棉花与小麦、棉花与绿豆等作物间作套种高效配套栽培技术体系，其中棉麦双丰套作技术可收小麦 400kg、棉花 300kg 以上，作为主推技术已在邯郸地区大面积推广，仅在曲周县已推广近 30 万亩，受到了地方政府和棉农的好评。《河北农民报》《河北科技报》分别给予了整版报道。为了满足广大棉农爱科学、学科学、用科学的热情，从冀中南棉区的植棉大县中收集整理了几种具有较强的实用性、技术性、针对性和可读性的棉田间套种植模式，结合研究成果汇编成《棉田间作套种高效种植技术》，供棉农参考应用。

为解决农民在生产关键环节遇到的技术难题，经常深入田间进行技术指导和咨询，每年坚持到基层开展科技下乡、技术服务活动 20 余次，受到当地农业主管部门和棉农的欢迎。

参编著作 2 部：《河北棉花品种志》（河北科学技术出版社 2013 年出版）、《河北植棉史》（河北科学技术出版社 2015 年出版）。

撰写《打顶对棉花赘芽生长的影响及其激素调控》《抗病高产转基因抗虫棉冀棉 169 选育研究》《低酚陆地棉的体细胞胚胎发生和植株再生》《不同种衣剂对棉花种子出苗及苗期病虫害的影响》《重离子辐射诱变育种应用及其生物学效应研究进展》等论文 30 余篇，先后在《棉花学报》《作物学报》《河北农业大学学报》《作物杂志》《河北农业科学》等期刊发表。

河北省政府特殊津贴专家，河北省"三三三人才工程"二层次人选。多年来被故城、威县、南宫等市（县）政府授予科技推广先进工作者、河北省农林科学院先进个人等 20 余次。河北省省直三八红旗手，河北省三八红旗手标兵。

崔淑芳

崔淑芳，研究员，1965 年生，河北省平山县人。1985 年毕业于河北农业大学邯郸分校，学士学位。同年分配到河北省农林科学院棉花研究所从事棉花种质资源创新、品种选育及示范推广等工作。研究室主任。

1986—1995 年，从事棉花品种资源征集、鉴定、创新与利用研究，主持或主研河北省自然科学基金"高产优质棉花品种资源研究及创新"，河北省科技厅"棉花种质资源创新及利用研究""观赏棉花的选育研究"以及"棉花优质、高产、抗病新品种选育与种质资源创新"等项目。通过项目实施，征集鉴定国内外种质 1852 份，创造高衣分、抗黄萎病、优质等类型种质 786 份，并向 118 个单位发放；首次建立河北省棉花种质资源数据库及管理系统。"棉花种质资源征集鉴定创新及数据库建立"项目，1995 年获河北省科技进步三等奖，第二完成人。通过棉属种间杂交，育成棉花品种冀棉 25，1998 年通过河北省审定。1995—1997 年参加黄河流域棉花品种区域试验，经抗病性鉴定，为第一个兼抗枯黄萎病品系，是优异育种资源，各育种单位以其为亲本先后育成 24 个棉花品种。"棉花种间杂交新品种冀棉 25 选育及应用"项目，1999 年获河北省农林科学院科技进步二等奖。

1996—1999 年，从事低酚棉育种及综合利用研究，育成低酚棉品种省无 538，1999 年通过河北省审定。2000 年"低酚棉食用苗生产方法"获国家发明专利，第四完成人。

2000 年之后，从事棉花种质资源创新与评价、品种选育与示范推广等。主持和主研农业部转基因生物新品种培育重大专项"转基因优质纤维棉花新品种培育"，863 子课题"冀棉 298 新品种选育与繁育技术研究"，国家重点研发计划子课题"棉花优异种质资源精准鉴定与创新利用"，河北省财政专项"棉、麦资源创新及育种技术改进"，河北省科技成果转化项目"抗病抗早衰高产棉花新品种冀棉 616 中试与示范"，河北省科技支撑计划"高产、抗病虫常规棉花新品种选育"，河北省省级预算项目"抗早衰棉花品种选育及机理研究"等 20 余项。

培育的棉花品种获科技奖励多项。冀棉 298 于 2004 年通过河北省审定，2006 年推广 310.8 万亩，占全省植棉面积的 32.7%，被农民称为'抗死棉'。"抗黄萎病高

产棉花新品种冀棉 298 选育与推广"项目，2007 年获河北省科技进步二等奖，第三完成人，2009 年获河北省优秀发明奖，第二完成人；冀优 01 为河北省第一个适纺 60 支纱优质抗虫杂交棉，2006 年审定后 3 年累计推广 262 万亩。"优质高产抗虫棉花杂交种冀优 01 选育及应用"项目，2009 年获河北省科技进步三等奖，第一完成人；冀棉 616 为冀中南春播棉区第一个兼抗枯、黄萎病品种，2008—2010 年河北省推广 738.9 万亩。"兼抗枯黄萎病、抗早衰高产棉花新品种冀棉 616 选育与应用"项目，2011 年获河北省科技进步二等奖，同年获第七届大北农科技二等奖，第二完成人；冀棉 3536 铃大，居同期区域试验参试品种第 1 位，2011—2013 年累计推广 228.2 万亩，"大铃、抗病、高产棉花杂交种冀棉 3536 选育及应用"项目，2014 年获河北省农林科学院科技进步二等奖；冀 3927 叶枝结铃性强、高抗枯萎病，至 2012 年累计推广 699.1 万亩。"高抗枯萎病、高产、适简栽培棉花新品种冀 3927 选育与应用"项目，2013 年获河北省科技进步三等奖，第一完成人；冀 863 纤维品质 Ⅱ 型，抗烂铃。"棉铃疫病防治关键技术集成与示范推广"项目，2015 年获河北省农业科技推广二等奖，第三完成人。冀棉 229、冀棉 315、冀棉 521 分别于 2013 年、2016 年、2017 年通过河北省审定。

依托主持和参加的示范推广项目，经常深入生产一线，推广新品种新技术，取得良好效果。连续 7 年分别被肥乡、武强、南宫、海兴等县（市）评为科技服务先进工作者和河北省农林科学院先进个人。

主编《河北植棉史》（河北科学技术出版社 2015 年出版）、《河北棉花人物志》（河北科学技术出版社 2017 年出版）；参编《河北棉花品种志》（河北科学技术出版社 2013 年出版）、《中国棉花品种及其系谱》（中国农业出版社 2007 年出版）。

撰写《对瑟伯氏棉和武安中棉利用研究》《优质高产抗病棉花新品种冀 863 性状分析》《兼抗枯、黄萎病抗虫棉花新品种选育研究》等论文 63 篇，分别在《棉花学报》《华北农学报》《农学学报》《河北农业科学》等期刊发表。

中华农业科技奖评审专家，河北省科技奖励评审专家，河北省科学技术普及工作

专家,《作物杂志》审稿专家,河北工程大学硕士生导师,中共河北省委组织部"巨人计划"高层次创新团队核心成员,全国巾帼建功先进集体核心成员;2016 年河北省直三八红旗手;2007—2008 年度河北省直工委三八红旗集体主要成员,2011—2012年省直巾帼文明岗主要成员,2015 年全国巾帼建功先进集体主要成员。

米换房

米换房,研究员,1966 年生,河北省宁晋县人。1986 年毕业于河北农业大学,农学学士学位,同年到邯郸地区农业科学研究所(今邯郸市农业科学院)从事棉花育种及新品种新技术示范推广工作。邯郸市农业科学院棉花研究所副所长。

先后主持多项国家、河北省、邯郸市棉花育种研究课题,培育出 11 个棉花新品种。其中,邯 5158、邯杂154、邯 7860、邯 8266 通过国家农作物品种审定委员会审定;邯 333、邯 4849、邯无 198、邯 102、邯杂 160、邯 8266、邯无 216 通过河北省农作物品种审定委员会审定。其中,邯 333、邯 4849、邯 5158、邯 7860 均成为当时河北省乃至黄河流域棉区主要推广品种。

主持育成高产稳产、广适型棉花品种邯 7860,分别于 2006 年、2007 年、2009年通过河北省、天津市和国家农作物品种审定委员会审(认)定,种植推广区域跨冀东海河流域、冀中南黑龙港流域和黄河流域三大生态区。2010—2012 年,在黄河流域棉区累计推广面积 1 533.3 万亩,增收皮棉 10 426.4 万 kg,创经济效益 10.5 亿元。"高产稳产、广适型国审棉花新品种邯 7860 选育与应用"项目,2013 年获河北省科技进步三等奖。

主持育成国审转基因抗虫棉花品种邯 5158,实现了棉花抗病与高产、优质、抗逆等主要性状的同步改良。2007—2009 年,在河北省及黄河流域棉区累计推广1 249.2 万亩,增收皮棉 6 453.4 万 kg,创经济效益 7.7 亿元。"抗黄萎病、转基因抗虫国审棉花新品种邯 5158"项目,2010 年获河北省科技进步二等奖。

主持育成高产省工、广适型棉花品种邯 4849,2005—2007 年,在河北省累计推

广面积 664.6 万亩，2007
年最大推广面积 289.1 万
亩，占河北省适宜种植面
积的 30.4%。3 年累计增
收皮棉 8 839.2 万 kg，新
增社会产值 6.7 亿元。"高
产省工、广适型棉花新品
种邯 4849 的选育与应用"
项目，2008 年获河北省科
技进步三等奖。

20 世纪 80 年代开
始低酚棉育种研究，参加培育出冀无 252、冀棉 19 等河北省第一批抗病低酚棉品种
（系）。冀棉 19 于 1990 年通过河北省农作物品种审定委员会审定，并作为河北省低酚
棉主推品种。"抗病、高产低酚棉新品种冀棉 19 选育"项目，1996 年获河北省科技
进步三等奖。

1993 年黄河流域棉区棉铃虫大暴发，低酚棉种植也随之跌入低谷。1995 年转 Bt
基因抗虫棉引入我国，1996 年率先开始转 Bt 基因抗虫低酚棉品种的选育研究。2008
年参加"转基因生物新品种培育重大专项"攻关研究子课题"转基因特色专用棉花新
品种培育"，负责转基因低酚棉新品种选育研究。2010 年主持培育的低酚棉品种邯无
198，通过河北省农作物品种审定委员会审定，是河北省第一个转基因抗虫低酚棉品
种。"低酚高效新型棉花品种邯无 198 的选育与应用"项目，2015 年获河北省科技进
步三等奖。主持培育的转基因抗虫低酚棉品种邯无 216，于 2014 年通过河北省农作
物品种审定委员会审定。

撰写《高产、优质、多抗棉花新品种邯 5158 的选育》《转 Bt 基因抗虫低酚棉新
品种邯无 198 的选育及利用价值》《丰产、早熟、优质棉花新品种邯 7860 的选育》
《高产稳产、广适型国审棉花新品种邯 7860 选育与应用》等论文，分别在《河北农业
科学》《中国棉花》《科技成果管理与研究》等期刊发表。

参编《河北食虫蜂类介绍》（武汉出版社 2011 年出版）、《河北棉花品种志》（河
北科学技术出版社 2013 年出版）、《河北植棉史》（河北科学技术出版社 2015 年
出版）。

河北省政府特殊津贴专家，河北省"三三三人才工程"第二层次人选，邯郸市
市管优秀专业技术人才。2011 年、2013 年两次荣立邯郸市人民政府二等功，2014

年荣获邯郸市优秀共产党员称号，2012 年被中共邯郸市委授予"创先争优十大行业标兵"。

吴振良

吴振良，研究员，1966 年生，河北省冀县（今冀州市）人，1989 年毕业于河北农业大学农学系遗传育种专业，学士学位，2004 年河北农业大学遗传育种专业硕士研究生结业。1989 年大学毕业后到河北省农林科学院旱作农业研究所从事棉花育种工作。研究室主任。

先后主持或参加农业部专项基金课题"棉花新品种筛选"、国家科技支撑计划"高产优质多抗棉花育种技术研究及新品种选育"、国家转基因生物新品种培育重大专项"抗逆棉花新品系选育"、河北省育种攻关协作课题、河北省科技支撑计划及河北省农林科学院、地市科研课题等。

主持或主研育成冀棉 27、衡棉 3 号（衡科棉 369）、衡棉 4 号、衡优 12、衡无 1086 等棉花品种。

取得科技成果奖励：主持完成的"低酚棉新品种冀棉 27 选育及应用"项目，1999 年获河北省科技进步三等奖；"抗旱耐瘠高产棉花新品种衡科棉 369 选育及应用"项目，2010 年获河北省科技进步三等奖；"耐盐、抗旱、抗盲蝽象棉花新品种衡棉 4 号选育及应用"项目，2012 年获河北省科技进步三等奖。其中，低酚棉品种冀棉 27，累计推广面积 169.5 万亩，增收皮棉 847.5 万 kg，新增收益 1.7 亿元；衡棉 3 号累计推广面积 560.8 万亩，增收皮棉 8 916.7 万 kg，新增收益 6.5 亿元；衡棉 4 号累计推广面积 616.8 万亩，增收皮棉 1.2 亿 kg，新增收益 11.6 亿元。衡棉 3 号、衡棉 4 号连续多年被河北省定为主导推广品种。衡棉 3 号、衡棉 4 号已获得国家植物新品种权。

获国家发明专利 1 项。"环保型粒式棉种加工系统和棉种加工方法"2014 年获国家发明专利。该发明为棉花良种加工提供一个对环境无污染、对棉种损伤小、出芽率高、工序简单、棉种均匀的棉种加工系统和方法。

实用新型专利3项。"棉花科研播种机""棉花单株移栽机""环保型粒式棉种加工系统"。其中棉花科研播种机的应用,使原来繁杂的棉花科研试验播种完全实现了机械化,减少劳务用工95%以上,填补国产棉花科研播种机械空白。

参编著作2部:《河北棉花品种志》(河北科学技术出版社2013年出版)、《河北植棉史》(河北科学技术出版社2015年出版)。

撰写《低酚棉新品种—冀棉27》《棉花、豇豆科间杂交后代表现及优势分析》《棉花、豇豆科间杂交F₁生殖器官的异常表现》《从彩棉的发展现状、存在问题谈我省发展对策》《高产优质抗旱节水棉花新品种衡棉3号的选育技术报告》《同异联系势分析方法在棉花品种评定中的应用》《棉花离体叶片失水速率与抗旱性的关系研究》《转基因抗虫棉衡科棉369抗旱生理特性研究》等论文20余篇,在《华北农学报》《中国棉花》《河北农业科学》《作物研究》等期刊发表。《Brief Intruduction of Synchronously Salinity and Drought Stress for Cotton Hybrid Breeding(盐旱同步胁迫法选育棉花高优势抗逆杂交种的研究进展简报,摘要)》发表在《2012年作物杂交优势利用国际学术大会论文集》。

河北省"三三三人才工程"第二层次人选。第六届河北省农作物品种审定委员会棉花专业组成员,河北省农业专家咨询团专家,河北省农业科技推广专家委员会成员,河北省现代农业产业技术体系岗位专家,河北省农林科学院专家服务团专家,衡水市妇女创业专家咨询团专家。河北省棉花学会常务理事,衡水市棉花协会常务理事。2006年获第三届河北省青年科技提名奖。

李社增

李社增,研究员,1966年生,河北省永年县人。1989年毕业于中国农业大学植

物病理学专业，同年就职于河北省农林科学院植物保护研究所，从事植物病理学、植物病害生物防治和微生物农药研究工作。2002 年毕业于中国农业科学院微生物专业，获理学硕士学位。研究室主任。

参加工作后，一直主持河北省棉花品种枯萎病、黄萎病抗病鉴定工作，鉴定棉花品种 1200 余份。主持、承担国家公益性行业（农业）科研专项、国家 863 计划重大项目课题、国家转基因生物新品种培育重大专项子课题、国家农业成果转化资金子课题、河北省财政专项等国家级、省级项目多项。

获得国家、省部等各级成果奖励 13 项。其中，主持完成的"棉花黄萎病生防细菌 NCD-2 抑菌功能基因分析与克隆"项目，2008 年获保定市科技进步一等奖；主研完成的"芽孢杆菌生物杀菌剂的研制与应用"项目，2009 年获教育部科技进步二等奖，2010 年获国家科技进步二等奖，第四完成人；"生物农药高效微生物杀菌剂的创制及应用"项目，2014 年获河北省技术发明一等奖，第二完成人；"枯草芽孢杆菌 NCD-2 防治作物黄萎病生物农药的研制及产业化"项目，2010 年获河北省科技进步一等奖，第二完成人；"棉花黄萎菌微菌核际拮抗微生物对微菌核消长的影响"项目，2007 年获河北省科技进步三等奖，第二完成人；"土壤微生物对棉花黄萎菌微菌核的影响及其利用"项目，2004 年获河北省自然科学三等奖，第二完成人；"棉铃疫菌拮抗菌的筛选、诱变及其应用"项目，1998 年获河北省科技进步三等奖，第二完成人；"棉铃疫病的病原、发生规律和防治技术"项目，1992 年获河北省科技进步三等奖，第二完成人；"棉花黄萎病应急综合防治技术研究与应用"项目，1997 年获河北省农业厅科技进步二等奖，第二完成人。

选育出优质抗病棉花品种 2 个：冀棉 15、冀棉 28。

带领研究团队入选国家农业科研杰出人才创新团队和河北省"巨人计划"创新团队，使本团队在微生物农药研发方面持续保持国际领先地位。研制出无毒、无残留、高效的微生物农药产品 20 个，通过国家农药登记产品 2 个，微生物肥料产品 2 个，为我国农作物病害治理提供了丰富的环保型植保产品。其中"10 亿芽孢 / 克枯草芽孢杆菌可湿性粉剂"和"80 亿 CFU/mL 枯草芽孢杆菌悬浮剂"两个微生物农药产品通过国家农药登记并实现产业化，10 亿芽孢 / 克枯草芽孢杆菌可湿性粉剂成为国际上第一个用于防治作物黄萎病、人参立枯病和根腐病的微生物农药，相关成果被包括 2 位院士在内的专家组鉴定为国际领先水平。

注重加强团队与企业紧密合作，实现创新产品产业化，对我国微生物农药产业的发展起到了积极的促进作用，并为新产品进入国际市场奠定了基础。先后与2家国内农药企业、1家跨国农药企业合作，在巴西、阿根廷、美国、加拿大、欧盟等国家和地区开展了农药登记工作，为本团队研制的微生物农药产品打入国际市场奠定了基础。

获得国家发明专利12项。其中包括：防治棉花黄萎病的菌株及其菌剂的制备方法；一种用于防治棉铃疫病的萎缩芽孢杆菌及其微生物菌剂；一种用于防治棉铃疫病的短小芽孢杆菌及其微生物菌剂；一种利用物理隔离材料防治棉铃疫病的方法等。

参编著作5部：《河北棉花品种志》（河北科学技术出版社2013年出版）、《植物病害生物防治学》（科学出版社2010年出版）、《生物农药使用技术百问百答》（中国农业出版社2009年出版）、《河北省植物病理学研究》（第1卷）（中国农业出版社2003年出版）、《北方农作物病虫害实用防治技术》（中国农业科技出版社2002年出版）。

在《Genome Announc》《Microbiological Research》《Plant Disease》《Applied Microbiology and Biotechnology》《Genetics and Molecular Biolog》等期刊发表英文论文10余篇；在《农药学学报》《环境科学学报》《植物保护学报》《植物病理学报》《华北农学报》《中国生物防治学报》《棉花学报》《中国农业科技导报》《华中农业大学学报》《河北农业科学》《贵州农业科学》《安徽农业科学》等期刊发表论文60余篇，其中SCI文章9篇。

河北省农作物品种审定委员会棉花专业委员会副主任，河北省植物保护学会理事，河北省生物工程学会理事，河北省棉花学会理事，美国植物病理学会生物防治委员会委员。河北省有突出贡献的中青年专家，河北省"三三三人才工程"第二层次人选，曾获美国农业部优秀研究奖。

师树新

师树新，研究员，1967 年生，河北省磁县人。1992
年毕业于北京农业大学农学专业，获农学学士学位。
1994 年到河北省农林科学院棉花研究所从事农业科技
开发、科技服务与成果转化工作。河北省农林科学院棉
花研究所科技服务与成果转化中心主任。

参加国家农业科技成果转化项目"国审高产大铃
高优势棉花杂交种冀杂 999 中试与示范"，负责大田制
种、现场示范观摩与推广。通过适期早播，分期采摘，
防伪专用子棉包装等措施，提高了种子发芽率和杂交种
纯度。

主持河北省科学技术研究与发展计划项目"高优势国审杂交棉冀杂 999 示范推
广""国审转基因杂交棉冀杂 2 号示范及推广"，河北省农业厅"棉花新品种冀 1316
及三减三增栽培技术""棉花新品种冀 151 和冀 H239 在河北省的高产示范与推广"
等项目，均取得显著经济社会效益，圆满通过验收。

参加培育了冀棉 669、冀棉 998、冀棉 863、冀棉 818，冀棉 3345 等品种。

获各级成果奖励 11 项。其中，参加完成的"高产抗病广适国审棉花新品种冀棉
169 的选育及应用"项目，2015 年获河北省科技进步一等奖；"资源创新与优质抗病
棉花新品种选育及产业化"项目，2013 年获农业部中华农业科技一等奖；"适合不同
类型棉田种植的系列抗虫棉新品种选育与应用"项目，2010 年获河北省科技进步二
等奖。另获河北省科技进步二等奖 4 项，三等奖 1 项，河北省农林科学院一等奖 2
项，三等奖 2 项。

2003 年任河北冀棉经作科技有限公司市场部经理，负责公司的销售和技术服务
等工作，起草制定了《河北冀棉经作科技有限公司市场管理办法》等 10 多个公司文
件，维护了市场秩序，创建了有序的销售渠道，实现了与渠道的合作共赢，确保了冀
棉品牌的市场占有率，为公司发展奠定了基础。

2012 年任河北冀棉经作科技有限公司副总经理，负责销售、基地服务、成果转
化、品种选育等工作。为适应开拓市场经济和现代企业运行规律的要求，充分发挥
员工的主动性、积极性，起草制订了《河北冀棉经作科技有限公司市场部竞岗实施
方案》等一系列文件，对公司发展起到了积极作用。其间，公司经济社会效益显著，

冀棉 958、冀 228、冀棉 616、冀棉 169、冀杂 1 号、冀杂 2 号、冀杂 999 等系列冀棉品种，以其突出的丰产、抗病特性，在黄河、长江、西北内陆三大棉区大面积推广。

2016 年任河北冀棉经作科技有限公司执行董事。在市场调研的基础上，结合科技服务与成果转化工作的实践，摸索出一条以拓展省内外两个市场为龙头，以开发冀棉系列自研品种为主，依托科研，联合繁种基地及种业公司，走育、繁、推、加工、销售、服务与转让相结合的一条龙开发之路，开拓了市场，实现了优势互补，取得了较好的经济效益和社会效益。

撰写《论市场经济条件下农业科研单位的科技开发工作》《植物生长调节剂对棉花经济性状影响研究》《抓好六个关键环节 确保棉花一播全苗》《不同开花时期对棉花铃重、衣分、纤维品质等性状的影响》等论文和科普文章 50 余篇，在《河北农业科学》《现代农村科技》《中国种业》《农业科技管理》等期刊发表。

2004 年被中共河北省委宣传部聘为河北省农民读报用报专家服务团专家，2010 年被河北省农业厅聘为河北省农业专家咨询团专家，河北省棉花学会理事。

金卫平

金卫平，研究员，1967 年生，河北省文安县人。1989 年毕业于河北农业大学农学系作物遗传育种专业，获学士学位，同年分配到河北省农林科学院棉花研究所，先后在短季棉育种研究室、种质资源创新及利用研究室、优质棉育种研究室工作。

先后承担河北省科技攻关计划、河北省成果转化资金项目、河北省农业综合开发土地治理科技推广项目、河北省自然科学基金项目、国家 863 计划子课题、河北省财政专项等。

作为主研人育成棉花品种 11 个：冀棉 23、省早 441、冀棉 298、冀棉 998、冀棉 616、冀优 01、冀棉 3536、冀 3927、冀 863、冀棉 229、冀棉 315。

获科技成果 7 项，其中河北省科技进步奖 5 项，河北省优秀发明奖 1 项，大北农科技奖 1 项。

早熟品种冀棉 23（90 早 64），1996 年通过河北省农作物品种审定委员会审定，当年推广面积 35 万亩，获第八届中国新技术新产品博览会金奖，1997 年被列为河北省重点成果推广项目，同时被河北省农业综合开发办公室列为海河流域开发品种。省早 441 品种早熟、抗病、高产，于 1999 年通过河北省农作物品种审定委员会审定。"短季棉系列配套（纤维品质）新品种冀棉 23、省早 441 的选育及应用"项目，2001 年获河北省科技进步三等奖，第三完成人。

冀棉 298 于 2004 年通过河北省农作物品种审定委员会审定，2005 年列入国家 863 计划，2006 年河北省推广面积 310.8 万亩，是当年河北省棉花种植面积最大的品种，占河北省棉田面积的 32.7%。"抗黄萎病高产棉花新品种冀棉 298 选育与推广"项目，2007 年获河北省科技进步二等奖，第四完成人，2009 年获河北省优秀发明奖，第三完成人。

冀优 01 为适纺 60 支纱的优质抗虫杂交棉品种。2006—2008 年累计推广 262 万亩。"优质高产抗虫棉花杂交种冀优 01 的选育及应用研究"项目，2009 年获河北省科技进步三等奖，第四完成人。

冀棉 616 为兼抗枯、黄萎病品种，2010 年分别通过天津市和山西省认定。2008—2010 年，在河北省累计推广 738.9 万亩。"兼抗枯黄萎病、抗早衰高产棉花新品种冀棉 616 选育与应用"项目，2011 年获河北省科技进步二等奖，同年获第七届大北农科技二等奖，第三完成人。

冀棉 3536 高产、抗病、大铃，2011—2013 年，累计推广 228.2 万亩。"大铃、抗病、高产棉花杂交种冀棉 3536 的选育及应用"项目，2014 年获河北省农林科学院科技进步二等奖，第二完成人。

撰写《优质高产棉花新品种冀 863 的选育》《干旱胁迫下外源钙对棉花幼苗抗旱相关生理指标的影响》《抗病高产棉花新品种冀 3927 的选育》《抗虫棉兼抗枯抗黄萎病新品种的选育》《对优质棉概念的理解及育种方法的探讨》《短季棉新品种省早 441》等论文 20 余篇，分别在《河北农业科学》《华北农学报》《中国棉花》《农学学报》等期刊发表。

多次被基地县评为科技服务先进工作者和河北省农林科学院先进个人，2007—2008 年度河北省直工委三八红旗集体成员，2011—2012 年度省直巾帼文明岗成员，2015 年全国巾帼建功先进集体成员。

李文蕾

李文蕾，研究员，1968 年生，河北省魏县人。1990 年毕业于河北农业大学邯郸分校，获学士学位，同年分配到邯郸地区农业科学研究所（今邯郸市农业科学院）从事棉花育种工作。

先后承担国家科技成果转化资金项目"高产、抗虫、国审棉花品种邯 7860 繁殖与示范"、国家棉花产业技术体系"冀南综合试验站试验示范"项目、河北省科技攻关项目"丰产、抗病、优质、低酚棉新品种选育"、河北省重大科技攻关项目"棉花高产、优质、抗病虫新品种选育与种质资源创新"、河北省农业综合开发土地治理科技推广项目"亩产 220 斤皮棉高产综合配套技术示范推广"、河北省科学技术研究与发展计划项目"高产、抗病虫棉花新品种选育"、河北省科技支撑计划"多抗、优质、专用棉花种质资源创新及育种新技术研究"、渤海粮仓科技工程专项"河北省拓棉增粮种植制度与关键技术研究"、邯郸市重大工程项目"抗黄萎病棉花新品种邯 5158 示范及推广"等国家、河北省及邯郸市棉花科研项目多项。

主研育成棉花新品种 10 个，其中邯 5158、邯 7860、邯 8266 通过国家农作物品种审定委员会审定，邯 333、邯 4849、邯 102、邯杂 160、邯无 198、邯无 216、邯杂 1692 通过河北省农作物品种审定委员会审定。

作为主研人获得科技成果 4 项。"抗黄萎病、转基因抗虫国审棉花新品种邯

5158"项目，2010 年获河北省科技进步二等奖；"低酚高效、新型棉花品种邯无 198 的选育与应用"项目，2015 年获河北省科技进步三等奖；"高产省工、广适型棉花新品种邯 4849 的选育与应用"项目，2008 年获河北省科技进步三等奖；"高产稳产、广适型国审棉花新品种邯 7860 选育与应用"项目，2013 年获河北省科技进步三等奖。

邯 5158 品种的育成，实现了棉花抗病与高产、优质、抗逆等主要性状的同步改良，在棉花抗黄萎病育种研究领域取得了重要突破。2007—2009 年，该品种在河北省及黄河流域棉区累计推广面积 1 249.2 万亩，累计增收皮棉 6 453.4 万 kg，创经济效益 7.7 亿元。

邯无 198 是邯郸市农业科学院与河北农业大学历经 10 余年选育出的河北省第一个抗虫低酚棉品种，填补了河北省抗虫低酚棉育种领域的空白。经过试验和推广种植验证，该品种的皮棉产量与普通有酚棉相当，而棉籽中游离棉酚含量在 0.02% 以下，榨油后的棉籽粕能直接用作食品或饲料，可提供大量优质蛋白，是集棉、粮、油、饲于一体的高效棉花品种。邯无 198 作为新型棉花品种推广应用，开创了"不与粮食争地，实现棉田增粮"的棉花种植新局面。2012—2014 年，在河北省中南部适宜棉区累计推广 223.9 万亩，累计新增产值 2.1 亿元。

撰写《高产、优质、多抗棉花新品种邯 5158 的选育》《河北省黄河区域试验春播棉品种的主要农艺性状比较》《棉花新品种邯 5158 的主要农艺性状分析》《抗虫低酚棉新品种邯无 198 的选育及栽培要点》《棉花新品种邯 7860 的主要农艺性状分析》《河北选育中熟棉花品种在黄河区试中的表现探析》《河北省邯郸市棉花生产现状及建议》等论文 20 余篇，在《河北农业科学》《中国棉花》《棉花科学》等期刊发表。

河北省"三三三人才工程"第三层次人选。2012 年邯郸市委、市政府授予"邯郸市优秀科技工作者"称号。

杨保新

杨保新，研究员，1968 年生，河北省涞水县人。1992 年河北农业大学邯郸分校本科毕业，2004 年中国农业大学毕业，获硕士学位。大学毕业后到邯郸地区农业科学研究所（今邯郸市农业科学院）工作，主要从事棉花育种及配套栽培技术的示范推广。邯郸市农业科学院棉花研究所副所长。

主持和参加国家"863"计划、国家农业科技成果转化资金、国家转基因生物新品种培育重大专项、国家棉花产业技术体系、河北省棉花产业技术体系、河北省棉花产业协同创新中心、河北省科技支撑计划、邯郸市科技支撑计划等国家、省、市级科研项目等多项。

育成棉花品种 9 个，其中邯郸 284、邯郸 109、邯棉 802、邯棉 559、邯棉 646 等品种通过国家农作物品种审定委员会审定，邯 6402、邯 218、YM11-1 通过河北省农作物品种审定委员会审定，邯郸 885 通过河北、山东两省审定。实现了高产、优质、抗虫等优良性状的有机结合，多个品种的纤维品质达到国家 II 型品种标准。

获国家、河北省及邯郸市科技奖励多项。作为主研人员参加了"棉花抗黄萎病育种基础研究与新品种选育"项目，该项目系统开展了棉花种质资源搜集、鉴评、筛选和创新，创新了黄萎病抗性鉴定和选择技术，研究发现了落叶型菌系、品种抗病类型以及棉花新的抗病性遗传方式，首次发现河北棉区存在落叶型菌系，集成创新了棉花抗病品种选育技术，育成冀棉 26、农大 94-7、邯郸 284、邯郸 109、农大棉 6 号 5 个棉花品种，累计种植 5 867.1 万亩，新增效益 137.1 亿元。主研完成的"棉花抗黄萎病育种基础研究与新品种选育"项目，2009 年获国家科技进步二等奖。

主持选育的邯棉 802 和邯郸 885，同源同根，同期选育。采用传统技术与转基因技术结合，统筹纤维的长、强、细，结合土壤肥力以及年度间气候差异影响，全程定向选择，实现品质提升；通过生理鉴定、田间生态调查、叶片为害度、为害面积选择抗盲蝽象性能；利用药剂拌土、卡那霉素喷施、田间调查鉴定抗虫程度，筛选抗棉铃虫性能，实现了选择技术的创新，育成了高产、优质、高抗棉铃虫、兼抗盲蝽象的棉花品种。邯棉 802 首批列入国家棉花品种保护，列入邯郸市"科技四项工程"重大项目。2008—2010 年，在黄河流域棉区累计推广 1 048 万亩，新增社会总产值 11.5

亿元。"强优势棉花新品种邯棉 802 和邯郸 885 的选育及应用"项目，2011年获河北省科技进步一等奖。

主持育成棉花品种邯郸 284，优质、高产、抗病、早熟，可直播套种两用。采用高温胁迫增加选择压力的育种技术，解决高产与优质相结合的难

题；采用不同生态类型区域多基地协同育种方法，解决高产与早熟难以协调的矛盾。"优质、高产、抗逆棉花新品种邯郸 284 的选育及应用"项目，2005 年获河北省科技进步一等奖。

主持完成的"转基因棉花新品种邯郸 109 的选育与应用"项目，2008 年获河北省科技进步二等奖，2010 年获邯郸市科学技术突出贡献奖。参加完成的"早熟优质丰产抗病短季棉新品种邯 241 选育及应用"项目，2003 年获河北省科技进步三等奖。

参编著作 2 部：《河北棉花品种志》（河北科学技术出版社 2013 年出版）、《河北植棉史》（河北科学技术出版社 2015 年出版）。

撰写《土壤肥力差异对中长绒棉纤维品质的影响》《转基因抗虫棉"邯棉 559"的选育》《转基因杂交抗虫棉邯棉 646 的选育》等论文 17 篇，分别在《中国棉花》《河北农业科学》等期刊发表。

国务院政府特殊津贴专家，河北省省管优秀专家，河北省有突出贡献的中青年专家，河北省先进工作者，河北省棉花学会理事。

赵丽芬

赵丽芬，研究员，1968 年生，河北省藁城县（今石家庄市藁城区）人。1989 年毕业于河北农业大学邯郸分校，学士学位，同年分配到石家庄地区农业科学研究所

（今石家庄市农林科学研究院）工作。2014年获河北农业大学硕士学位。

从事棉花育种和栽培技术研究，研究方向为中早熟棉花种质资源创新及新品种选育。

主持石家庄市科技局"棉花高产、抗病虫、优质种质资源创新与新品种选育"项目；作为第二主持人承担河北省科技厅国际合作项目"引进利用优异种质资源创造新种质的合作研究""转动物角蛋白基因培育棉花新种质"；参加国家863计划"双价转基因抗虫棉新品种培育"，农业部发展棉花生产资金"优质转基因抗虫棉新品系筛选及新品种培育"，国家研究与开发专项"优质、抗逆转基因棉花新品种（系）选育与转基因技术创新研究"，国家转基因重大专项"转基因抗盐棉花新种质、新材料、新品系创制""转基因早熟棉花新品种培育"，国家棉花产业技术体系"海河综合试验站"等省、市级课题30余项。

作为主研人育成棉花品种15个。其中，冀棉17、石远321、sGK321、石抗126、石杂101通过国家农作物品种审定委员会审定；石远345、GK-12、晋棉-26、石早1号、石抗278、石抗39、冀创棉1、石早98、石早2号、石早3号通过省级审定。

利用远缘杂交技术创制了断裂比强度高达38cN/tex的种质H287，为优异种质资源创新奠定了基础。通过对黄河流域主推的103份转基因早熟抗虫棉品种资源的农艺性状及SSR标记鉴定与评价，明确了它们的亲缘关系，为进一步培育早熟棉新品种提供了依据。

取得科技成果16项。其中，主研完成的"高产、优质、抗病虫棉花新品种石杂101和石早98的选育及应用"项目，2014年获河北省科技进步二等奖；"抗盲蝽象棉花新品种晋棉-26"项目，2007年获河北省技术发明三等奖；"高产、优质、多抗转基因抗虫棉GK-12选育及应用"项目，2008年获河北省科技进步三等奖；"高产、稳产、优质杂交抗虫棉新品种冀创棉1选育及应用"项目，2009年获河北省科技进步三等奖；"杂交棉新良种及综合配套增产技术"项目，2010年获全国农牧渔业部丰收三等奖；"优质、多抗国审转基因抗虫棉石抗126选育及应用"项目，2013年获河北省科技进步三等奖；"棉花新品种石远321"项目，1999年获农业部科技进步二等奖；"棉花远缘杂交新品种石远321"项目，2001年获国家科技进步二等奖；"双价转基因抗虫棉sGK321示范推广"项目，2006年获河北省科技进步二等奖。

撰写《棉花黄萎病种质资源鉴定及抗性品种选择》《冀创棉1杂交抗虫棉新品种

选育》《引进巴基斯坦棉花种质资源筛选及其利用研究》《83份早熟抗虫棉种质资源的 SSR 标记聚类分析》《高产优质双价抗虫杂交棉新品种石杂 101》《抗黄萎病转基因棉花近等基因系研究初报》《sGK321 双价转基因抗虫棉新种质》《不同防治措施下棉盲蝽象的发生规律及对产量的影响》《棉属种间杂交新品种石远 321 的选育》等论文，分别在《华北农学报》《河北农业科学》《中国棉花》《中国种业》《中国农学通报》《北京农业》等期刊发表。

石家庄市青年拔尖人才，石家庄市青年科技奖获得者，河北省"三三三人才工程"第二层次人选，石家庄市有突出贡献的中青年专家，石家庄市市管专业技术拔尖人才。

翟雷霞

翟雷霞，研究员，1968 年生，河北省大名县人。1992 年毕业于河北农业大学邯郸分校，获农学学士学位，同年分配到邯郸地区农业科学研究所（今邯郸市农业科学院）从事棉花育种工作。

先后承担国家转基因生物新品种培育重大专项子课题"低酚专用棉新品种选育"，国家科技成果转化资金项目"高产、抗虫、国审棉花品种邯 7860 繁殖与示范"，国家棉花产业技术体系"冀南综合试验站试验示范项目"，河北省科技攻关项目"丰产、抗病、优质、

低酚棉新品种选育"，河北省自然科学基金项目"高产优质低酚棉棉仁蛋白质脂肪遗传规律研究"，河北省重大科技攻关项目"棉花高产、优质、抗病虫新品种选育与种质资源创新"，河北省农业综合开发土地治理科技推广项目"亩产220斤皮棉高产综合配套技术示范推广"，河北省科学技术研究与发展计划项目"高产、抗病虫棉花新品种选育"，河北省科技支撑计划"多抗、优质、专用棉花种质资源创新及育种新技术研究"，渤海粮仓科技工程专项"河北省拓棉增粮种植制度与关键技术研究"，邯郸市重大工程项目"抗黄萎病棉花新品种邯5158示范及推广"等国家、河北省、邯郸市科研项目多项。

主研培育棉花新品种12个。其中邯杂154、邯5158、邯7860、邯8266通过国家农作物品种审定委员会审定，邯333、邯4849、邯102、邯杂160、邯杂1692、邯无198、邯无216、邯无238通过河北省审定。

主研育成的棉花品种邯5158，实现了抗病与高产、优质、抗逆等主要性状的同步改良。2007—2009年，邯5158在河北省及黄河流域棉区累计推广面积1 249.2万亩，增收皮棉6 453.4万kg，创经济效益7.7亿元。"抗黄萎病、转基因抗虫国审棉花新品种邯5158"项目，2010年获河北省科技进步二等奖。

主研育成的低酚棉品种邯无198，是邯郸市农业科学院与河北农业大学历经10余年选育出的河北省第一个抗虫低酚棉新品种，填补了河北省抗虫低酚棉育种领域的空白。经过试验和推广种植验证，该品种的皮棉产量与普通有酚棉相当，而棉籽中游离棉酚含量在0.02%以下，榨油后的棉籽粕能直接用作食品或饲料，可提供大量优质蛋白，是集棉、粮、油、饲于一体的高效棉花品种。邯无198作为新型棉花品种推广应用，开创了"不与粮食争地，实现棉田增粮"的棉花种植新局面。2012—2014年，在河北省中南部适宜棉区累计推广223.9万亩，新增产值2.1亿元。"低酚高效新型棉花品种邯无198的选育与应用"项目，2015年获河北省科技进步三等奖。

参加完成的"丰产优质抗病低酚棉新品种邯无23选育及应用"项目，2002年获河北省科技进步三等奖；"高产省工、广适型棉花新品种邯4849的

选育与应用"项目，2008 年获河北省科技进步三等奖；"高产稳产、广适型国审棉花新品种邯 7860 选育与应用"项目，2013 年获河北省科技进步三等奖。

参编《河北植棉史》（河北科学技术出版社 2015 年出版）。

撰写《抗虫杂交棉新品种邯杂 154 主要性状分析》《邯 5158 的特性及栽培要点》《河北邯郸地区抗虫棉早衰原因及防治措施》《抗虫低酚棉新品种邯无 198 的选育及栽培要点》《棉田绿盲蝽的发生与防治》《棉花品种主要数量性状与皮棉产量的灰色关联分析》等论文，在《河北农业科学》《中国棉花》《河北农业科技》《棉花科学》等期刊发表。

河北省"三三三人才工程"第二层次人选。河北省种子管理系统先进个人。

任爱民

任爱民，研究员，1969 年生，河北省肥乡县人。1990 年毕业于河北农业大学，2008 年毕业于中国农业大学，获硕士学位，河北农业大学毕业后分配到邯郸地区农业科学研究所（今邯郸市农业科学院）从事棉花三系利用研究。

先后承担国家"863"计划、国家重大转基因专项、国家农业转化资金和河北省重大技术创新等科研课题。开展了新型不育系创制、高配合力恢复系选育、优势组合筛选、杂交棉大面积制种等研究。

主研育成邯杂 98-1、邯杂 429、邯杂 301、邯杂 306、sGKz8、邯 368、邯 6208、邯 6203 8 个棉花杂交种（品种）分别通过国家、省级农作物品种审定委员会审定。"转抗虫基因的三系杂交棉分子育种技术体系"项目，2005 年被农业部组织的专家鉴定为国际领先水平。

先后获河北省科技进步一等奖、河北省科技进步三等奖、中国农业科学院科学技术成果特等奖、邯郸市突出贡献奖等成果奖励 8 项。

成功培育出我国第一个中熟单价抗虫三系杂交棉邯杂 98-1 和第一个中早熟双价抗虫三系杂交棉邯杂 429，截至 2011 年黄河流域累计推广 865 万亩，新增纯收益 11.5 亿元。"转单双价基因抗虫三系杂交棉邯杂 98-1 和邯杂 429 选育与应用"项目，

2010 年获邯郸市科技进步一等奖，同年获河北省科技进步一等奖，2012 年获邯郸市突出贡献奖，第二完成人。

主持培育的超高产杂交棉邯杂 306，实现了超高产、稳产与高衣分、优质、抗病虫等优良性状的有机聚合，2008 年开始作为河北省抗虫杂交棉区域试验对照，连续多年列为河北省良种补贴品种、主导品种和高产创建品种。2011—2013 年，在河北省累计推广 438 万亩，创经济效益 15.5 亿元。"超高产稳产优质抗病虫杂交棉邯杂 306 的选育与应用"项目，2014 年获河北省科技进步三等奖。

参编著作 2 部：《冀南棉虫、天敌、植保文集》（上海科学普及出版社 2008 年出版）、《河北食虫蜂类介绍》（武汉出版社 2011 年出版）。

撰写《陆地棉胞质不育系下胚轴线粒体 DNA 的制备》《去早果枝对不同密度三系杂交棉生长发育和产量的影响》《转双价基因三系杂交棉新品种邯杂 429 的选育》《高产优质抗病虫三系杂交棉邯杂 98-1 的选育过程及栽培技术》《抗虫杂交棉新品种邯杂 306 的高产稳产性分析》等论文，在《华北农学报》《河北农业大学学报》《生物技术进展》《河北农业科学》等期刊发表。

河北省政府特殊津贴专家，河北省"三三三人才工程"一层次人选，第四届邯郸市青年科技奖获得者，邯郸市"巾帼建功标兵"，邯郸市"巾帼先锋"。

刘存敬

刘存敬，研究员，1969 年生，河北省束鹿县（今辛集市）人。1992 年毕业于中国农业大学生物学院，学士学位。1995 年到河北省农林科学院棉花研究所从事棉花遗传育种和新品种示范推广工作。

先后承担国家科技支撑计划、国家转基因重大专项、国家产业技术体系、国家重点研发计划、国家农业科技成果转化资金项目、河北省科技支撑计划、河北省产业技术体系、河北省财政专项、河北省农业厅科技成果推广项目、国家棉花品种区域试验、河北省棉花品种区域试验等项目30余项。

利用远缘杂交、品种间杂交及生物技术相结合的方法，创造出一批优质、抗病、抗虫、丰产等优异种质材料。以优质、高产、抗病、抗逆、适机采为主攻目标，先后以主研人身份参加培育出国家审定品种9个、省级审定品种27个。其中，冀棉22为我国第一个通过审定的中长绒棉花品种；冀228纤维品质达到优质中长绒棉标准；冀668、冀杂1号、冀122均达到抗枯萎病、抗黄萎病的"双抗"标准；冀棉958连续多年为河北省棉花品种区域试验对照，并一度为河北省推广面积最大的品种。

获各级科技奖励11项。参加完成的"高稳产、兼抗枯黄萎病、广适应型棉花新品种冀668"项目，2004年获河北省科技进步一等奖；"野生与特色棉花遗传资源的创新与利用研究"项目，2007年获国家科技进步二等奖；"优异棉花种质资源创制及利用"项目，2009年获河北省科技进步二等奖；"转Bt基因抗棉铃虫、高产、抗病棉花新品种冀丰197的选育及应用"项目，2009年获河北省科技进步三等奖；"棉花抗病、优质、高产多类型新品种选育及应用"项目，2010年获河北省科技进步二等奖；"适合不同类型棉田种植的系列抗虫棉新品种选育及应用"项目，2010年获河北省科技进步二等奖；"高产优质与早熟广适棉花新品种选育及应用"项目，2011年获河北省科技进步二等奖；"大铃优质广适应型抗虫杂交棉新品种选育与应用"项目，2011年获河北省科技进步三等奖；"资源创新与优质抗病高产棉花新品种选育及产业化"项目，2013年获中华农业科技一等奖；"国审双抗优质棉花品种冀杂1号、冀228的选育及应用"项目，2013年获河北省科技进步二等奖；"高产抗逆易管高效棉花新品种冀杂999和冀1316的选育及应用"项目，2016年获河北省科技进步二等奖。

获得植物新品种权4项：冀H888、冀杂999、冀1316、冀优861。

副主编《河北棉花品种志》（河北科学技术出版社2013年出版）、《河北植棉史》（河北科学技术出版社2015年出版）。

撰写《引进前苏联陆地棉种质资源主要农艺及经济性状鉴定研究》《抗棉铃虫棉花杂交种杂交优势利用研究》《优质棉品种（系）的纤维品质差异性研究》《河北省转

基因抗虫棉花品种纤维品质分析》《转 iaaM 高衣分棉花种质 IF1－1 杂种优势分析及育种应用》《陆地棉表型性状与主要育种性状的相关性分析》等论文 30 余篇，在《棉花学报》《华北农学报》《河北农业科学》《中国棉花》《中国农学通报》等期刊发表。

农业部"全国育种专家信息库"专家、河北省"加计扣除政策"鉴定技术专家。河北省"三三三人才工程"二层次人选，河北省"巨人计划"高层次创新团队核心成员。2006 年河北省种子管理系统先进个人，2008 年、2010 年、2011 年、2012 年南宫市科技服务先进个人，2013 年海兴县科技服务先进个人，2014 年、2015 年吴桥县科技服务先进个人，连续多年被河北省农林科学院评为科技服务先进工作者，2009—2010 年度、2011—2012 年度所在研究室被评为省直三八红旗集体。

王省芬

王省芬，教授，博士研究生导师，1970 年生，河北省藁城县（今石家庄市藁城区）人。1994 年毕业于河北农业大学，获学士学位，1997 年河北农业大学作物遗传育种专业硕士研究生毕业，后留校从事教学和棉花遗传育种研究，2003 年河北农业大学植物病理学专业博士研究生毕业，之后从事教学和棉花科研工作。

教学方面，主讲本科生和硕士研究生《分子遗传学》、博士研究生《分子生物学》课程。培养了硕士研究生 34 名，博士研究生 3 名。

主持国家转基因生物新品种培育科技重大专项、国家自然科学基金项目、国家 863 子课题、国家重点研发计划子课题、教育部科学技

术研究重点项目、河北省自然科学基金重点项目、河北省应用基础研究计划重点基础研究项目、河北省博士资金项目、河北省百名优秀创新人才支持计划等国家和省级课题 20 余项。作为主研人参加国家棉花产业技术体系、河北省棉花产业技术体系等课题 3 项。

主研育成了农大 94-7、农大棉 6 号、农大棉 7 号、农大棉 8 号、农大棉 9 号、农大棉 10 号、农大棉 12 号、农大棉 13 号、农大 601、农大 KZ05 等棉花品种。取得植物新品种权 2 项，获国家发明专利 9 项。

取得科技成果奖励多项。其中，主研完成的"棉花抗黄萎病育种基础研究与新品种选育"项目，2009 年获国家科技进步二等奖；"棉花种质资源分子指纹图谱构建和杂交棉新品种选育"项目，2007 年获河北省科技进步一等奖；"强优势棉花新品种邯棉 802 和邯郸 885 的选育及应用"项目，2011 年获河北省科技进步一等奖；"抗病、抗虫、高产棉花新品种农大棉 7 号、农大棉 8 号选育及应用"项目，2013 年获河北省科技进步一等奖；"作物细菌人工染色体文库构建新方法及其应用"项目，2008 年获河北省自然科学一等奖；"河北棉花黄萎病菌分化、抗性遗传及抗病种质资源筛选"项目，2001 年获河北省科技进步三等奖；"高产、抗病、优质棉花新品种冀棉 26 和农大 94-7 的选育"项目，2004 年获教育部科技进步二等奖。

"棉花种质资源分子指纹图谱构建和杂交棉新品种选育"项目，首次采用 AFLP 和 SSR 新型分子标记技术，创建了较为系统完整的三大类型棉花种质资源的 DNA 指纹图谱；率先系统地完成了三大类型棉花种质资源的搜集、整理、鉴定、评价，拓展了重要性状基因发掘和遗传改良的种质来源；采用 DNA 指纹图谱和表型性状相结合，构建了棉花育种的核心种质，为选育新品种提供了可持续利用的资源平台，填补了同类研究的空白；利用常规方法和分子标记相结合，育成了具有自主知识产权的高产、抗病虫、适应性广、纤维品质优良的杂交棉新品种。

"作物细菌人工染色体文库构建新方法及其应用"项目，首次提出并建立了（超）大基因组作物 non-gridded BAC 文库新方法、文库构建和利用的技术流程；构建了世

界上第一个普通小麦和海岛棉 BAC 文库，实现了大基因组作物 BAC 文库构建的重大突破；从海岛棉文库中，寻找到 9 个棉花黄萎病抗性、43 个棉纤维品质基因的目标 BAC，首次克隆获得抗病基因 GbPR8、GbVe、品质基因 GbADF1，并在 GenBank 注册，拥有自主知识产权；从海岛棉文库中，寻找到染色体重要组成元件——着丝粒和端粒的目标 BAC，为深入开展棉种进化和人工创造棉花异源多倍体研究提供了新资源。

参编《Transgenic cotton》(科学出版社 2005 年出版)。

在《Nat Biotechnol》《Plant J》《BMC Genomics》《Plant Breed》《Genome》《Plant Mol Biol Rep》《Plant Cell Rep》《Euphytica》《作物学报》《遗传学报》《棉花学报》等期刊发表学术论文 100 多篇，其中 31 篇论文被 SCI 收录。

河北省"三三三人才工程"一层次人选，河北省百名优秀创新人才，中国农学会青年科技奖、河北省青年科技奖获得者。

吴立强

吴立强，研究员，硕士研究生导师，1970 年生，河北省涞水县人。1990 年保定农业专科学校毕业后到河北农业大学工作，2006 年获河北农业大学农学硕士学位。主要从事棉花遗传育种研究与新品种示范推广工作。

主持完成国家支撑计划"棉花新材料创制及新品种培育与扩繁"，作为主研人参加国家重大基础研究（973）前期研究专项"棉花抗黄萎病相关基因表达分析与基因克隆"，863 计划项目"强优势棉花杂交种的创制与应用"，农业部公益性行业（农业）科研专项经费课题"棉花黄萎病菌多样性及病害发生模式研究"，河北省科学技术厅重大项目"棉花高产、优质、抗病新品种选育与种质资源创新""棉花高产、优质、抗病虫、多用途新品种选育"，农业科技成果转化资金重大项目"高产、优质棉花杂交种农大棉 6 号的中试与示范""高产、优质、抗病虫棉花新品种农大棉 7 号示范与推广""高产优质抗病抗虫棉花新品种农大棉 8 号的中试与示范"，国家自然科学基金"黄萎病胁迫下棉花抗病相关基因表达差异分析"，河北省自然科学基金

重大项目"棉花重要基因的发掘、评价和有效利用研究",河北省科技支撑计划"棉花优质、高产、抗病新品种选育""高产、抗病虫杂交棉新品种研究"等。

对河北农业大学创新的116份不同遗传背景的彩色棉种质资源进行研究,鉴别出具有特殊农艺性状和纤维品质优良的种质材料60份,为彩色棉育种奠定了物质和理论基础;对62份来自12个组合的彩色棉新品系追踪研究,采用SSR分子标记技术,筛选出29对多态性引物,通过聚类分析,62份品系分为两大类,明确了SSR分子标记技术的准确性;对河北农业大学的8个系谱43份棉花新品系进行了研究,利用SSR分子标记技术,对其标记结果进行分类,明确了遗传距离和遗传系谱相一致,进一步证明了SSR分子标记技术应用于生物遗传鉴定的可靠性。

作为主研人先后育成高产、优质棉花品种冀棉26,抗病高产棉花品种农大94-7,高产、抗病、抗虫、早熟棉花品种冀棉7号,高产、抗病、抗虫、优质棉花品种农大棉8号,高产、抗枯萎病、抗黄萎病、抗虫棉花品种农大601,抗虫优质棉花品种农大棉13号,高产、抗病、抗虫、低酚棉品种农大棉12号,高产、抗病杂交种农大棉6号,高产、抗病、抗虫杂交种农大棉9号,高产、优质、抗病、抗虫杂交种农大KZ05,抗病、抗虫、优质、早熟杂交种农大棉10号等品种通过河北省农作物品种审定委员会审定。

获国家和省部级成果奖励多项。主研完成的"棉花抗黄萎病育种基础研究与新品种选育"项目,2009年获国家科技进步二等奖;"抗病、抗虫、高产棉花新品种农大棉7号、农大棉8号选育及应用"项目,2013年获河北省科技进步一等奖;"棉花种质资源分子指纹图谱构建和杂交棉新品种选育"项目,2007年获河北省科技进步一等奖;"高产、抗病、优质棉花新品种冀棉26和农大94-7的选育"项目,2004年获教育部科技进步二等奖;"低酚棉种质资源创新与鉴评"项目,1999年获河北省教委科技进步一等奖,同年获河北省科技进步三等奖;"河北棉花黄萎病菌分化、棉花抗性遗传和抗病种质筛选研究"项目,2001年获河北省教育厅科技进步一等奖,同年获河北省科技进步三等奖;"抗黄萎病、转基因抗虫国审棉花新品种邯5158"项目,

2010 年获河北省科技进步二等奖。

撰写《彩色棉品系的 SSR 分子变异研究》《SSR 分子标记与棉花种质遗传系谱关系研究》《转基因抗虫无色素腺体棉花营养价值研究》《转基因抗虫彩色棉产量性状和纤维品质选择的研究》《棉花机械辅助去雄新方法的探讨》《河北省自然条件下棉花种质材料贮存生活力的研究》等论文 40 余篇，先后在《棉花学报》《作物学报》《河北农业大学学报》《植物遗传资源学报》等期刊发表。

李伟明

李伟明，研究员，1970 年生，河北省赵县人。1991年毕业于河北师范大学生物学系，获学士学位，1994 年毕业于兰州大学生物学系，获硕士学位，同年到河北省农林科学院棉花研究所从事棉花科研和管理工作。河北省农林科学院棉花研究所中心实验室主任，农业部黄淮海半干旱区棉花生物学与遗传育种重点实验室副主任。

2004 年前主要从事棉花栽培和生理研究。作为第二主持人，先后承担了农业部"河北省优质棉基地科技服务"项目、河北省科委"九五"区域农业持续发展试验示范项目"棉花高产降耗增值关键技术研究"、河北省农业科技园区威县试验示范区项目"海河低平原棉花可持续发展产业化技术研究"等。

研究了限水棉区的节水棉田复种技术，提出棉田前期油葵套种、棉薯草复种、棉春萝卜套种等模式，为种植结构调整和棉花生产进一步高产高效提供了技术支撑；以棉花可持续发展的限制因素为突破口，提高水分利用效率的同时提高棉花产量和品级并适度间套提高棉田产值；研究具有中熟、抗虫、长绒（31~33 mm）、高强（25 gf/tex）等特点的优异棉生产技术体系，示范"棉花高品级和三丝控制技术规范"，带动棉花产业升级。

2005 年后拓展生物技术和遗传育种研究领域，先后主持河北省财政厅和河北省农林科学院"棉花转 DREB 基因研究""棉花 PEP 羧化酶基因克隆及反义基因载体构建""棉花种子 α–球蛋白启动子克隆和组织特异性鉴定"等项目，开展棉花组织培

养、转基因技术、广谱抗逆基因转化棉花创造新种质的研究、高产广适棉花新品种培育等工作。

作为主研人育成冀棉 169、冀优 01、冀 H170 和冀棉 178 等新品种。

获得科技成果 2 项，制定行业标准 1 项，获国家发明专利 1 项，新型专利 3 项。主研完成的"高产抗病广适国审棉花新品种冀棉 169 的选育及应用"项目，2015 年获河北省科技进步一等奖；"优质抗虫棉花杂交种冀优 01 的选育及应用研究"项目，2009 年获河北省科技进步三等奖。制定了"河北省中熟和中早熟棉区棉花栽培技术规程"省级行业标准，并于 2003 年 8 月颁布施行。"一种棉花区位杂交高效制种技术"，2006 年获国家发明专利，2009 年获河北省第六届优秀发明奖。实用新型专利 3 项："摘棉专用套装""可伸缩护苗挡板""一种可调式拢禾装置"。

通过再生和田间选育交替选择的方法从衡无 8930 中选育出了高频体细胞再生品系 Jisheng1，并建立了简便高效的棉花直接体细胞胚胎发生和植株再生培养体系，从诱导到植株再生的时间，由 1 年缩短到 5~6 个月。

克隆了棉花种子蛋白专一启动子、棉花 PEPC 基因、棉花（+）-δ-杜松烯合成酶基因，并登陆提交 GenBank 获得 Accession number HQ689654、GU143911.1；构建了棉花种子蛋白专一启动子驱动两个基因的 RNAi，并转录棉花获得阳性再生植株。

参编《优质棉花新品种及其栽培技术》（中国农业出版社 2008 年出版）、《河北棉田间套种高效栽培技术实例》（河北科学技术出版社 2005 年出版）、《农村妇女实用知识问答》（河北科学技术出版社 2004 年出版）。

撰写《不同生态棉区棉花单铃重的变化及与气象因子关系的研究》《北方陆地棉历代商用品种生理和农艺性状研究》《棉花纤维品质年际间变化及气象因素影响分析》《采摘时间对中长绒棉纤维品质的影响》《低酚棉胚性愈伤组织农杆菌转化体系建立及

转 DREB1C 植株的获得》等论文 58 篇，先后在《中国农业科学》《棉花学报》《华北农学报》等期刊发表。

河北省现代农业产业技术体系棉花产业创新团队首席专家办公室主任。河北省棉花学会常务理事，河北师范大学硕士研

究生导师。

2000 年、2005 年南宫市人民政府、2013 年邯郸市农业局、2013 年成安县人民政府、2014 年威县人民政府、2014 年吴桥县人民政府分别授予"科技贡献先进个人"。

杨玉枫

杨玉枫，研究员，1970 年生，河北省武安县（今武安市）人。1994 年毕业于河北农业大学邯郸分校，获学士学位，同年到邯郸地区农业科学研究所（今邯郸市农业科学院）工作，2004 年获中国农业大学硕士学位。主要从事棉花遗传育种研究。

承担多项国家、河北省、邯郸市科研项目。作为主研人培育出冀棉 21、邯 241、邯 719、邯 682、邯 685、邯棉 103、邯 686、中创 85、中创 88、邯 258 等 10 个棉花品种，分别通过国家或省级农作物品种审定委员会审定，新品种累计推广面积 1 000 余万亩，取得经济效益 12.6 亿元。

以辽 7308 为基础材料，通过连续多年在枯、黄萎病混生重病地种植，系统选育，培育出河北省第一个夏播低酚棉品种冀棉 21，于 1996 年通过河北省农作物品种审定委员会审定，填补了河北省夏播低酚棉品种空白。1998 年通过国家农作物品种审定委员会审定，也是河北省第一个通过国审的早熟棉品种。1996 年被国家科委举办的"星火计划实施十周年暨'八五'农业科技攻关成果博览会"评为优秀项目。2001 年获邯郸市科技进步一等奖。

利用多亲本杂交，培育的早熟棉品种邯 241，1999 年通过河北省农作物品种审定委员会审定。该品种生育期 106 天，霜前皮棉产量比对照增产 19.0%，抗枯萎病，耐黄萎病，纤维品质优良，适合麦棉、菜棉两熟配套种植。在冀中南棉区累计推广 256.7 万亩，取得社会效益 2.6 亿元。主研完成的"早熟优质丰产抗病短季棉新品种邯 241 选育及应用"项目，2003 年获邯郸市科技进步一等奖，同年获河北省科技进步三等奖。

针对河北省冀东早熟棉区有效积温低、棉花品种单一、早熟性差等问题，培育出

转基因早熟棉品种邯685，于 2007 年通过河北省审定，满足了冀东棉区对优良抗虫棉品种的需求。主研完成的"高产优质抗病虫转基因棉花新品种邯棉103、邯685 选育及应用"项目，2012 年获河北省科技进步三等奖。

利用转基因生物技术和常规育种技术相结合，培育的早熟棉品种邯258，2015 年通过国家和河北省审定，具有早熟优质、抗病高产等优良性状，实现了早熟棉产量、品质和抗性的同步提高，居国内先进水平。

撰写《棉花新品种邯686 主要农艺性状分析》《高产、优质、抗病虫棉花新品种邯685 选育》《利用外源基因改良棉花纤维品质的研究进展》《不同密度不同种植方式对麦后移栽棉产量的影响》等论文 20 余篇，分别在《河北农业科学》《安徽农业科学》《山东农业科学》《中国棉花》等期刊发表。

河北省"三三三人才工程"第三层次人选。

郭宝生

郭宝生，研究员，1971 年生，河北省玉田县人。1995 年毕业于河北农业大学农学系，1995—1999 年在河北省芦台农场工作，2003 年在国际热带亚热带半干旱研究所（印度）做访问学者，2004 年获得中国农业科学院硕士学位，同年到河北省农林科学院棉花研究所从事棉花育种工作。2014 年获得中国农业大学博士学位。

主持国家重点实验室课题"棉花抗性种质抵御黄萎病菌侵染机制研究"，河北省质量技术监督局课题"棉花三系制种技术规程"；作为第二主持人承担国家转基

因重大专项"转基因特色专用棉新品种培育（子课题）"；作为主要参加人完成了河北省渤海粮仓建设工程"南宫市两年三熟粮棉轮作高产节水技术集成与示范"等项目。

先后开展了棉花远缘杂交后代的遗传改良和主要经济性状分析，以及新品种的选育、改良和示范推广工作。在应用基础研究方面，对陆海瑟三元杂种后代的抗黄萎病特性、主要经济性状等进行了深入分析，明晰了棉花三元杂种（HBT）衍生系应答黄萎病菌侵染反应，明确了陆地棉棉子油分含量与其他主要经济性状的关系；利用花粉管通道法创制了转 CaM 基因的抗寒棉花种质。

在品种改良与选育方面，作为主研人参与育成棉花品种 14 个，其中通过国家农作物品种审定委员会审定品种 6 个，河北省审定品种 8 个。主持制定了河北省地方标准《棉花三系杂交制种技术规程》。同时积极推进新品种、新技术的示范推广工作，取得较好成效。

作为主研人获省、部级成果奖励 4 项。"资源创新与优质抗病高产棉花新品种选育及产业化"项目，2013 年获农业部中华农业科技进步一等奖；"国审双抗优质棉花品种冀杂 1 号、冀 228 的选育及应用"项目，2013 年获河北省科技进步二等奖；"高产优质与早熟广适棉花新品种选育及应用"项目，2011 年获河北省科技进步二等奖；"棉花抗病、优质、高产多类型新品种选育及应用"项目，2010 年获河北省科技进步二等奖。

撰写《棉花种仁含油量与主要经济性状相关分析》《棉花类固醇 5α–还原酶基因单核苷酸位点的变异效应》《陆地棉品种和骨干品系黄萎病抗性鉴定》《黄萎病菌侵染下陆地棉 Dirigent-like 蛋白基因表达差异分析》《棉花三元杂种（HBT）衍生系应答黄萎病菌侵染反应》等论文，先后在《棉花学报》《植物遗传资源学报》《中国农业科学》《分子植物育种》等期刊发表。

积极做好基地服务工作，连续多年被南宫市委、市政府授予科技服务先进工作者称号，也连续多年被评为河北省农林科学院先进个人。

王凯辉

　　王凯辉，研究员，1972年生，河北省行唐县人。1993年毕业于张家口农业高等专科学校农学系，同年分配到河北省农林科学院石家庄果树研究所从事果树栽培研究，后在河北省农林科学院棉花研究所从事棉花遗传育种及新品种示范推广工作。

　　先后主持或参加国家科技重大专项"转基因特色专用棉新品种培育"，国家转基因重大专项"转基因高油脂棉花材料的创造与利用"，河北省科技成果转化项目"高产优质抗病虫棉花新品种冀1316中试与示范"，河北省科技支撑计划项目"高产、抗病虫常规棉花新品种选育"，河北省渤海粮仓建设工程"南宫市两年三熟粮棉轮作高产节水技术集成与示范"，河北省农林科学院项目"棉花光温敏不育系育性机理研究及应用"，河北省质量技术监督局项目"两年三熟粮棉轮作种植规程"等。

　　针对棉花生产上存在的主要问题，开展了育种技术改进，种质资源的搜集、创新及新品种选育等工作，对棉花高产、优质、抗病与早熟等多性状协同改良的技术进一步完善。在棉花转基因抗虫、抗枯黄萎病基因挖掘、棉花杂种优势机理及光温敏不育系利用、优质基因挖掘和棉花品质改良及抗病虫高产优质棉花品种选育等方面取得了一些成果。

　　参加育成适应不同区域种植的优良棉花品种6个：冀3816、冀FRH3018、冀8158、冀2658、冀1518、冀航8号，先后通过省级审定。

　　获省级及以上科技成果奖4项。参加完成的"资源创新与优质抗病棉花新品种选育及产业化"项目，2013年获农业部中华农业科技一等奖；"国审双抗优质棉花品种冀杂1号、冀228的选育及应用"项目，2013年获河北省科技进步二等奖；"高产抗逆易管高效棉花新品种冀杂999和冀1316的选育及应用"项目，2016年获河北省科技进步二等奖；"棉花前重式简化栽培集成技术"项目，2008年获河北省科技进步三等奖。

　　制定河北省地方标准2项。主持制定了河北省地方标准"两年三熟棉粮轮作种植规程"，2015年发布；主研制定了"棉花三系杂交制种技术规程"，2013年发布。

　　撰写论文《棉花光温敏核雄性不育系育性及其杂种优势研究》《棉花新品种冀

1316 主要性状稳定性分析》《陆地棉抗黄萎病种质创新与抗病基因挖掘》《陆地棉品种和骨干品系黄萎病抗性鉴定》《光温敏雄性不育系在棉花杂交优势利用中的应用前景》《国审抗枯黄萎病抗虫棉新品种冀杂 1 号选育研究》《我国杂交棉发展存在的问题及建议》《机采紧凑型棉花类固醇 5α - 还原酶基因（GhDET2）单核苷酸多态性》《棉花根药用价值研究及临床应用》等论文 50 余篇，分别在《棉花学报》《分子植物育种》《河北农业科学》《华北农学报》等期刊发表。

刘丽英

刘丽英，研究员，1972 年生，河北省灵寿县人。1996 年毕业于河北农业大学农学系，学士学位，毕业后到河北省农林科学院旱作农业研究所从事棉花育种及新品种示范推广工作。

先后参与国家科技支撑计划子课题、国家棉花转基因专项子课题、国家富民强县专项行动计划子课题、河北省科技厅、财政厅、河北省农业综合开发办公室、河北省农林科学院、河北省种子管理总站、衡水市科技局等各级课题 20 余项。其中，主持河北省农业综合开发土地治理科技推广项目 2 项："省工简栽高产抗病虫棉花新品种衡棉 4 号示范推广"和"高产稳产抗旱抗病虫棉花品种衡棉 4 号推广"，

河北省农林科学院项目2项："适宜小型采棉机采摘的棉花品种资源筛选与创新"和"宜机采棉花新品种选育研究"。

作为主研人育成冀棉27、衡科棉369、衡棉4号、衡优12共4个棉花品种，获河北省科技进步三等奖3项。

冀棉27是河北省第一个比有酚棉显著增产的低酚棉品种，推广面积大、副产品的开发利用社会效益和经济效益显著。"九五"期间，冀棉27累计推广169.5万亩，增收皮棉847.5万kg，创经济效益1.7亿元。"低酚棉新品种冀棉27选育及应用"项目，1999年获河北省科技进步三等奖。

衡棉3号（衡科棉369），是第一个以抗旱节水为目标，适合河北省棉区生态特点的品种。河北省累计推广面积560.8万亩，增收皮棉8.9亿kg，新增纯收益6.5亿元。"抗旱耐瘠高产棉花新品种衡科棉369选育及应用"项目，2010年获河北省科技进步三等奖，第二完成人。

衡棉4号是集耐盐、抗旱、抗盲蝽象、抗病、高产、转基因抗虫于一体的棉花品种，在河北省累计推广面积616.8万亩，增收皮棉1.2亿kg，新增收益11.3亿元。"耐盐抗旱抗盲蝽象棉花新品种衡棉4号选育及应用"项目，2012年获河北省科技进步三等奖，第三完成人。

获国家发明专利1项："环保型粒式棉种加工系统和棉种加工方法"，第三完成人。该发明提供了一种对环境无污染、对棉种损伤小、出芽率高、工序简单、棉种均匀的环保型粒式棉种加工系统。获实用新型专利3项："环保型粒式棉种加工系统""棉花科研播种机""棉花单株移栽机"，第三完成人。

积极投身棉花新品种、新技术示范推广，深入棉花生产一线开展技术指导与培训、新品种生产示范、良种繁育基地建设等工作，累计推广面积2 000万亩以上，增加社会经济效益20亿元。

撰写《转基因抗虫棉衡科棉369抗旱生理特性研究》《同异联系势分析方法在棉花品种评定中的应用》《全程干旱胁迫下棉花主要遗传性状的相关和通径分析》《小型采棉机采摘效果简报》等论文30余篇，在《华北农学报》《河北农业科学》《中国棉

花》《中国农学通报》等期刊发表。

枣强县科技服务先进个人，河北省农林科学院先进个人。

李悦有

李悦有，研究员，1974 年生，内蒙古自治区通辽市人。1998 年毕业于西北农业大学农学专业，获学士学位，2001 年毕业于浙江大学作物遗传育种专业，获硕士学位。先后在浙江省农林科学研究院作物所、九采罗彩棉有限公司、北京科欣基业科技发展有限公司、国家半干旱农业工程技术研究中心工作。国家半干旱农业工程技术研究中心农艺工程部主任，棉花育种研究室主任。

一直从事棉花新品种选育及配套种植技术研究与示范推广工作。先后主持和参加了国家、省级科技项目 20 余项，包括国家 863 计划项目、国家科技支撑计划项目以及国家转基因生物新品种培育重大专项、河北省产业技术体系等。

主持或主研育成棉花品种 8 个：科欣 1 号、科欣 2 号、科欣 3 号、夏早 2 号、夏早 3 号、sGK 中 156、旱农棉早 1 号、夏早 4 号。培育的零式果枝型早熟棉新品种夏早 2 号和夏早 3 号，是河北省首次审定的夏播棉品种，夏早 3 号在冀中南以及河南、安徽等省得到较大面积的示范推广。

主持完成"零式果枝短季棉新品种培育及麦后免耕机播种植技术研究与应用"项目，该成果改变了传统植棉模式，实现了种植一季棉花再多收一季小麦，对于保障国家粮食安全和促进农民增收以及农业结构调整提供了有力的技术支撑。2012—2014 年，零式果枝短季棉品种夏早 3 号在冀、豫、鄂等适宜区域麦后直播，累计示范推广 186.2 万亩，新增粮食产量 4.8 亿 kg，新增社会总产值 8.8 亿元，实现社会经济效益 8.6 亿元。

获省级科技成果奖励 3 项。主持完成的"零式果枝短季棉新品种培育及麦后免耕机播种植技术研究与应用"项目，2015 年获河北省科技进步三等奖；主研完成的"棉花细胞质雄性不育机理的研究和转基因恢复系的选育"项目，2001 年获浙江省科技进步二等奖，第二完成人；"彩色棉雄性不育的杂种优势利用和纤维特性研究"项

目，2003 年获浙江省科技进步三等奖，第五完成人。

撰写的《Breeding for high yield and fibre quality in coloured cotton（*Gossypium hirsutum* L.）》《A suppressed gene in integument cells of a fiberless seed mutant in upland cotton》《细胞质雄性不育棉花的转基因恢复系的选育》《彩色棉雄性不育系、保持系和恢复系的选育及 DNA 指纹图谱的构建》《细胞质雄性不育彩色棉杂种优势的表现》《棕色棉细胞质雄性不育花药的细胞学观察》《彩色棉纤维发育的特性研究》《彩色棉纤维的超微结构观察》《彩色棉纤维色素提取和测定方法的研究》《超早熟短季棉新材料创制及麦后直播技术研究简报》《陆地棉果枝类型主基因—多基因混合遗传分析》等论文 30 余篇，分别在《Plant Breeding》《Chinese Science Bulletin》《中国农业科学》《棉花学报》《浙江大学学报》等期刊发表。

河北省棉花学会常务理事，河北省作物学会常务理事。河北省"三三三人才工程"第三层次人选。2009 年、2011 年被河北省科技厅评为河北省科技管理工作先进个人。

第二部分

生产管理

河 / 北 / 棉 / 花 / 人 / 物 / 志

方维衡

方维衡（1919—1983），北京市大兴县（今北京市大兴区）人。1943年在伪临时政府创立的华北棉产改进会技术员养成所毕业，学制两年，中专学历。同年到伪华北棉产改进会栾城县办事处任助理员，1946年到伪农林部棉产改进处正定县办事处任指导员，之后到北京通县良棉厂工作，先后担任副厂长、厂长之职。1952年调往河北省供销合作社原棉经理部良棉科任科员，后到河北省农业厅种子管理局场管科任科长。

参加工作后，一直在良棉厂、良种场等单位从事与棉花种子相关的管理工作。针对棉花种子工作中存在的问题，进行了相关研究，并取得了一定成绩。

1953—1954年，研制出棉花"毛发测潮器"，能快速测定棉花纤维水分，使用简单，携带方便，被各良种场采用。此项技术改进，受到主管部门的肯定和奖励，并因此出席了河北省先进工作者代表会。研制的"棉籽取样器"，构造简单，价格低廉，取样速度快，工效提高25倍。

1956年针对生产上棉种质量较差的问题，提出设想并组织研制成功"棉籽离心风力选种机"和"棉籽硫酸脱绒机"，有效地提高了棉花种子质量。

"棉籽离心风力选种机"又称"联合动力棉籽选种机"，每小时选种400kg。突出特点是无论成熟度多么低的棉籽，都能选出成熟度80%~90%的棉种，纯度可提高3%~10%。经过机选后的棉种，健子率、发芽率提高，节省了种子用量。该机器迅速在全省12个良棉轧花厂配备试用，并与"棉籽硫酸脱绒机"配合使用，大大提高了全省棉花种子的质量，对棉田一播全苗，培育壮苗起到了重要作用。

总结并推广保种经验和技术。在推广满城县"良棉繁种体系"经验时，组织培训了棉花种子检验人员，并使"良棉繁种体系"得到进一步完善和补充。1952年总结了南宫县的良种保存经验，及时在各良种场推广，有效地减少了棉种发霉事故。

每年在棉花收获伊始，对各地棉种做发芽试验，并将结果及时上报。1954年检测到棉种发芽率低，及时把情况反映到农林厅，农林厅随即给各县发出电报，提请各地注意，保证了当年棉花种子质量。并借鉴苏联经验，对棉花种子进行暖种处理，发芽率提高了15%~20%。此方法随即介绍到各县，提高了棉花种子合格率。

编写棉花种子检验人员培训资料。撰写《棉籽离心风力选种机的制造和使用》等文章，在《农业科学通讯》等期刊发表。

刘荣臻

刘荣臻，高级农艺师，1921年生，石家庄市人。1937年毕业于省立易县高级农业职业学校，1942—1945年在日本东京农业大学读植保研究生。1946—1949年任国民党北京市政府社会局农林科技术股长（农业技师），之后在河北省农业厅工作。

1981—1982年，在藁城县岗上等4个公社推广棉虫综合防治技术，主要防治对象为棉蚜和棉铃虫，取得显著防效，使综防区的皮棉亩产由实施前16.5kg提高到64.0kg。"棉花害虫综合防治技术"项目，1983年获农牧渔业部技术改进二等奖。

1984年与阜城县杨庙大队签订合同，承包800亩棉田害虫的综合防治，承包田棉花产量由过去的亩均皮棉45kg提高到63kg，总增产14 400kg。1986年河北省农业厅给予记大功一次，1987年省直机关工委授予工作成绩突出荣誉证书。

编写《拉日汉昆虫名汇》中的《蛾蝶类分册》《甲虫类分册》《其他类分册》，分别于1986年、1989年、1994年由河北科学技术出版社出版。

孟廷瑞

孟廷瑞，1924年生，河北省涞源县人。先后在河北省农业厅工业原料处、经济作物处、生产处从事棉花生产管理工作。

1981年参与筹备组建了河北省棉花学会，并兼任河北省棉花学会副理事长。1989年作为发起人之一，组建成立了河北省棉花学会低酚棉专业委员会，并兼任河

北省低酚棉协会会长。为河北省棉花生产发展，低酚棉研究和综合利用做出了贡献。

编辑出版了《无毒（低酚）棉专辑（一）》《无毒（低酚）棉专辑（二）》；参与编写了《植棉技术培训教材》等技术图书多部。

撰写的《河北省棉花生产改革的必要性和可能性》《河北省低酚棉生产及发展设想》《再论我省低酚棉生产历史及发展对策》《无毒（低酚）棉在我省开发利用的前景》等论文，在《中国棉花》《无毒（低酚）棉专辑（二）》《河北农业科技》等期刊发表。

杜新勋

杜新勋，高级农艺师，1926 年生，河北省获鹿县（今石家庄市鹿泉区）人。1949 年毕业于河北省植保专修班。曾任河北省农业厅植保处副处长、河北省植保总站顾问。

参加完成了"棉花虫害综合防治新技术"项目，综合应用了诱虫撮、拔除虫株、保护天敌、应用微生物农药以及合理应用新农药等措施，有效控制了棉蚜、棉铃虫、红蜘蛛、蓟马、地老虎等棉花害虫的为害。1980—1983 年在河北省累计推广 1 160 万亩，取得了显著的经济效益和社会效益，1983 年获农牧渔业部技术改进二等奖，第四完成人。

完成了"溴氰菊酯农药防治棉蚜、棉铃虫技术"项目，针对棉田多年连续使用有机氯和有机磷农药产生抗药性，防治效果降低，防治成本提高，并且杀伤天敌，污

染环境等问题，提出使用 2.5% 溴氰菊酯乳油防治棉蚜、棉铃虫等棉花主要害虫的技术，并进行了大面积推广，经济效益显著，1984 年获河北省科技进步二等奖，第二完成人。

主持粮、棉生产技术承包，集体获河北省委、河北省政府颁发的"做出优异贡献嘉奖令"和河北省政府颁发"成绩优异"与"棉花创新纪录"奖。

撰写《棉铃虫的生态防治》《怎样才能控制棉蚜的危害》《拟除虫菊酯类农药使用中的问题和对策》《应重视复合农药的使用》《改进药械喷洒技术 提高机械除虫效果》《怎样才能控制棉铃虫的危害》《用生态学原理高效益控制病虫的危害》等科技文章10 余篇，在《河北农业科技》《植保技术与推广》等刊物发表。

曾任河北省农业技术顾问委员会委员，河北省高级农业技术职务评审委员会委员，河北省植保学会副理事长。

张旭朝

张旭朝，高级农艺师，1927 年生，上海市人。1949 年毕业于国立南通高级农校，1952 年由山东省农林厅调入河北省吴桥县赵楼棉花原种场工作。1988 年离休。

作为吴桥县唯一一位连续几十年在基层从事棉花研究的良种繁育专家，在原种场工作期间共繁育良种约 67 万 kg。其中，棉花良种 18.6 万 kg，包括吴桥县历史上 6 次棉花原种更新品种：斯字棉 4 号、斯字棉 5A、徐州 1818、岱字棉 15、鲁棉 1 号、冀棉 8 号等，各品种增产均较显著，平均亩增产 10%~15%。其中斯字棉 5A 比斯字棉 4 号增产 20%，绒长长 1~2 级，棉花衣分提高 5% 左右。

通过气象观测仪器获取降水、气温、干热风等各种气象数据，实地考察作物浇水与否、浇河水或咸水等各种情况对于农作物生长的影响，归纳总结历年历月气象农情资料，积累、记载了 50 多年的气候、虫情、农情活动等材料，形成了 100 多万字的农业技术第一手资料，包括《吴桥县近五十年粮棉主要虫害发生情况汇编》和《吴桥县建国以来棉花栽培史》。

《吴桥县近五十年粮棉主要虫害发生情况汇编》主要记载了历年历月的气象观测、气候特点及气候对农作物的影响等数据；《吴桥县建国以来棉花栽培史》主要包括建国以来吴桥县的耕作、水肥、化控、整枝、病虫情况防治及旱、涝、风、雹灾害

发生情况与防治等数据。依据这些历史材料，结合实况，每年及时准确地作出虫情与农情预报，为后续农作物的种植提供了宝贵的经验。

参加编写第一个河北省棉花原种繁育规程，试验、推广新技术28项，每项技术均取得了良好的效果。采用二圃制培育棉花原种比三圃制方法大大缩短了棉花原种的培育周期。试验成功喷撒六六六粉防治棉铃虫的方法，使全县棉铃虫为害得到有效遏制。1980—1983年，经过46次试验，运用氧化乐果或甲胺磷涂茎法防治伏蚜，解决了伏蚜难治的问题，并在1983年获沧州市科技成果奖。

20世纪八九十年代研究成功"密、矮、早"植棉法，在吴桥县城北沙壤土上大面积推广，亩产量显著增加。1989年在南徐王乡1.5万亩棉田上利用此种植法，较常规种植法平均亩增产15kg，总增产22.5万kg。1990年在东宋门乡盐碱地上试验成功"短季棉晚春播"种植法，在全县范围的盐碱土地进行了推广，较常规春播棉增产25%，使棉花产量再创新高。

离休后任吴桥县棉花技术顾问团成员，一直在基层蹲点，积极研究和推广农业新技术、新品种，使农民获取了良好的效益，因而连年获得市、县嘉奖。

撰写论文30余篇。其中《对改革棉花良种繁育方法的商榷》在河北省种子协会成立大会上进行宣讲；《简易法繁育棉花原种》发表在《河北省科技协会论文集》；《吴桥县棉蚜发生规律与防治措施》《棉花简易整枝法》发表在《河北省棉花学会论文集》，并分别获河北省棉花学会一、二等奖。

1956年、1979年先后两次获得河北省科普工作者奖状，1976年被河北省政府授予"劳动模范"称号，1983年获农牧渔业部颁发的"农业科学技术推广工作者"荣誉称号。曾任河北省棉花学会理事，沧州地区棉花学会理事。

卢惠民

卢惠民（1932—2014），高级农艺师，内蒙古自治区赤峰县（今赤峰市）人。大专学历。1949年在赤峰县三区武装部参加工作，1954年开始从事棉花栽培技术研究和推广工作，1960年任天津市棉花技术研究所技术室副主任，1961年任沧州地区农业科学研究所技术员，1971年任沧州地区行署农林局技术员，1984年任技术站副站长。1992年退休。

主持的"内陆盐碱地沟播棉花保苗效果的研究"项目，在当年国家科委评出的100项科研成果中位居第四。推广的"旱薄盐碱地棉花综合增产栽培措施三年翻两番"项目，面积由90万亩发展到190万亩，增加经济效益1.2亿元，获河北省农业厅甲级推广奖；"内陆盐碱地沟播棉花保苗技术的发展研究"项目推广40万亩，增加经济效益1 250万元，获沧州地区科委二等奖；"旱碱地棉花综合增产栽培技术示范研究"项目推广90万亩，增加经济效益2 212万元，获沧州地区科委三等奖；"棉花营养钵育苗大面积示范"项目推广15万亩，增加经济效益100万元，获沧州地区科委四等奖。1983年获河北省人民政府"传播科学技术，棉花创新纪录"奖状。

主编《古棉花图丛考》（河北科学技术出版社1991年出版）、《陆地棉生长发育—物候观测六十年》（河北科学技术出版社1993年出版）。其中《古棉花图丛考》荣获河北省科技图书二等奖。

对我国棉史做了全面、系统的研究，填补了河北省棉史研究的空白，走在了全国棉史研究的前列，对我国的棉史研究做出了积极贡献。撰写了《中国棉花流经考》《我国古代棉花整枝技术》《中国古代棉花播种保苗技术》《我国古代制棉工艺》《河北植棉小史》《中国古代棉始质疑》《卢惠民棉史研究专辑》等论文，在《农业考古》《中国棉花学会第六次学术讨论会论文集》等刊物发表。

曾任河北省无毒棉协会副会长，河北省棉花学会常务理事，沧州市棉花学会理事长，河北省政府农业顾问团副团长。

张玉俊

张玉俊（1932—2005），河北省徐水县人。1952 年毕业于保定农业专科学校，并分配到高邑县农林局工作，历任农业技术员、副局长、局长。高邑县农业、林业分设后任农业局局长兼党组书记。1994 年退休。

1978 年打破种子公司自繁自育的传统模式，形成了"科研单位提供新品种、县良种场繁殖原种、繁殖基地繁种"三位一体的大田用种良种繁育体系；为加快优质品种的更新换代，推行"场育区繁、区育队繁"的两条腿走路的良种繁育方法；以农业局良种场为龙头，创建了场、厂、区、队四配套，实现了提纯、繁殖、加工、精选一条龙作业，确保了繁育种子的优质高产，使高邑县的种子工作一举走在了全省前列，河北省政府行文在全省推广高邑县的供种经验。

1983 年带领农业局干部职工，在全县范围成功试验推广棉麦间作地膜覆盖新技术 1 万亩，获河北省科委三等奖，并引起了国内外媒体的极大关注。1984 年日本地膜栽培专家、地膜栽培研究协会名誉理事、朝鲜农业委员等外国农业专家代表团到高邑考察地膜棉花栽培管理技术。

1984 年高邑县农业局和县科委承担的"万亩冀棉 8 号亩产二百斤皮棉配套示范技术"通过省级鉴定。

从 1987 年开始，狠抓农业技术队伍建设，逐步形成了县、乡、村三级农业技术人才网络，各级科研队伍达千人以上。分别引种试验了棉花—西红柿高效益配套栽培技术、双模棉花—西瓜覆盖高效益配套技术、秸秆还田技术、棉花营养袋育苗技术等一大批新技术，并应用到农业生产中，创造了可观的经济效益和社会效益。

1988 年，认真落实贯彻国家"科技兴农"方针政策，逐步完善了农业丰产技术体系，建立了由县政府办公室、农林局、农机公司、水利局、气象局、县供销社等相关单位组成的"农情信息中心"，在为县领导提供决策依据的同时，为农民提供各类农业信息和农用物资，为全县农业丰收奠定了良好基础。

高素霞

高素霞（1932—2012），高级农艺师，安徽省宿县人。1953年毕业于安徽省凤阳农业专科学校，先后在安徽省农业厅种子管理局、河北省农业厅土地利用处、徐水县农业局、河北省农业厅种子公司工作。

承担"河北省棉花抗病区划"项目，1985年获河北省农林科学院科技进步三等奖。作为"棉花繁育体系的建立和推广"项目负责人之一，完成了"四配套、四结合、一条龙"良棉繁育体系及配套技术的建立，被专家鉴定为棉种工作上的一项战略性改革和重大突破，闯出了一条适合河北省良棉繁育的新路。"良棉繁育体系及配套技术研究应用"项目，1987年获河北省农业厅科技进步二等奖，河北省科技进步三等奖，全国农牧渔业部科技进步二等奖，第二完成人。

1981年参加《棉花技术员手册》的编写，该手册由河北省农业厅经济作物处主持编印，供全省棉花技术人员使用。为适应河北省棉花品种第六次更新的需要，1984年编写了《棉花品种介绍》，印刷5万册，供全省棉区科技人员使用。另编写了技术培训和技术推广教材以及河北省电台、电视台约稿等，共计50万字。

撰写的《河北省棉花纤维品质现状与提高的设想》，于1984年获河北省种子协会优秀论文二等奖。

任善民

任善民，高级农艺师，1933年生，山东省牟平县人。1959年毕业于北京农业大学土壤农业化学专业，先在学校任教，1997年后在河北省农业厅土壤肥料管理处工作。

参加了河北省棉花施用硼肥试验示范工作。1981年主持晋县棉花施用硼肥试验，明确了硼肥施用时间和用量，并参加全省棉田施硼肥技术指导。参加冀南棉区土壤有效硼丰缺研究，在土壤普查基础上，通过田间试验编绘出冀南棉区土壤有效硼分

布图，明确了土壤硼含量分布规律；提出了大面积推广品种鲁棉 1 号、冀棉 8 号的缺硼临界值，土壤有效硼缺乏临界指标鲁棉 1 号为 0.5mg/kg，冀棉 8 号为 0.66mg/kg；证明了棉花在现蕾初花和盛花期喷施 0.2% 硼砂，可以使棉花产量提高 7.0% 左右。

取得科技成果多项。参加完成的"碳铵深施"项目，1981 年获国家科委推广奖；"棉花喷硼"项目，1984 年获河北省农业厅科技成果二等奖；"冀南棉区土壤有效硼丰缺评价"项目，1987 年获河北省农林科学院科技进步二等奖和河北省科技进步三等奖；"配方施肥"项目，1988 年获国家经委推广奖；"锌硼施用技术规范"项目，1988 年获农业部科技进步二等奖。

学习引进了英国洛桑试验站秸秆还田技术，摘其要点印发全省，为秸秆直接还田提供了新方法；学习引进中国农业科学院的"建议施磷公式"，印发全省，为合理施磷肥提供了参考；学习引进了"边际产量规律"，用于估算最佳施肥量，对推动全省合理、科学施肥起到了重要作用。

许国祯

许国祯，高级农艺师，1933 年生，河北省卢龙县人。1956 年毕业于河北省黄村林校造林专业。先后在河北省林业厅调查队、河北省农业厅经济作物处、种子管理局、河北省种子公司工作。曾任种子公司粮棉科科长。

参加推广冀棉 8 号良种工作，1983 年冀棉 8 号推广面积 2.7 万亩，1984 年 95.6 万亩，1985 年达到 696.0 万亩，成为河北省棉花当家品种，3 年普及一个棉花新品种，创造了全国新品种推广速度的很好水平。"冀棉 8 号繁殖推广"项目，1985 年获河北省农业厅科技进步二等奖。

参加"棉花繁育体系的建立和推广"项目，在 43 个县建立了"四配套、四结合、一条龙"良棉繁育体系及配套技术，被专家鉴定为棉种工作上的一项战略性改革和重大突破，闯出了一条适合河北省良棉繁育的新路。"良棉繁育体系及配套技术研究应用"项目，1987 年获河北省农业厅科技进步二等奖，河北省科技进步三等奖，农牧渔业部科技进步二等奖。

撰写《如何种好夏播棉辽棉九号》《试论粮棉体系的建立与经营种子棉的必要性》《河北省种子工程实施意见》《健全繁种体系确保种子质量》等论文 10 余篇，在《种子世界》《种子通讯》《河北农业科技》等期刊发表。

河北省棉花学会理事、河北省棉种联合会常务董事。

刘春台

刘春台，高级农艺师，1934 年生，河北省沧州市人。1951 年毕业于河北省保定农业职业学校，同年进入河北农学院学习，1955 年本科毕业，分配到该校教学试验农场，历任分场技术员、党支部书记。1976 年调河北省科学技术委员会从事农业科技项目管理工作，历任科员、处长、副总农艺师。1994 年退休。

2002 年到河北省河间市国欣农村技术服务总会任驻会顾问。国欣农村技术服务总会是从事棉花良种"育、繁、加、推"一体化的民营企业，又是跨地区棉农自我服务组织。2002 年 9 月，全国第一个大宗农作物农民种植专业组织—中国农村技术协会棉花种植专业技术委员会成立，并被聘为技术顾问。

2002 年《会员通讯》创刊并任主编，《会员通讯》主要介绍棉花信息、棉业动态和植棉技术。后又兼任中国棉花协会棉农合作分会技术顾问。自 2002 年起，坚持每年在棉花生长发育关键时期，深入田间调查生产情况，及时提出管理建议，为棉农提供技术服务。坚持办好《会员通讯》，由于知识性、针对性、时效性、实用性较强，得到广大植棉户认可。截至 2016 年 6 月，《会员通讯》编印 487 期，每月 3 期，每年印合订本 1 000 册，成为植棉户和基层农技人员的珍藏读物。《会员通讯》中大部分文章被《国欣桥》《河北农民报》《河北科技报》选用，使植棉知识和实用技术得到更

广泛及时地传播。

2009年注册了《农民互联网》，坚持天天发文，与农友交流，使植棉技术传播有了更广阔、更及时的平台。

为了更好的服务棉农，每年在省级报纸上发表植棉技术文章20多篇，并先后到冀、鲁、豫、津、晋、陕、鄂、苏八省市部分植棉县、村，和上万棉农进行交流；开通会

员服务热线，及时解决棉农生产中遇到的问题；坚持十几年记录气象资料，分析气候条件与棉花生育的关系；拍摄保存了数千张关于棉花生长发育、病虫害、栽培管理的照片，为后续研究积累了珍贵的数据和图片资料。

张守林

张守林，高级农艺师，1934年生，河南省上蔡县人。1960年毕业于河南农学院植保系，毕业后考取北京农业大学植保系研究生。1963年分配到河北省植物保护研究所工作，1975年调往河北省植物检疫站工作。曾任河北省植物检疫站副站长。

参加了棉花抗枯萎病品种冀棉3号的选育。1978—1979年，冀棉3号参加全国黄河流域棉花抗病品种区域试验，平均皮棉亩产比对照陕401增产20.4%。抗病性鉴定结果为高抗枯萎病，耐黄萎病。经北京纺织纤维检验所纤维品质测试，两年平均纤维品质长度30.6mm，主体长度28.5mm，单纤维强力4.0g，细度6 362m/g，断裂长度25.5km，成熟系数

1.72，纺纱品质指标 2 524 分，综合评定为上等优级。1979 年"棉花抗枯萎病新品种冀棉 3 号"获河北省科技成果四等奖。

1982 年组织河北省棉花枯、黄萎病普查工作。对河北省棉花枯、黄萎病危害程度、发生面积、病田分布、发展趋势等做了全面调查，为河北省棉花枯黄萎病防治工作计划的制订提供了依据。

参加全国棉花枯、黄萎病防治研究协作组主持的"棉花枯萎病菌生理型鉴定研究"项目，1986 年获农牧渔业部科技进步二等奖。

李中高

李中高，（1934—2012），河北省南宫县（今南宫市）人。1957 年保定高级农业学校毕业后，分配到肥乡县农业局工作。先后任技术员、农业技师、农艺师、农业局副局长、肥乡县副县长兼科委主任、县人大副主任等职务。

参加工作后，一直坚持深入农村，先后开展了 300 多项田间试验研究。特别是在肥乡县毛演堡乡孔寨村蹲点的 13 年中，使该村的粮棉亩产、人均产量有 10 年在全县 260 多个村中名列榜首，成为肥乡县及邯郸地区的典型。孔寨村的耕地是黏土地，种植棉花产量低，经多次试验研究，采用高垄栽培技术，使黏土地棉花获得丰产。之后又将棉花高垄栽培技术发展成棉麦间作高垄栽培技术，使粮棉产量进一步提高。这两项研究成果得到河北省、邯郸地区农业管理和农业科研单位的充分肯定，并在全省推广。

20 世纪 80 年代，主要在肥乡县政府分管农业与科技工作。地膜覆盖技术尚处于小面积试验阶段。1982 年在大西韩乡杜汤堡村试验示范棉花地膜覆盖 1 200 亩，亩产皮棉高达 115kg，1983 年为了扩大种植面积，大胆采用精量播种技术，亩播种量仅 0.75kg，是河北省棉花播种史上的突破，为棉花精量播种提供了经验。当年杜汤堡全村 2 500 亩地膜覆盖棉田全部用上了优良种子，高产地块亩产量首次突破 150kg 皮棉大关。"棉花地膜覆盖栽培技术"项目，1985 年获国家科技进步一等奖。另有多个项目获省、市级科技成果奖。

为推动全县棉花生产再上新台阶，大力推行技术承包，使全县棉花面积由 15 万亩发展到 28 万亩。地膜棉花、精量播种等先进技术与新品种的推广应用，大幅度增加了农民收入。各植棉乡、村，以棉促农、以棉促粮，吃饭靠小麦，花钱靠棉花，多数农户盖上了新房，成了肥乡县历史上经济形势最好的时期之一。肥乡县因此获得了全国优质棉基地县、科技先进县、科技扶贫先进县等多项荣誉称号。

20 世纪 90 年代，引进试种棉花杂交种，结合配套栽培技术创高产。狠抓了杜汤堡等几个棉花新品种、新技术示范典型，创造了河北省亩产子棉 375kg 的最高单产记录。

撰写的《冀棉 8 号及其配套技术》，获河北省棉花学会论文奖。

先后 18 次获河北省、邯郸市劳动模范、先进工作者等称号。模范事迹多次在中央、河北省、邯郸市电台、电视台以及报刊、杂志报道，并被拍摄成电视剧《中秋时节》在中央电视台及 20 多个省、市电视台播放。

肥乡县第六届、第七届人大代表，河北省第二届、第三届党代会代表，全国科学大会代表。1998 年被收入《中国专家大辞典》。

秦铁男

秦铁男，1935 年生，辽宁省开原县（今开原市）人。1953 年毕业于石家庄农业职业中学，毕业后分配到威县农业技术推广站任农业技术员。1980 年之后，先后任威县农业局技术股股长、农业局办公室主任、农业局副局长、威县科学技术委员会副主任、主任。1995 年退休。

毕业后一直从事农业技术推广工作。20 世纪 50 至 70 年代，大部分时间在基层

蹲点，开展技术培训，指导棉花生产。

80年代初期，河北省棉花生产迅速发展，植棉面积不断扩大，棉花品种不断更新，产量和品质不断提高。每次推广新品种都最先在基点试种，观察新品种在当地的表现，提出管理技术建议，提高新品种的增产效果。在推广的同时，还对部分品种进行了提纯复壮，防止混杂退化。同时，认真抓好植棉新技术的示范工作，做出样板，带动周边棉农科学植棉。

1985年调到科委以后，主管威县的农业科技开发和棉花科技攻关。主抓了黑龙港地区"六五"农业科技开发和黑龙港农业增产技术开发。以邢台地区农业科学研究所6个棉花专家为主，威县7个科技人员为辅，开展棉花科技攻关，经过3年的努力，使试区的棉花产量普遍增产10%左右，并建立了大面积高产样板田。

80年代末，在河北省农林科学院棉花研究所棉花专家韩泽林先生支持下，在威县七级镇士通村进行了棉花地膜覆盖试验，结果地膜覆盖棉田保苗、保墒、增产效果显著，也提高了霜前花率和棉花纤维品质。通过设多个示范点，关键时期召开现场会、观摩会，发放明白纸，办技术培训班等方式，向农民宣传棉花地膜覆盖的方法和地膜棉管理技术，使得威县地膜棉面积迅速扩大，仅用了2年时间，地膜棉面积占到了棉田总面积的90%，有效提升了全县的棉花产量和品质。

90年代初期，棉铃虫严重发生。为做好虫情调查，每年都做场地诱蛾，调查蛾量、雌雄蛾比例和卵孵化情况，及时提出防治时间，指导农民在最佳时机用药，提高防治效果。

退休以后，仍未放弃对棉花的热爱，在威县县委、县政府支持下，和威县县长顾自忠、农业局棉花研究所所长李杰组成了中长绒棉研究小组，在棉花专家韩泽林的指导下，连续亲本选择，配置杂交组合，10年中三下海南加代，选育出一些较理

想的株系，经农业部棉花品质监督检验检测中心测定，纤维长度 30~33mm，比强度 30~32.8cN/tex，马克隆值 3.9~4.6。在全县试种了 3 万多亩，并在石家庄国棉二厂试纺，受到厂家欢迎。

2000 年从河北省农林科学院棉花研究所引入育种材料，当年选出长势好、纤维品质符合中长绒棉标准的单株，之后优中选优，边选边繁殖，边布点示范。选出的 B28 系，经中国农业科学院棉花研究所鉴定，抗枯萎病，耐黄萎病，抗棉铃虫。2004 年经农业部棉花品质监督检验测试中心测试，B28 系纤维上半部平均长度 33.2mm，比强度 32.1cN/tex，马克隆值 4.3。到 2005 年，在曹家营、后凌头、东中营、西草厂、桑庄、沙河辛 6 个村，种植 140、B28、B89、A16 等品系，面积 860 亩。平均子棉亩产 200~250kg，高产地块达到 300kg。送石家庄国棉二厂试纺，效果理想，厂方希望下年种植面积能扩大至 10 000 亩。

获科技成果奖励三项。"黑龙港地区'六五'技术开发"项目，1986 年获河北省科技进步二等奖；"旱碱地棉花增产技术开发"项目，1987 年获河北省科技进步一等奖；"中棉所 16 推广应用"项目，1993 年获河北省科技进步三等奖。

高锦章

高锦章（1935—2007），高级农艺师，河北省井陉县人。1963 年毕业于河北大学生物系，先后在邢台地区农业科学研究所、临西县农林局、河北省农业厅经作处、生产处、河北省农业技术推广总站工作。

参加工作后，为了提高专业技术水平，数年坚持每晚学习两个小时，掌握了棉花的生物学特点及其生长规律，参加资源创新和新品种选育工作。针对陆地棉品种产量与纤维强度、产量与纤维长度、纤维长度与衣分之间存在的负相关，进行大胆的探索和试验，采取系统选育、定向培育的方法，于 1971 年培育出了衣分高、纤

维长、强度大、细度好、产量高的新品种冀棉 1 号（邢台 6871）。该品种作为河北省第 4 次棉花品种更换的主栽品种之一，在生产上大面积推广，并作为优异棉花种质资源，广泛应用于我国棉花遗传育种工作，取得了显著效果。据统计，截至 1987 年，

冀棉1号先后被全国40多家科研单位用作亲本，培育出60多个棉花新品种（系），到1990年累计推广面积1.2亿亩以上，获经济效益40多亿元。"冀棉1号品种选育"项日，1987年获国家发明二等奖。

1978年调到河北省农业厅工作，为了提高主产棉区棉花产量，提出植棉必须有一整套科学的管理方法，和有关同志一道通过长达13年的坚持不懈努力，先后编写了《植棉技术问答》等有关植棉技术和科学管理方面的书籍，共计40余万字，印刷13万册。在省级报刊、杂志、电台发表技术资料、挂图30多篇（张），发放7万多份，同时在省、地、县、乡、村讲课上百次，受到广大棉农和基层科技人员欢迎。

参加冀棉8号示范推广工作，1983年示范2.7万亩，1984年推广到95.6万亩，1985年推广到696.0万亩，1983—1986年累计推广1 177.3万亩，经济效益达4.9亿元。

为实现百斤皮棉省做贡献。通过长期下乡蹲点，狠抓技术培训，编写植棉技术材料，进行田间技术指导，建立高产样板田，召开大型现场观摩会，以点带面，提高了广大棉农和基层科技人员的植棉技术水平。1983年全省1239.1万亩棉田平均单产60.4kg，首次闯过百斤皮棉关，单产、总产越居全国第二位。

1984年主持的"150万亩棉花亩产100kg皮棉示范"项目取得成功。通过建立两个体系，制定操作规程，进行技术督察和技术指导，使示范区平均亩产皮棉达

105.9kg，不仅增加了棉农收入，增强了棉农实现高产更高产的信心，还为全省各地组织大面积高产示范提供了经验。

主研完成的"棉花优异种质资源品种冀棉1号"项目，1985年获河北省农业厅科技成果三等奖，1987年获国家发明二等奖；"高邑县2.57亩棉花亩产皮棉132.3公斤"项目，1991年获河北省农业厅丰收三等奖；"冀棉8号棉花新品种技术推广"项目，1985年获河北省农业厅科技成果二等奖；"黑龙港地区旱地棉花规范化栽培技术推广"项目，1988年获河北省农业厅科技成果三等奖。

针对地膜覆盖棉初花期水肥过大易旺长，缺少水肥易早衰这一矛盾，经过

几年试验，摸索出"下促上控"植棉新技术，取得明显效果。1983 年河北省 1.8 万亩棉田皮棉亩产达到 75 kg 以上，近万亩棉田达 125 kg 以上，近 1 400 亩棉田达 150 kg以上。"初花期进行'下促上控'植棉新技术"，1992 年获河北省农业厅科技成果一等奖。

主持制订了河北省重点推广项目、河北省政府指令性计划"亩产百公斤皮棉栽培技术推广""棉花全程化控技术推广""麦套夏棉栽培技术推广" 3 个项目的推广计划、实施方案和技术路线。这 3 个项目实施后均获得了科技奖项。

主编《怎样种好冀棉 8 号》（河北科学技术出版社 1985 年出版）；参编《植棉技术问答》（河北人民出版社 1984 年出版）、《棉纤维检验技术问答》（河北科学技术出版社 1989 年出版）。

撰写《棉花苗期管理技术》《棉花播种保全苗》《谈谈棉花蕾期管理》《试谈亩产皮棉 250 斤以上配套栽培技术》《河北省棉花生产的路子》《开发利用低酚棉拓宽我省棉花生产的路子》等论文，在《河北农业科技》《中国棉花学会论文汇编》等刊物发表。

1989 年被评为"省优秀知识分子""省突出贡献的中青年专业技术人才"，1990年、1991 年、1992 年先后被评为"省直机关先进代表""河北省各界人士为两个文明建设做出突出贡献的先进代表""厅机关先进工作者"。曾连任两届河北省政协委员。

张洪文

张洪文，高级农艺师，1936 年生，河北省故城县人。1962 年毕业于保定农业专科学校，同年分配到衡水地区农业科学研究所工作，1973 年调河北省种子公司。

建立健全河北省区域试验体系。作为发起人之一，促成了种子、科研、区域试验大联合，协商、起草了《关于河北省农作物品种试验协商意见》。主持制订了《河北省农作物品种区域试验方案》，并选定试点。起草制定了河北省第一个统一的《品种试验鉴定方法》以及奖惩办法等各项管理细则。自编讲义，开展品种试验技术培训。负责的区域试验先后获河北省科委、河北省农

业厅、河北省农林科学院科技成果奖。

起草、修订了《河北省农作物品种审定办法》，建议并筹划调整了河北省品种审定委员会组织结构，划分了专业组，增设常委班子。通过区域试验和品种审定，为河北省农业生产输送100多个新品种。使小麦、玉米、棉花等主要农作物品种得以更新换代。

在良种繁育方面，建议并发起了"两杂亲本提纯大会战"，扭转了河北省种子短缺的局面，为改革河北省繁种体制奠定了基础。此项改革，1984年获河北省农业厅科技成果二等奖。

组织编写《农作物良种提纯复壮技术》，印发全省应用。主持编写各种农作物新品种介绍宣传册，或在报刊、杂志刊登，为生产及时提供新品种资料。

曾任河北省农作物品种审定委员会常务委员。

席富森

席富森，农业技术推广研究员，1936年生，河北省沧州市人。1962年由保定农业专科学校保送至东北农学院进修两年，后回校任教。1972年调河北省农业厅（局）工作，历任经济作物处、农业（生产）处副处长，农业技术推广总站、农业环境保护监测站站长，河北省棉花办公室副主任。

20世纪六七十年代粮食征购任务重，棉农口粮难保证。通过深入调查，写出"河北某些社队采用粮棉统一算账确定社员口粮标准的几个实例"，向河北省及中央汇报并得到了认可，给予河北棉农粮食补助2亿kg，中央解决棉农口粮的政策中也采用了河北省的做法。

十一届三中全会后，联产承包责任制一度很难落实，先后带头到晋县周家庄公社、故城县青罕公社蹲点搞联产承包示范。当时发现故城的邻县吴桥学山东"大包干"的办法，"粮棉一齐抓，重点抓棉花"，棉花生产发展很快，粮食生产也突飞猛进，及时总结出吴桥县、乡、村、户四类典型，并召开千人现场会，交流经验、培训技术。会后请四类典型到全省重点棉区巡回宣讲，向全省提出"学吴桥赶山东三年

实现百斤皮棉省"的口号。年底全省 97% 的地方都落实了棉花联产承包责任制，大大促进了棉花生产。1983 年全省棉田发展到 1 239.1 万亩，亩产皮棉 60.4kg，总产达 0.7 亿 kg，创历史记录，提前实现百斤皮棉省。棉花生产从全国主产棉省排位下游跃升至第二位。

为了提高棉花质量，稳定棉花生产，快繁品质较优的河北省自育品种冀棉 8 号，亲自到黑龙港地区布点示范，采用地膜覆盖、精量点播、稀植高繁等措施。1983 年建基地，当年种植 2.7 万亩，1984 年达到 95.6 万亩，1985 年达到 696.0 万亩，占全省棉田面积 60% 以上，基本由冀棉 8 号淘汰了品质较差的鲁棉 1 号。

与此同时，中棉所 10 号等短季棉发展极快，但成熟度差，纤维强力小，不适合纺织工业发展需求。为了防止盲目发展，聘请省内外专家教授及有经验的棉农现场鉴定，写出"中棉所 10 号棉花科学论证纪要"，肯定优点、指出不足、提出"如何种植"及"不能盲目发展"的意见，受到省领导高度肯定，农业部也予以转发，使河北省避免了盲目发展而造成损失。

1980 年起，国家农业部、财政部、纺织部及全国供销总社决定从每年收购的 1—4 级皮棉中提取 0.3 元棉花技术改进费，交农业部门用于棉花技术改进。经过积极申请，最终争得每年 246 万元左右的"棉花技术改进费"，为植棉技术的改进提供了资金支持。

20 世纪 80 年代初，河北棉花实行"北棉南移和西棉东移"的布局调整，建设黑龙港棉花基地。通过蹲点调研、统计分析，东移一亩棉田可相应增收 225kg 粮食，推动了河北省委、省政府"北棉南移和西棉东移"的决策很快落实。

为稳定棉花生产，1984 年中央决定在重点产棉省（区）选建优质棉基地，实行中央和地方联合建设。在此之前，1976 年至 1980 年间河北省根据纺织工业急需已摸索出建"长绒棉"基地的经验。这时，积极按照国家要求同外贸、供销、商检、财政等相关部门，认真组织筛选，及时协调沟通，积极争取，提请考察认定，在最初选定 11 个县的基础

上又选定了 20 个出口棉基地县，在基地县周围集中植棉县中还安排了 16 个农业技术推广中心，两项合计争得国家投资 2 400 多万元。据 1985 年、1986 年统计，基地县占全省面积分别是 23.9%、28.5%，而皮棉产量却占到 27.5% 和 32.2%，质量也有明显提升。

为提高全省植棉技术，带头编写了《植棉技术问答》《植棉技术手册》，在全省技术培训会上亲自宣讲《棉花立地的土壤基础知识》和《与棉花生长发育有关的肥料基础知识》。向报社、电台、电视台输送稿件，积极反馈棉花情况。据统计，1979—1980 年，亲自动手撰写材料 48 篇，编写《简报》39 期，及时向省领导及相关单位、部门反映情况，受到好评。长年在基层下乡、蹲点，推广植棉技术。先后在正定县二角村、晋县周家庄、东光县龙王李、故城县青年公社、行唐县南桥镇以及广宗县带队任职下乡，推广农业技术。

主持河北棉花大面积亩产皮棉 50kg、100kg、125kg 栽培技术及冀棉 8 号示范推广等项目，均获河北省农业厅一、二等奖。

参编《植棉技术问答》《棉花副产品综合利用》《棉检辞典》《棉花高产高效栽培新技术》4 部书籍。

撰写《试议河北棉花新形势新问题及我们的对策》《论河北优质棉基地建设中的良种繁育体系》《谈谈麦棉两熟问题》《加强环境保护发展棉花生产》等论文在省内外产生较大影响，多次受邀作报告和首席发言，有的被收入《中国新时期战略文库》《中国新经济理论探索与实践》等大型辞库。《浅议知识经济与科教兴农》被评为世界重大学术思想（成果）特等奖，入编《世界重大学术思想获奖宝典》（中华卷）。事迹被收入《中国人才辞典》《中国专家》。

曾任河北省棉花学会副理事长，中国棉花学会常务理事，中国棉花专家顾问组成员。4 次受到河北省政府表彰，河北省科协曾颁发热心科普奖，在全国贫困县广宗县下乡中荣获县委县政府一等功奖励。

徐本庆

徐本庆，高级农艺师，1936 年生，山东省冠县人。保定高级农业学校毕业。曾在吴桥县农业局任股长、站长、副局长、局长等职。

从事棉花研究工作 40 余年。1958 年研制成功有机磷农药涂茎车、涂茎器，送国

家展出，获河北省委、省政府奖状。

参加完成的河北省农业科技攻关项目"黑龙港流域旱薄碱地棉花高产栽培及综合利用"，获河北省科技进步一等奖；"单产皮棉百公斤栽培技术规程"项目，获河北省科技进步三等奖。

完成的《亩产皮棉百公斤栽培技术和旱薄碱地亩产 50~75kg 皮棉栽培技术规程》，作为河北省第一个农业地方标准颁发实施，并被收入《中国实用科技成果大辞典》。

主编《科学植棉百问》《棉花常规和高产栽培技术》《科学种棉花》等专著 12 部。

撰写《总结防治棉铃虫经验　完善综合防治体系》《棉花黄萎病的发生与防治》《棉花黄萎病的综合防治技术》《高产高效——棉薯间作》《发展棉花生产是黑龙港地

区由穷变富的重要途径之一——冀南低平原粮棉区吴桥县的调查报告》等文章 46 篇，在《河北供销与科技》《中国棉花》《河北农学报》等期刊发表。

吴桥县政协第八届委员会常委，河北省棉花协会理事。曾被沧州地委、行署授予优秀知识分子称号，多次被评为先进工作者、模范干部并立功受奖。

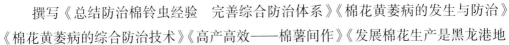

纪俊群

纪俊群，高级农艺师，1937 年生，河北省深泽县人。1957 年毕业于保定高级农校农学专业，同年分配到满城县生产办公室从事农业技术推广工作，1979 年调入河北省农业厅种子公司，历任副经理、经理。1996 年开始在河北省种子管理总站工作，任站长。

主要从事农业技术推广、农业生产和种子管理工作。在满城县工作期间，先后总结各类农业增产技术典型 50 多个，部分技术曾在河北省及周边省份推广。

在河北省农业厅种子公司工作期间，主持了棉花繁育体系的建立和良种的示范推广工作。据 23 个县统计，产量比建体系前提高了 10%~20%，衣分提高 2.4%~4.0%，绒长提高 0.6~1.2mm，品级提高 0.4~1 级，对提高河北省棉花产量和品质发挥了重要作用。棉花繁育体系的突出作用受到农业部高度重视，1986 年在河北省召开全国棉花种子工作会议，要求全国各植棉省学习、推广河北省经验，并作为"七五"期间种子工作重点任务之一。

1982 年起草了河北省政府《关于加强种子工作的决定》，统一了全省区域试验工作，节约了人力、物力、财力，提高了区域试验的准确性，为新品种的审定和推广奠定了基础。

1983 年为河北省人民代表大会起草了全国第一个《农作物种子条例》及条例的说明。《河北日报》发表评论员文章"农业生产上的重要建设"，使种子工作走上了依法治种的道路，从法律上保护了育种者、生产经营者和使用者的利益，受到农业部的表扬。至 1988 年，全国有 11 个省颁布了《农作物种子条例》。

1983 年通过调查研究，撰写了"种子生产要趋向集中，实行专业化生产，种子经营趋向分散，方便群众""如何搞好良棉繁育推广体系"的调查报告和建议。并起草了"关于改革良种生产和供种体系的意见"，促进了河北省良种生产专业基地的迅速发展。

1985 年根据种子市场混乱的情况，提出了加强种子管理的建议，被河北省政府采纳，从省到县建立了种子监督检验机构，种子管理走在了全国前列，受到农业部奖励。

20 世纪 90 年代初棉铃虫大暴发，参与了当时国内最大的农业高新技术引进项目，与美国岱字棉公司、孟山都公司的商务谈判，1995 年率先引进美国抗虫棉品种，组建了"河北冀岱棉种技术有限公司"。在合资公司的管理与运作上，与外方董事一起，制定了一系列公司内部管理制度和适合中国国情的抗虫棉推广措施，使河北省成为全国最早大面积推广抗虫棉的省份，棉花种子质量实现质的飞跃，创造了一家公司供种率占全省 30%~50% 的记录，高出过去全省 42 家良棉轧花厂总供种率，同时也使全省棉花生产实现了历史性变革，为河北省抗虫棉引进和推广做出了重要贡献。

主要获奖成果："冀棉 8 号推广"项目，1985 年获河北省农业厅科技成果二等奖；

主持的"良种繁育体系及配套技术研究应用"项目，1987年获农牧渔业部科技进步二等奖；主持的"抗虫棉引种、鉴定及示范推广"项目，1999年获河北省科技成果二等奖。

撰写《搞好棉花良种繁育》《建立棉花繁育体系，确保棉花优质高产》《论良棉体系与提高棉花产量品质的关系》《如何建立健全良棉体系》等文章，在《河北科技》《种子世界》《全国棉花学会论文集》等刊物发表。

国务院政府特殊津贴专家。曾任全国棉花专家顾问组专家，河北省棉花协会理事，河北省种子协会副理事长，河北省良棉种子联合会董事长。

那凤鸣

那凤鸣，农业技术推广研究员，1937年生，河北省易县人。1963年毕业于天津农学院，同年分配到行唐县农业局工作。1975年调到石家庄地区农业科学研究所棉花研究室工作，1980年调到石家庄地区农技推广站任副站长，1990年任石家庄地区农业学校校长，1993年地市合并后任石家庄市农技推广中心主任，石家庄市农业局总农艺师。1998年退休。退休后应邀到河北冀岱棉种技术有限公司技术部负责棉花原种繁育工作。2002年应邀到石家庄希普种业有限公司任技术顾问，主持棉花育种及检验室工作。

在工作中经常深入到基层，向广大棉农宣讲棉花增产技术，培训基层技术人员。在棉花生长发育关键时期，深入到田间地头了解棉花生产状况，对棉农进行技术指导，解决实际问题。利用现场会、黑板报等多种形式进行技术宣传、技术培训、技术指导，提高了棉农科学植棉水平。

应用多元回归、一元二次回归及通径分析的方法，分别对棉花底施磷肥量、底施氮肥量、播期、追施氮肥量、浇第一水时间、密度6项栽培管理措施与产量关系进行定性与定量分析，并对各项措施的增产作用进行筛选，明确了关键管理措施及其主次关系为：石家庄地区棉花高产优质措施中，以密度、底施磷肥量、浇第一水时间为主要措施；对产量影响顺序为密度＞底施磷肥量＞浇第一水时间＞追施氮肥量＞播种

期＞底施氮肥量，为实现棉花高产、优质生产提供了依据。

根据在石家庄地区5年的调查和研究结果，总结出适用于中等肥力以上水浇棉田的"棉花亩产皮棉100公斤栽培技术规程"。1985年推广31.9万亩，平均亩产78.1kg，增产9.1kg；1986年推广39.5万亩，平均亩产81.2kg，增产10.9kg，其中9.8万亩达到100kg指标；1987年推广42万亩，平均亩产85.1kg，增产12.4kg，其中14万亩皮棉产量达到100kg。该技术规程的提出对石家庄地区棉花产量的提高起到了一定的促进作用。

在河北冀岱棉种技术有限公司技术部工作期间，负责棉花原种繁育。主要负责转基因抗虫棉新棉33B、DP99B等品种的繁育工作，建立原种繁育基地，根据品种特性进行田间管理，注重做好防杂保纯，高倍繁育合格种子。

在石家庄希普种业有限公司任技术顾问期间，主持并带领科技人员选育出转基因抗虫杂交种希普3号，在2007—2008年河北省冀中南棉花品种区域试验中，亩皮棉产量平均比对照增产17.7%。抗枯萎病，耐黄萎病，纤维品质较好。主持培育出希普6号，在河北省冀中南棉花品种区域试验中，亩皮棉产量平均比对照增产6.3%。突出特点是高抗枯萎病，耐黄萎病，纤维品质较好：纤维上半部平均长度30.4mm，断裂比强度29.0cN/tex，马克隆值5.0，整齐度指数86.1%，伸长率6.6%，反射率77.2%，黄色深度6.8，纺纱均匀性指数146。希普3号、希普6号均于2010年通过了河北省农作物品种审定委员会审定。

撰写《棉花高产优质栽培措施主次关系研究》《保铃棉新棉33B种子的特点及其覆膜播种技术》《新棉33B生长期间管理技术要点》《抗虫棉吐絮期的田间管理》《棉花后期叶片"坏死"及对策》《石家庄地区棉花100公斤栽培技术规程》《推广新棉33B对河北棉区植棉效益的影响》等论文和科普文章15篇，分别在《中国棉花》《河北农业》《河北农业科技》等期刊发表。

魏义章

魏义章，农业技术推广研究员，1937年生，河北省博野县人。1963年毕业于天津农学院农学系农作物专业。先后在石家庄专署农林局、石家庄地区"五·七"干校良种场、石家庄地区农校、石家庄地区农业科学研究所、河北省农业厅工作。曾任河北省农业厅副厅长。

在石家庄地区农校工作期间，编写河北省农业类中专适用教材《作物栽培》，不仅作为教材用书，也是省内外同行学习作物栽培知识的重要参考资料。

20世纪80年代后期，针对河北省棉花总产低，而纺织发展快，原棉缺口大的问题，提出发展棉花生产，要挖掘科技潜力，建立高产、稳产、优质、低耗的生产技术体系，实行科技兴棉。进一步巩固扩展黑龙港棉区，利用棉花耐旱、耐瘠薄特性，在太行山区丘陵旱地适当改种棉花；在山前平原和黑龙港地区，合理安排棉麦间作套种，发展夏播棉，提高复种指数；种植技术向简化栽培发展；产后加工向综合利用发展，全面提高植棉经济效益。

20世纪90年代初，棉铃虫大暴发，认真落实国务院对棉花生产和棉铃虫防治工作的指示精神，在农业部和河北省委、省政府的领导下，建立各级除虫指挥部，层层落实责任制，及时准确监测和传递虫情信息，测报网络上下贯通，覆盖全省。在防治方法上不断改进、创新，坚定了基层干部和广大棉农战胜棉铃虫的信心。

20世纪90年代中期，针对河北省棉花生产严重滑坡问题，多次组织召开棉花生产会议，强调要转变观念，调整目标，由过去靠增加面积、提高价格、保总产、保收购，逐步转变到主攻单产、提高品质、增加效益上来。由过去用行政手段抓面积、抓收购转变为抓科技、抓服务。由原来单纯的保纺织企业用棉为目标，转变为以棉花增产、农民增收和满足市场需求的复合目标。为河北省棉花生产的重新振兴创造了条件。

从河北省实际出发，本着发挥优势、合理布局、适当集中、规模种植的原则，组织有关专家对全省主要植棉区域的发展进行了重新规划：黑龙港地区为主，重点发展春播地膜棉和棉麦一体化种植；太行山丘陵地区为辅，重点发展中早熟品种，实行晚春播，密、矮、早种植模式；保定、石家庄、廊坊、唐山等重点产粮区，适度

规模发展棉菜、棉瓜、棉粮、棉油间作套种立体种植模式，实现高投入、高产出。

主抓了棉花增长方式由粗放型向集约型的转变。实施棉花品种优良化、种植区域化、栽培技术规范化、春播棉地膜化、高效棉田模式化。为河北省棉花生产走出低谷做出了贡献。

主编的《河北省第二次土壤普查成果汇总》一书获河北省科技进步二等奖；参加完成的"棉花新品种冀棉17号的选育"项目，1993年获河北省科技进步三等奖。

撰写《河北省1993年棉铃虫发生与防治》《河北省棉花生产持续发展的战略选择》《试论提高农技成果转化率》《关于种植业结构调整的基本思考》《问题在效益，出路在科技》《澳大利亚棉铃虫抗药性治理的经验》等论文20余篇，分别在《河北农业科技》《植保技术与推广》《中国棉花》《农业科技管理》《北京农业》等期刊发表。

农业部种植业专家顾问组组长，河北省专家献策团农业组组长，河北省科协常委，河北省农学会副理事长。

张德才

张德才，高级农艺师，1938年生，河北省河间县（今河间市）人。1959年毕业于北京市农业学校，同年分配到河间市农业局工作。先后任河间市农业局农业技术员、河间市棉花原种场技术员、河间市种子管理站站长、河间市农业局副局长等职。1986年任河间市棉花办公室副主任。1998年退休后受聘于国欣农村技术服务总会，曾任棉花研究所所长。

针对河间市棉花生产条件较差、技术落后、产量低的问题，1980年3次到棉花生产先进县吴桥县学习植棉新技术。1981年到果子洼公社胥万大队蹲点，示范推广

棉花营养钵育苗移栽和地膜覆盖栽培新技术，取得显著
成效，两项技术不仅在全公社普及推广，同时还带动全
县棉花生产实现了"白色革命"，使全县棉花亩产突破
百斤大关，产量有了大幅度增长。

在任河间市棉花办公室副主任期间，先后参加河北
省农业厅、沧州地区农业局组织的棉花高产示范活动，
多次获得省、厅级奖励。

1998年退休后，受聘于国欣农村技术服务总会，参
与组建了棉花研究所，并被任命为棉花研究所所长，开
始开展自育品种研发工作。一方面广泛搜集品种资源，
一方面对我国最早育成的两个抗虫棉品种 GK95-1 和 GK-12 进行改良，经过两年4
代优中选优，两个品种的抗病性和产量水平都得到提高。

为加快品种的选育进程，先后与中国农业科学院棉花研究所、生物技术研究所、
植物保护研究所，中国农业大学，河北农业大学，河北省农林科学院棉花研究所建立
合作关系，采取请进来、派出去的方法进行技术培训，不断提高研发水平。在任所长
的10年期间，先后育成10个品种通过国家或省级审定。其中欣抗4号通过河南省审
定；GK99-1、sGK3、国欣4号通过河北省审定；国欣棉1号通过安徽省审定；国欣
棉3号、国欣棉6号、国欣棉8号、国欣棉9号、国欣棉11号通过国家审定。

参加完成科技成果多项。其中，"国欣棉3号、6号选育与应用"项目，2010年
获河北省科技进步三等奖；"国欣棉8号选育与应用"项目，2011年获沧州市科技
进步二等奖；"国欣棉9号、11号选育与应用"项目，2012年获沧州市科技进步二
等奖。

2007年开始，在棉花生长发育关键季节，每年利用近一个月的时间，作为主讲
分别深入湖北、湖南、江西、江苏、安徽等重点植棉省市、乡村进行技术服务，累计
为棉农讲课和技术指导 300 余次，培训棉农 9 000 余人次。

2008年辞去国欣棉花研究所所长职务，作为国欣农村技术服务总会顾问，全部
精力投入长江流域棉区品种选育、示范、推广工作，经过近10年努力，在湖北省健
全、完善了育种、示范体系，积累了上百个具有适宜南方特点的品种资源，培育出
GK39、国欣棉16通过国家审定。国欣棉种依靠品种优势和技术服务，在长江流域棉
区种植面积逐渐扩大。

参编《中国棉花品种志》（中国农业科学技术出版社2009年出版）。

撰写《棉花简化栽培技术》《棉花死苗原因及预防防治措施》《国欣棉3号、国欣

棉8号、国欣棉9、国欣棉11号等品种的选育方法及栽培管理技术》《浅谈棉花平衡施肥》《走出棉花3∶1∶3的施肥误区》《棉花早发枯萎病发生原因及预防措施》《棉花蕾铃脱落规律与预防措施》《棉花花铃期的生育特性与栽培管理》《棉花烂铃规律与预防防治途径》等论文和科普文章50余篇，在《中国棉花》《农业科技通讯》《现代农业技术》《河北科技报》《河北农民报》《湖北科技报》《中国棉花学会年会论文汇编》等刊物发表。

黄忠玺

黄忠玺，高级农艺师，1938年生，河北省卢龙县人。1962年毕业于河北农业大学植物保护系，后分配到东光县农业局工作。曾任东光县农业局副总农艺师。

主持研究、推广了农田配方施肥、改造大面积连作低产田、病虫害优化综防等技术，取得了明显的社会经济效益。

参与并制定了东光县"六五""八五"农业发展规划、科技发展规划、农业区划及农业结构调整规划、种子生产制度与合理布局及其实施方案、优质棉基地县建设规划等。

先后获省、市科研成果10项。其中"黑龙港地区旱碱地棉花增产技术与应用"项目，示范面积9.8万亩，取得了明显的社会和经济效益，1985年获河北省科技进步一等奖；"棉花综合丰产技术"项目，1989年获农业部丰收二等奖。

为传授棉花栽培、种子繁育和病虫害防治技术，除深入田间进行现场指导外，还

编写 10 多万字的培训教材，培养了大批本县及周边县的初级和中级农业技术人才。

撰写《连作棉田低产原因及其改进技术》《控制棉铃虫全世代消灭各虫态》《正视棉铃虫猖獗危害制定防治对策》等论文，分别在《中国棉花》《河北农业科技》发表。

先后被河北省政府、河北省科委、河北省农业厅、沧州地区行署评为先进科技工作者、建功立业优秀知识分子、在粮、棉生产中有突出贡献的科技工作者。

王世魁

王世魁，研究员，1939 年生，河北省清苑县人。1962 年毕业于保定农专大学部农学专业，同年分配到河北省农业科学院（今河北省农林科学院）工作，曾任河北省农林科学院副院长。1994 年调往河北省科学技术委员会工作，先后担任河北省科委副主任、巡视员。1999 年退休。

从事耕作栽培和农业综合研究 30 多年，有 6 项科研成果分别获得国家或省、部级奖励。在"六五"期间，曾担任国家"黄淮海平原中低产田综合开发治理"科技攻关项目专家组成员，"河北省黑龙港区综合开发与治理"课题专家组组长。该课题系统提出了黑龙港区由传统农业向生态农业转变的发展战略、途径及实用技术体系，取得了显著的经济效益，累计推广面积 1 493 万亩，新增效益 3.5 亿元。这项成果不仅对黑龙港区的开发治理有开拓作用，而且对整个干旱缺水的中低产地区的开发都有指导意义，1987 年获国家科技进步二等奖。

在河北省科委分管农村科技工作期间，针对河北省棉铃虫大面积发生，严重危害棉花生产的突出矛盾，与河北省农业厅结合，引进了美国转基因抗虫棉新棉 33B，经过在产棉县故城、肥乡、辛集三地的联合试验示范，不但表现抗虫性强，且吐絮畅，纤维品质好，生长整齐，比对照（非抗虫棉品种）增产 30% 以上，该品种在河北省棉区得到大面积推广应用。与美国岱字棉公司合资建立了河北冀岱棉种技术有限公司，使河北省棉花生产在全国率先跨入应用抗虫棉品种的新阶段，取得了显著的社会经济效益和生态效益。

参与编著《农业应用科学技术》《节水型农业理论与技术》《农业科技成果管理》

等科技专著 4 部。

撰写《河北省农业厅〈河北农业〉推荐产品：推广抗虫棉 促棉花增长方式转变》《河北平原农作物种植制度的几个问题》《关于加快我省粮棉生产发展的技术建议》等论文，在《河北农学报》《河北农业科学》《河北农业》等期刊发表。

国家有突出贡献的中青年科学技术管理专家，国务院政府特殊津贴专家，河北省省管优秀专家。曾任中国耕作制度研究会副理事长，河北省科协常委，河北省老年科学技术工作者协会副会长，河北省耕作学会理事长。

刘凤昌

刘凤昌，1939 年生，河北省深县（今深州市）人。1960 年毕业于保定农业专科学校，同年到河北省农业厅工作。1974 年调河北省种子公司任副总经理。

先后引进新品种 20 多个，亲自布点试种，提出方案，并在生长发育的关键时期进行田间具体指导。1976 年主持了河北省第一个品种审定试行办法、品种区域试验意见等有关文件的起草。1973—1981 年，制定种子政策，先后主持并起草了十几项规定、办法。1988—1992 年，为适应种植业结构调整，配合"西棉东移"战略实施，两次调整了品种布局，主持制订了棉花新品种推广计划，并组织实施。

完善良种繁育体系建设。制定了 4 个良种繁育体系建设的制度和规定，连续 3 年主持了对良棉厂的整顿工作，组建了 3 个新品种育、繁、推协作组。

副主编《棉检辞典》（中国科学技术出版社 1991 年出版）。《棉检辞典》介绍了棉花检验方面的名词、基础理论和常识、扦样及样品处理、感官检验、仪器检测、棉检测试新技术和质量测定等，是从事棉花科研、生产、加工、棉检等部门人员的理想工具书。

曾任全国农作物品种审定委员会委员，河北省农作物品种审定委员会常务委员，河北省种子协会常务理事，秘书长。

刘海云

刘海云，高级农艺师，1939 年生，河南省安阳市人。1961 年毕业于邯郸农业专科学校农学专业，同年到临西县农业局参加工作，曾任临西县农业局农技推广站站长。

一直坚持在基层从事棉花新品种、新技术的试验、示范、推广工作。不分晴雨天、节假日，经常骑自行车下乡到田间、进农户巡回指导植棉技术，足迹遍布全县 15 个乡镇、295 个村庄。每年在棉花的苗期、蕾期、花铃期、吐絮期组织田间考察，然后根据生产具体情况，写出分析总结报告，为主管部门制定决策提供依据。

先后到邢台地区的 16 个县传授棉麦一体化种植技术，促进了该项技术在冀中南棉区的推广普及。联系 3 000 多个科技示范户，不仅为他们讲技术，还帮助解决化肥、地膜、缩节安等生产资料问题。多年来累计技术讲座 200 余次，培训棉农 70 万人次，编写教材 156 篇，印发技术资料 8 万余份。

组织推广了 10 万亩碱地棉沟播、10 万亩旱地棉高产栽培、17 万亩棉花地膜覆盖、棉花粗整枝、除草剂氟乐灵使用、10 万亩棉花全程化控、双百斤皮棉栽培技术等，对全县棉花产量的提高、品质的改进起到一定的推动作用，取得经济效益 9860 多万元。参加完成的"黑龙港类型区旱地棉"项目，获河北省科技成果三等奖；"棉花地膜覆盖"项目，获河北省科技推广二等奖。

国务院政府特殊津贴专家，邢台市突出贡献专家，邢台市科技拔尖人才。全国农村科普先进工作者，全国科技扶贫先进工作者，河北省棉花生产先进个人，河北省先进科技工作者，邢台市、临西县四次记功。全国三八红旗手，河北省劳动模范，河北省优秀共产党员，三次出席河北省党代会。模范事迹曾被《中国妇女报》《河北日报》《河北科技报》《河北农民报》《邢台日报》、河北电视台、邢台电视台等多次报道。河北省棉花学会第一届、第二届、第三届理事。

马志远

马志远，农艺师，1940年生，河北省新乐县（今新乐市）人。长春地质学院毕业，后参加河北正定师范学校短训班一年，1965年到石家庄市种子管理站工作。2000年退休。

20世纪70年代初，针对生产上棉花种子杂乱的局面，向石家庄地区行署建议允许良棉厂收购种子棉，统一加工，统一供种，提高生产用种质量。此建议得到石家庄地区行署认可并施行。

70年代中期，承担河北省棉花品种试验，曾代表石家庄地区到邯郸市参加全省棉花品种试验总结会议，汇报了石家庄地区棉花品种试验结果。经过综合评价，选定科遗2号在石家庄地区推广，到1980年，石家庄地区科遗2号推广面积达52.5万亩，占全区棉田面积的28.2%。

1974年、1975年，带领全区良种场场长到江苏省泗阳县良种场和启东县良种场参观学习。针对良种场经营情况，提出良种场经营管理建议："良种场的土地三七开，七成繁育良种，三成搞多种经营，扭亏增盈"，该建议经过实施，取得良好成效。

1981年总结了石家庄地区种子机械加工的经验，并收录于农业部种子局编印的《种子工作参考材料》。

1991年在藁城市种子公司举办了种子加工、包衣流水线现场技术培训班，邀请河北省种子公司、石家庄市种子机械厂、北京农业大学专家到会讲课，促进了包衣种子的推广。同年在辛集市良棉厂设置了棉花种子光子包衣与不包衣的对比试验，结果种子包衣的处理，每亩增收67元。1992年在元氏县良棉厂，进行棉花毛籽包衣与不包衣对比试验，结果包衣的棉田亩增皮棉11.5kg，亩增加收入46元。试验证明无论光子还是毛籽，包衣后均能明显提高棉花产量，增加收入。据此石家庄地区农业局签发文件，在全区推广。1991年被河北省种子公司评为种子包衣先进工作者。

1993年结合石家庄地区种子机械加工和种子包衣的实践，编写了《种子包衣技术》，石家庄地区行署农业局以文件的形式，下发至各县、市农业局，促进了全区种子包衣技术的推广。1993年"主要农作物种子包衣配套技术研究与推广"项目，获石家庄地区行署科技进步三等奖，1994年获河北省科技进步二等奖，第三完成人。

路文广

路文广，农业技术推广研究员，1940 年生，河北省滦平县人。1966 年河北农业大学毕业，1967 年参加工作，先后在邯郸地区农业局技术推广站、西藏自治区、邯郸地区农业局棉花办公室工作。曾任邯郸市农业局棉花办公室副主任。

先后主持或参加农业科技推广项目 20 余项，其中 5 项获省级奖励，7 项获邯郸地区奖励。参加的"十省区棉花优质高产综合技术开发"项目，获农业部科技进步三等奖；"棉麦一体化栽培技术"项目，获河北省科技进步二等奖，邯郸地区科委特等奖，河北省农业厅农业技术推广一等奖；"冀中南满幅种植麦套夏棉两熟栽培技术"项目，1991 年获河北省科技进步二等奖；"棉花雄性不育系选育及三系配套"项目，1997 年获农业部科技进步三等奖；"冀中南麦棉一体化栽培技术及推广"项目，1995 年获河北省省长特别奖。

20 世纪 80 年代中后期，随着晚播早熟小麦品种科春 14、冀麦 20 号、邯系 84 和短季夏播棉品种（系）中 657、辽棉 9 号、辽棉 7 号、中棉所 10 号的培育成功，河北省麦套夏棉有了较大发展。在冀中南两熟棉区，推广早熟麦满幅套种夏棉一年两熟栽培模式，于霜前 10 月中、下旬拔棉柴种麦，消除了过去种麦太晚或棉行串种不能翻耕土地带来的土壤板结、病虫害严重等弊病。1988 年全省麦棉套种面积 95 万亩，1989—1990 年，仅沧州、衡水、石家庄和邢台 4 个地区统计，套种面积达 606.7 万亩，占两年棉田总面积的 24.1%。提高了单位面积经济效益，增加了农民收入，缓解了粮棉争地矛盾，总结

出"冀中南满幅种植麦套夏棉两熟栽培技术"，1988—1990年，累计推广440万亩，平均亩产小麦313.7kg，皮棉54.3kg。

设计编写《冀中南满幅种植一麦一棉丰收栽培模式图》，由河北省种子总站印刷发行至冀、晋、鲁、豫四省，实用性强，影响面大，促进了四省棉粮双丰收。

参与编与《邯郸棉化》《邯郸农业大全》两部书籍。

国务院政府特殊津贴专家，河北省棉花生产先进工作者，邯郸市优秀专业技术拔尖人才。邯郸市政协委员。

马文灿

马文灿（1941—2002），高级农艺师，河北省河间县（今河间市）人。1963年毕业于天津农学院，先后在栾城县农业局、河间县农业局农业技术推广站、棉花办公室工作。

1976年从栾城县调往河间县农业局工作。为改变河间县棉花生产落后面貌，在县委、县政府领导下，积极参加河北省、沧州地区组织的棉花新品种、新技术试验、示范和推广工作，重点推广了麦棉两熟、地膜覆盖栽培等技术。至80年代初，河间县棉花生产一改过去的落后面貌，发展成年播种面积40万亩以上植棉大县，皮棉单产由原来几十斤增加到百斤以上，成为全省先进县。

主持和参加了河北省农业厅、沧州地区农业局组织的棉花丰收计划、棉花高产栽培等项目，并获科技奖励多项。主持的"棉花早熟绿豆间作""十五万亩棉花低产变中产丰收""7万亩麦套棉增产技术"项目，先后获河北省农业厅三等奖；主持的"冀中南麦套棉两熟技术推广"项目，获河北省科技进步二等奖；主持的"棉麦两熟技术推广""中棉所12号推广"项目，获沧州地区科技进步二等奖；主持的"无毒棉生产及副产品加工开发"项目，获河北省农业厅科技成果二等奖。

宇文璞

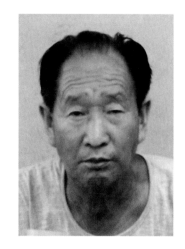

宇文璞（1941—2011），河北省行唐县人。

20世纪60年代石家庄新乐师范学校毕业后，自修农业技术，在本村农场任农业技术员。1982年后，先后在行唐县农业技术高级中学、行唐县职教中心、行唐县农业局石家庄杂交棉研究所、无极县极峰农业开发有限公司工作。

热心棉花育种研究。实行家庭联产承包责任制后，在自家责任田开辟了一块棉花试验地。经过多年的反复观察，1982年在棉花雄性不育系81A的不育株中，发现了雄性不育株"芽黄A"。这一重大发现，引起了河北省棉花育种界的关注。之后承担了河北省科委"棉花不育系研究""棉花不育系研究利用和杂种优势利用研究"等项目。主持完成的"棉花新型不育材料'芽黄A'选育"项目，1990年获石家庄地区行政公署二等奖。

1992年培育出棉花杂交种"黄杂1号"，在新疆、江西、湖北等地种植，比常规品种增产20%左右。1995年这一科研成果通过了省级鉴定，达到省内领先水平。同年，"棉花新型不育材料'芽黄A'杂种优势利用"项目，获河北省科技进步三等奖。此项研究不仅得到了国内棉花专家的高度评价，美国孟山都公司也多次来函来电请求转让技术。

1999年河北省棉花生产跌入低谷，停薪留职回家创立行唐县棉花研究所，继续研究棉花不育系利用和杂交制种的关键技术。功夫不负有心人，"芽黄A"的光温互作敏感特征的发现，使棉花大面积杂交制种成为可能，这项研究成果不仅可以取代生产上普遍采用的人工去雄，而且由于不育系的不育株率达到100%，加上昆虫传粉，能显著降低杂交制种成本，提高制种效率，如果进一步转育成多种遗传背景的新不育系，就可以选配出适于各生态区的杂交种。

随着棉铃虫的猖獗，生产上急需抗棉铃虫的品种，经过6年试验、筛选，"黄杂2号"抗虫棉培育成功，经过试验示范，其抗虫性和产量均达到或超过了生产上大面积推广的抗虫棉新棉33B。

2005年应聘到无极县极峰农业开发有限公司，专职从事棉花相关研究。先后获2项国家发明专利：一种棉花不育系的繁种及其配套制种方法，棉花核雄性不育系

芽黄 A 光温互作繁种方法。

撰写《棉花不育系对温度反应研究初报》《棉花雄性核不育系光温 A》《棉花不育系芽黄 A 的温敏感研究》《温敏感隐性核不育棉花应用研究初报》等论文，在《中国棉花》《中国棉花学会 2006 年年会暨第七次代表大会论文汇编》《河北农业科学》等期刊发表。

曾任行唐县人大代表，石家庄市人大代表，河北省第八届政协委员。1988 年被石家庄地区行政公署评为学用结合先进个人，1989 年被石家庄地区行政公署评为职业技术教育先进工作者，1989 年被河北省教委、河北省劳动人事厅、河北省教工委评为优秀教师，1997 年被石家庄市委、市政府评为石家庄市优秀知识分子。

李 杰

李杰（1941—2017），高级农艺师，河北省承德县人。1964 年承德农业学校毕业。先后在威县农业局技术站、威县农业局棉花研究所工作。曾任威县农业局技术站副站长、威县棉花研究所所长。

毕业后一直从事农业技术推广工作，长期深入基层，包村蹲点，利用培训会、现场会、电视讲座、技术承包等形式进行技术培训和技术指导。依托棉花生产示范基地，推广棉花新品种、新技术、新模式，提高棉农科学植棉水平。

与中国农业科学院棉花研究所、河北省农林科学院棉花研究所建立了长期的协作关系，先后引进、推广了鲁棉 1 号、冀棉 8 号、辽棉

9 号、中 375、中棉所 12、杂 29、石远 321 等品种，实现了棉花品种不断更新，提高了全县棉花产量和品质。1990—1995 年在中棉所 12 的推广过程中，连续对中棉所 12 进行提纯复壮，建立繁育基地，为中棉所 12 在威县乃至周边县市的推广发挥了较大作用。

引进了棉花—土豆、棉花—辣椒、棉花—洋葱、棉花—甘蓝、棉花—小麦等高效立体种植模式，提高了棉田综合生产效益，稳定了棉花生产；示范、推广了棉花地膜覆盖、棉花缩节安化控、棉花种衣剂应用、棉铃虫防治、麦棉一体化栽培等技术；完善了冀中南棉花栽培技术体系，实现了节本增效，促进了威县棉花生产的稳定和发展。

退休后，与河北省农林科学院棉花研究所专家韩泽林先生合作，致力于中长绒棉花品种的选育和示范，为威县中长绒棉的推广发挥了积极作用。

取得科技成果多项。"1.7 万亩棉花高产示范田"项目，1987 年获河北省农业厅科技成果三等奖；"17 万亩旱地棉花模式化栽培"项目，1988 年获河北省农业厅科技成果三等奖；"25.8 万亩棉花综合配套技术"项目，1989 年获河北省农业厅丰收二等奖；"棉田立体高效栽培技术"项目，1997 年获邢台市科技进步二等奖。

撰写《中棉所 12 在威县表现优异》《威县综合防治棉铃虫的几点经验》《1993 年威县棉铃虫发生与防治》《威县推行棉花马铃薯间作受到群众欢迎》等文章，在《河北农业》《中国棉花》等期刊发表。

多次被威县政府记三等功，先后被评为河北省棉花生产先进工作者，威县劳动模范，威县优秀共产党员。曾任河北省棉花学会理事，威县政协委员。

檀彦军

檀彦军，农业技术推广研究员，1941 年生，河北省栾城县（今石家庄市栾城区）

人。1966 年毕业于张家口农业高等专科学校，1984 年调入河北省农业技术推广总站。

20 世纪 80 年代中后期，随着晚播早熟小麦品种科春 14、冀麦 20 号、邯系 84 和短季夏播棉品种（系）中 657、辽棉 9 号、辽棉 7 号、中棉所 10 号的培育成功，河北省麦套夏棉有了较大发展。在冀中南两熟棉区，推广早熟麦满幅套种夏棉一年两熟栽培形式，于 10 月中下旬拔棉柴种小麦，消除了过去种麦太晚或棉行串种不能翻耕土地带来的土壤板结、病虫害严重的弊端。1988 年全省麦棉套种面积 95 万亩，1989—1990 年，仅沧州、衡水、石家庄和邢台 4 个地区统计，套种面积达 606.7 万亩，占两年棉田总面积的 24.1%。提高了单位面积经济效益，增加了农民收入，缓解了粮棉争地矛盾。总结出"冀中南满幅种植麦套夏棉两熟栽培技术"，1988—1990 年累计推广 440 万亩，平均亩产小麦 313.7kg，皮棉 54.3kg，1991 年获河北省科技进步二等奖，"冀中南麦棉一体化栽培技术及推广"项目，1995 年获河北省省长特别奖。

参编《棉麦两熟栽培技术》（河北科学技术出版社 1990 年出版）、《农业实用技术百科全书》（中国致公出版社 1996 年出版）。

撰写《满幅播种棉麦两作是发展我省棉花生产的一项重要措施》《冀中南棉麦一体化栽培体系研究及应用》《冀中南棉麦一体化栽培技术及推广》等论文，其中"满幅播种棉麦两作是发展我省棉花生产的一项重要措施"获河北省棉花协会学术论文二等奖。

国务院政府特殊津贴专家，河北省省管优秀专家，河北省有突出贡献的中青年专家。1988 年、1990 年被河北省农业技术推广总站评为先进工作者。

王双信

王双信，高级农艺师，1942 年生，河北省高邑县人。1961 年毕业于华北地质局张家口地质中等专科学校化验专业。先后在高邑县原种场、种子公司、农业局工作。曾任高邑县种子公司经理、农业局副局长。2002 年退休。

1974 年着手建立棉花原种繁育体系，到 1978 年建成原种场棉花"三圃"和良棉

轧花厂，形成了"场、厂、队、区"四配套，"种、管、收、轧"一条龙的棉花良种繁育体系，为棉花生产提供高质量的种子，使高邑县种子工作走在了全省前列。河北省政府行文在全省推广高邑县的供种经验。1978年高邑县原种场被评为河北省原种场系统先进单位，国家级先进原种场。

作为主要完成人参加的"棉花繁育体系的建立与推广"项目，获农牧渔业部科技进步二等奖。

在高邑县种子公司从事农作物种子推广、管理与应用研发工作20余年，使种子公司得到很大发展，国有资产从上任时的38万元增长到770万元，上缴财税及为公益事业集资200多万元，成为全省同行业先进单位。1996年被河北省政府认定为"河北农业大学实习基地"。

退休后发挥余热，领办民营科技型经济实体"高邑县农信良种应用研究所"，主要引进和培育适宜本地特点的棉花、小麦、玉米等作物优良品种，为高邑县农作物大面积良种应用提供保障。

1979年被评为河北省劳动模范。

陈　国

陈国，高级农艺师，1942年生，河北省滦平县人。1963年毕业于承德农业学校农学系，毕业后分配到高邑县农业局工作。1975年任农业局技术站副站长，1980年任农业局技术站站长，1989年任农业技术推广中心主任。2001年退休。

主持的"粮食、棉花综合栽培技术"项目，1982年获河北省农业厅乙等成果奖；主持的"棉花地

膜覆盖栽培技术"项目，1984年获河北省农业厅一等成果奖。

撰写《防早衰　保蕾铃　增铃重》等10余篇科技文章，在《河北农业科技》等期刊发表。

1983年受到国家科委、农业部、林业部、国家经委四部委联合表彰；曾任高邑县政协常委，高邑县政府特聘农业咨询员。

王希年

王希年，农艺师，1943年生，河北省成安县何横城村人。高小学历，务农。热衷棉花科研。

1968年响应党和国家的号召，自愿放弃在供销社的工作，回村从事农业生产。在本村农场先后担任技术员、场长，期间一直专注于棉花生产技术推广，棉麦间作套种模式试验及改良，棉花品种比较试验和新品种培育。在何横城村试验棉麦间作套种取得极大成功。其后在"河北学大寨"学习何横城经验的过程中，认识到需要一个适合本地种植的优质棉花品种，于是开始投入品种培育试验。不顾文化程度低，努力向书本学习，钻研《遗传学》等书籍，向下乡的大学老师请教。对10多个从外地引进的棉花品种进行了认真比较、分析和鉴定，从中选定徐州1818和佩马斯特两个棉花品种作亲本进行杂交，经过逐代繁育、比较、选优、淘劣，至1976年选出了品系"70-44"，尔后参加了河北省棉花品种区域试验，但未通过审定。之后走访了省内外10多位棉花育种专家，查原因，找症结，明确了主攻方向。把精选的3个姊妹系分区种植，经过进一步比较鉴定，决选出高产优品品系"78-16"，得到有关专家的初步肯定。1978年农场宣布解散，150kg"78-16"种子被全部榨油，10年的心血付之东流。农场散了，但培育棉花新品种的决心不变。到有关单位找回保留的一株"78-16"单株，继续攻关。1981—1983年，"78-16"参加了河北省冀中南组棉花品种区域试验，子棉、皮棉产量连续3年名列第一或第二，纤维品质综合评定等级为上等优级。其中，1983年河北省经济作物研究所试点结果，在10个参试品种中，"78-16"亩产子棉312.8kg，比对照鲁棉1号增产13.9%，居第一位；亩产皮棉132.8kg，比对照增产

25.0%。1984 年通过河北省农作物品种审定委员会审定，命名为冀棉 9 号。"冀棉 9 号品种选育"项目，1985 年获河北省科技进步二等奖，1988 年获邯郸地区科技成果一等奖。邯郸地区将冀棉 9 号作为当家品种在全区替代鲁棉 1 号予以推广，种植面积达 120 多万亩，1985—1989 年，在冀中南棉区累计推广面积达 300 多万亩，并很快推广到河南、山东、山西、陕西、江苏、天津等省市。

1985 年在地、县科技人员指导下，牵头成立了民办棉花研究所，除推广普及冀棉 9 号之外，每年还承担省市农业科技示范、试验及推广工作，为成安县乃至河北省棉花产业的发展做出了较大贡献。

2003—2007 年，承担了设置在何横城村的麦后直播棉花项目，实施过程中，认真观察、多方请教，各项管理措施及时到位，示范方亩产小麦 470kg、皮棉 84kg。2007 年国家科技部、农业部分别在何横城村的示范方召开了大型现场观摩会，并受到国家、省、市、县相关部门的好评，成为解决粮棉争地矛盾，实现棉麦双直播双丰收的典范。

成安县第一届、第二届、第三届、第四届、第五届政协委员。

常良山

常良山，高级农艺师，1943 年生，河北省河间县（今河间市）人。1963 年毕业于天津农学院农学系农学专业，先后在临漳县农业局、河间县农业局工作，曾任农业技术站站长、县农业局副局长、农业技术推广中心主任、农业开发办公室主任。

1980 年首次引进早熟棉花品种中棉所 10 号，夏播栽培试验成功，亩产皮棉 90.4kg，霜前花率 85%，1982 年全县推广面积 5 576 亩，平均亩产皮棉 55.0kg，

1983 年获沧州地区农业发展研究三等奖；1980—1985 年，主持"棉麦两熟配套栽培技术研究"项目，项目区比小麦玉米两熟亩增效益 139.7 元，经沧州地区科委组织的专家鉴定，该项成果达省内领先水平，从而使夏播棉适宜种植区域从黄河以南推向较高纬度的河北省中南部棉区，有效解决了粮棉争地的矛盾；1986—1989 年，主持"棉花全程简化栽培法研究"项目，省工、节水，广泛适用于机械化操作，亩增效益 70.8 元，1989 年经省级技术专家鉴定，达省内先进水平，列入 1990 年发布的《河北省科学技术研究成果公报》，并迅速推广，1990—1995 年，沧州市累计推广面积达到 45 万亩。

参编《高效实用技术 300 题》（北京科学技术出版社 1993 年出版），编写了《植棉技术手册》。

撰写了《棉花全程简化栽培法》《中棉所 16 号夏播高产栽培技术》《麦棉两熟及其栽培技术》《棉麦两熟配套栽培技术》等论文和科普文章，在《河北农业科技通讯》《农村实用工程技术》《中国棉花学会第六次学术论文汇编》等刊物发表。

1988 年、1992 年被评为河间市技术拔尖人才，1992 年获沧州地区行署先进工作者称号，1993 年获农业部农业技术推广先进个人。河北省低酚棉协会理事。

黄春生

黄春生，高级农艺师，1943 年生，河北省正定县人。1958 年在正定县第一机械厂参加工作。1962 年下乡务农，先后任生产队会计、生产队农业技术员、永安乡农业技术员。1975 年后，先后在正定县棉花原种场、正定县农业技术推广站、正定县棉花良种公司工作，1989 年回正定县农业技术推广站，先后任副站长、站长。2003 年退休。

经过艰苦努力，刻苦攻关，培育成功了高产、优质棉花品种冀棉 2 号，1976—1977 年在河北省棉花品种区域试验中，皮棉产量比对照品种冀棉 5 号增产 6.3%~11.9%，两年均居第一位；1977—1978 年参加黄河流域棉花品种区域试验，35 点次平均亩产皮棉 77.3kg，比对照徐州 1818 增产 27.9%；1977 年在河北省抗黄萎

病品种区域试验中，平均皮棉产量比对照品种岱字棉 16 增产 14.6%，居 10 个参试品种之首；1979—1980 年参加全国棉花抗黄萎病品种区域试验，两年 12 点次，平均亩产皮棉 78.7kg，比对照鲁棉 1 号增产 11.6%。

冀棉 2 号纤维品质优良，皮棉洁白有丝光，经北京纺织纤维检验所测试，纤维品质长度 29.3mm，主体长度 28.6mm，单纤维强力 3.9g，纤维细度 5 535m/g，断裂长度 21.8km，成熟系数 1.7，纺纱品质指标 2 199 分，综合评定为上等优级。与其他品种相比生产上每百斤皮棉售价高 25 元。

1978 年冀棉 2 号在河北省正定、栾城、晋县、深泽等地种植 3 万多亩，到 1983 年种植面积达 55 万亩。先后被 14 个省市引种试验或推广，1983 年为全国植棉劳模陕西省闻喜县吴吉昌无偿提供了 400kg 冀棉 2 号种子，还被非洲国家利比里亚引进试种。主持了国家级重大科技成果示范推广项目"冀棉 2 号优种及配套技术示范推广"，到 1993 年省内外共推广 475.4 万亩，增加效益 4.8 亿元。

1980 年起，先后主持、承担了"全国夏棉品种区域试验"等 15 项试验，因试验严谨、数据可靠，1985 年正定县被破格建成全国唯一的县级全国棉花品种区域试验基地。

针对种棉难和两高一优农业的新特点，1983 年在西邢家庄村建立了 1 287 亩一麦一棉夏棉中棉所 10 号样板田，小麦亩产过千斤，夏棉平均亩产皮棉 62.5kg，比上一年翻一番，当年到西邢家庄高产样板田参观学习植棉技术的干部群众达 2.5 万人次。

主持试验推广了"麦棉两熟""棉瓜粮或菜间作三熟"等高效栽培模式，共 30 项配套技术，亩效益平均增 125.5~515.8 元，总效益达 1 104.1 万元，农业部、省市领导及专家给予高度评价。

先后获科技成果奖励 18 项。其中，参加完成的"全国棉花品种区域试验及其结果应用"项目，1985 年获国家科技进步一等奖；主持完成的"冀棉 2 号品种选育"项目，1982 年获河北省科技进步二等奖；"冀棉 2 号优种及关键技术示范推广"项目，1982 年获河北省科技进步三等奖。

参编《"两高一优"立体农业实用技术》（河北科学技术出版社 1994 年出版）。

撰写的《怎样种好冀棉2号》，1982年被河北省科学技术协会编印后发至省内外。在《农业科技通讯》《中国棉花》等期刊发表论文及科普文章32篇。其中《棉花早衰症原因浅析与防治》1987年获河北省优秀论文二等奖。

正定县首批专业技术拔尖人才，河北省有突出贡献科学技术专家，1978年、1979年、1981年3次被评为河北省劳动模范，1983年受到河北省人民政府通令嘉奖，1984年被评为全国农村科技推广先进工作者，1985年被评为中国科学技术协会先进工作者，1987年被评为河北省科技战线树比学先进工作者，1990年获"河北省科技兴农奖"，1998年被评为"河北省职工自学成才"先进个人，多次被评为石家庄地区先进科技工作者。先进事迹被编入《全国农技推广》《全国种子世界》《可爱的河北》《为了大地的丰收》、中共中央《党的建设文库》《中国专家人才库》等书。中国共产党正定县第四次代表大会代表，正定县第六届、第七届、第八届政协委员，正定县第十一届、第十二届人民代表大会常务委员，河北省优秀共产党员。

贾永庆

贾永庆，农业技术推广研究员，1944年生，河北省井陉县人。1969年毕业于河北农业大学。1970年到南宫市农业局工作。

在农业技术推广工作中，坚持在棉花生产一线，针对农业生产发展中急需解决的问题，多次立项进行研究。先后主持和参加完成多项科研、开发课题，获各级成果奖励11项。

主持的"棉花化学除草免中耕增产技术研究"项目，1993年获联合国发明创新科技之星奖，《中国市场报》、联合国信息系统、香港专利中心等机构和报刊做了宣传推广；"棉花地膜覆盖栽培技术"项目，1983年获河北省推广成果二等奖；"棉花良种及高产配套栽培技术"项目，1996年获河北省农村科技三等奖；1991—2000年，主持的"西瓜棉花覆膜早熟高产配套技术研究""棉花化学除草免中耕增产技术研究""棉花圆葱覆膜间作节水栽培技术研究"等项目，通过专家鉴定分别达到国内领先、国内先进水平，均获邢台市科技进步二等奖；1993—1996年，主持的"硅酸盐

菌剂在棉花生产上应用技术研究""棉花马铃薯覆膜双增产栽培技术研究"项目，分别获邢台市科技进步三等奖。

先后研究推广的科研项目，对南宫及周边县市棉花生产的发展起到了积极的促进作用，特别是棉花地膜覆盖栽培技术，棉花化学除草免中耕增产技术，西瓜棉花覆膜早熟高产配套技术等科技成果项目，大面积推广后获得了较大的经济效益和社会效益。

1985—2000 年，承担农业部信息工作，获农业部信息工作一等奖 4 项，二等奖 2 项。

撰写《冀中南杂交棉基质穴盘育苗移栽技术》《棉花化学除草免中耕增产技术》《冀中南棉花膜下滴灌节水栽培技术》《15% 唑虫酰胺防治棉蚜的效果试验》《棉花圆葱间作节水栽培技术》《生物钾肥在棉花上的应用》《棉花马铃薯覆膜双高产栽培技术》《冀中南微型马铃薯繁种与棉花间作栽培技术》《棉花化学除草免中耕增产技术研究报告》《降低棉花生产成本的主要途径》等论文和科普文章 50 余篇，分别在《中国棉花》《农村实用工程技术》《北京农业》《河北农业科学》《河北农业大学学报》《河北农业》等期刊发表。

河北省劳动模范，中国棉花学会先进工作者，邢台市技术推广带头人。南宫市优秀共产党员。

张国宝

张国宝，农业技术推广研究员，1945 年生，河北省望都县人。1969 年毕业于河北农业大学植物保护系，先后在河北省植保总站、河北省出入境检验检疫局工作。曾任河北省植保总站站长、河北省出入境检验检疫局副局长。

主要从事农业技术推广和植物检疫工作。担任河北省植保总站站长期间，积极贯彻"预防为主，综合防治"的植保方针，认真执行"严格把关、热情服务，积极促进"的检疫宗旨，改变了河北省植保工作的落后局面。提出"围绕服务搞经营，搞好经营促服务"的植保

工作思路，建立起以河北省植保总站为龙头的全省植保服务体系，使这项工作走在了全国的前列。

1993—1995年，被农业部、国家科委聘为全国棉铃虫防治专家指导委员会委员，主持了国家"八五"科技攻关计划专项"河北省棉铃虫大发生应急综合防治技术研究"，1996年获河北省科技进步二等奖。参与了抗性棉铃虫的综合治理，制定了治理方案。参加的"棉铃虫抗性等价检测"研究，获联合国TIPS中国国家分部"发明创新技术之星"奖。

撰写《关于控制病虫危害确保棉花丰收的建议》《河北省近年发生较严重的病虫害及控制对策》等论文10余篇，在《河北农业科技》《植物保护》等期刊发表。

河北省有突出贡献的中青年专家，河北省劳动模范，曾任河北省植保学会、河北省昆虫学会、河北省植病学会副理事长，多次受到河北省政府、农业部和全国植保总站表彰。

卢国欣

卢国欣，高级农艺师，1946年生，河北省河间县（今河间市）人。从1968年开始担任棉花生产技术员。1984年成立河间市国欣农村技术服务总会，历任会长，董事长。

1981年在卢村试验种植了500亩麦后直播中棉所10号，获得了成功，轰动了北方主要产棉省，3年内到卢村参观夏播棉的人数累计达到20多万人次，中棉所10号麦后直播种植得到大面积推广。

1984年针对生产上棉花烂铃严重和卖棉难问题，联系了12户棉农，创建了农民合作组织——河间市国欣农村技术服务总会，决心依靠合作，解决生产难题。采取自愿入会的原则，对会员的服务主要集中在新技术引进、培训、咨询、试验、示范和推广；供应良种、化肥、农药、农机具及其他生产资料；轧花保种，统一销售及对外联络。到1988年会员猛增到1 300多户，会员分布也从最初的一两个村扩展到周边的三县一市的57个村，到1990年入会村组增加到86个，会员达到5 000多户，辐射能力大大增强。

1992 年棉铃虫大暴发，给棉花生产造成重大损失。经过多次考察，认为种植抗虫棉是最为经济有效地途径。1995 年引进种植近万亩抗虫棉，有效地遏制了棉铃虫危害，实现了节本增收。由于抗虫棉突出的抗虫效果，1995 年南繁加代，并建立了繁

种农场和大型良棉加工厂，有效地提高了生产用种的质量。2001 年建立了棉花研究所，先后育成欣抗 4 号、国欣棉 3 号、国欣棉 6 号、国欣棉 8 号、国欣棉 9 号、国欣棉 10 号、国欣棉 11 号、欣试 71143、GK39、sGKz73、GK99−1 等 19 个品种通过国家或省级农作物品种审定委员会审定。在新疆开荒建场，组建联新集团，在天津、河北、山东租地 8 万亩，聘用场长 200 多名，在全国成为育繁推于一体的大型棉种企业。

2002 年接受中国科学技术协会的提议，筹建了中国农技协棉花种植专业委员会，会员 6 万名，分布在全国 13 个省市；2006 年接受中国棉花协会的提议，筹建了中国棉花协会棉农合作分会，国欣农村技术服务总会为以上两会的挂靠单位，为两会的创办和发展运营提供平台和经费。

国欣农村技术服务总会已发展成为育、繁、推一体化，技术、信息、生产、加工、销售、服务一条龙的农业产业化省级重点龙头企业，拥有棉花研究所、8 万亩繁种农场、大型良棉加工厂、棉被厂等经济实体及 3 个控股公司。在科技成果转化、创办实业，带领会员学科技、用科技植棉致富等事业中做出了突出贡献。

为提高棉农科技素质，增强致富能力，国欣农村技术服务总会每年拿出 200 多万元对棉农免费进行培训和技术指导。拨款 1 000 万元建设培训大楼，成立专门的培训班子，聘请专家到会讲课，组织会员组长分批集中培训，累计直接培训会员骨干5 000 多人次，间接培训会员 6 万多人次。编制植棉技术书刊 30 万册，制作光盘 10万张，会刊《国欣桥》18 万册，发放技术资料上百万份。棉农通过系统培训，科技素质和致富能力得到很大提高，产生了巨大的社会和经济效益。1995 年、1996 年、2005 年国欣农村技术服务总会荣获"全国农村科普工作先进集体"称号。

1985 年、1989 年、1992 年、1995 年获河北省劳动模范称号，1990 年当选河北

省第七届人大代表，连续数届当选沧州市、河间市政协常委，1987年被中国科学技术协会评为全国农村科技致富能手。

田俊兰

田俊兰，高级农艺师，1946年生，河北省临西县人。1973年到河北省农业厅工作，先后任生产处副处长、技术推广总站副站长、经济作物处处长。2007年退休。

长期从事棉花生产管理、技术推广、产业化开发等工作。建成了国家级棉花基地县29个，投资规模6 000多万元；争取国家发展棉花专项基金1 000多万元；建成省级良种棉改良中心1个，投资规模1 000万元；组织建立了威县、故城、辛集、临西、南宫、东光、冀县等25个良种繁育示范基地；先后建立了30万亩高品质棉花新品种示范基地和100万亩高品质棉花生产基地，生产能力达20万吨以上；完善了河北省农业结构调整的整体思路，推动了农业结构调整的深入开展，为河北省棉花生产做出了突出贡献。

获科技成果奖励多项。主持完成的"推广100万亩中低产棉田综合栽培技术"项目，1989年获农业部丰收二等奖；"棉花综合丰产技术"项目，1989年获农业部丰收二等奖；"冀中南满幅种植麦套夏棉两熟栽培技术"项目，1991年获河北省科技进步二等奖；"冀中南麦棉一体化栽培技术及推广"项目，1995年获河北省省长特别奖。

参加完成的"百万亩棉花综合增产技术"项目，1990年获农业部丰收二等奖，第三完成人；"棉花新品种推广"项目，1991年获农业部丰收二等奖，第三完成人；"180万亩棉花高产综合配套技术"项目，1991年获全国农牧渔业丰收二等奖，第二完成人；"推广棉花化控技术"项目，1993年获国家教委科技进步二等奖，第七完成人；"低酚棉不同类型区配套栽培技术及副产品综合利用"项目，1995年获河北省科技进步三等奖，第三完成人。

参编著作5部：《棉纤维检验技术问答》（河北科学技术出版社1989年出版）、《棉麦两熟栽培技术》（河北科学技术出版社1990年出版）、《古棉花图丛考》（河北

科学技术出版社 1991 年出版)、《抗虫棉栽培技术》(河北科学技术出版社 2002 年出版)、《河北棉田间作套种高效栽培技术》(河北科学技术出版社 2009 年出版)。

撰写《瞄准市场抓好我省无毒棉的发展》《低酚棉不同类型区配套栽培技术及副产品综合利用技术的研究》《从河北省棉花生产滑坡论发展间作套种高效棉》《建设 "两高一优" 生态棉田耕作新体制》《论低酚棉关键栽培技术及副产品综合利用开发的途径》《河北省棉花生产滑坡原因的分析与对策的探讨》《积极推进棉花产业化进程》《河北省 "九五" 期间棉花生产发展简略》《河北省棉花生产形势问题与对策探讨》《低酚棉关键栽培技术》《河北棉花生产中问题与对策》等论文 20 余篇，在《无毒（低酚）棉专辑（二）》《冀鲁豫棉花持续发展战略论坛》《两高一优农业研究》《中国棉花》《河北农业大学学报》等刊物发表。

国务院政府特殊津贴专家。曾任河北省农业技术成果评审专家，农业部棉花专家顾问组成员，河北省品种审定委员会棉花专业组委员。河北省棉花学会副理事长，河北省棉花学会理事长，中国棉花学会常务理事。河北省劳动模范，全国妇联 "双学双比" 先进工作者。

谢奎功

谢奎功，农民棉花专家，1947 年生，河北省吴桥县人。

1982 年开始致力于棉花抗病、高产育种，同时开展棉花栽培试验研究以及新品种、新技术的示范推广。

1982—1988 年，发现并培育出高抗枯萎病变异株 "CW-1"。1992 年开始选择陆地棉和海岛棉亲本，组配 "陆 × 陆" "陆 × 海" 杂交组合，筛选高优势杂交种。曾

受到中国农业大学教授、博士的技术指导，并予以充分肯定。1993 年在自家棉田开展棉花雄性不育系、保持系、恢复系的试验研究和棉花枯、黄萎病的抗性试验。

为使全县棉农通过种棉花发家致富，1995 年报吴桥县政府批准，成立了棉花研究会，任负责人。棉花研究会的宗旨是进行新品种培育，对引进的品种进行试验推广，带领大家共同致富。研究会成立初期，成员只有 6 人，一年内发展科技示范户 200 多户。

1995 年在中国科学院原子能研究所对自育的 7126、7128 两个品系进行钴 60 辐射，经病圃连续胁迫选择，培育出抗病品系 BD18，同时与抗虫棉亲本杂交，后代连续定向选择，到 2002 年培育出丰产、抗病、抗虫棉花品种冀 589。2003—2004 年，冀 589 参加河北省棉花品种区域试验，两年平均亩产皮棉和霜前皮棉分别比对照增产 15.2% 和 16.9%，生产试验中，亩产皮棉和霜前皮棉分别比对照增产 10.6% 和 10.7%。经河北省农林科学院植物保护研究所抗病性鉴定，冀 589 高抗枯萎病，耐黄萎病。农业部棉花品质监督检验测试中心检测结果，上半部平均长度 29.4mm，整齐度指数 83.9%，断裂比强度 28.1cN/tex，伸长率 6.4%，马克隆值 4.5。2006 年通过河北省农作物品种审定委员会审定。冀 589 成功转让京蔬公司和嘉禾金诺两家公司，先后在河北、山东、河南、江苏、安徽等省的 89 个植棉大县示范、推广，至 2015 年累计推广面积达 800 万亩，创造社会效益 2 亿元。继冀 589 之后，又陆续培育出抗虫棉新品系 1216、838、116 等，其中 1216 获得农业部转基因安全证书。

1997—2000 年，应邀到中国科学院植物保护研究所棉病室担任技术员，负责试验病圃的管理、国家专项基金项目中的棉花枯、黄萎病鉴定及国家 863 计划项目中的转基因抗虫棉品种的抗病性筛选、鉴定等工作。

本着植棉省力、省时、省钱、无污

染的原则，采取免耕不铺膜，推广早熟、优质、高产的品种，减少烂铃，提高子棉质量。通过试验示范，得到周边棉农的认可，先后受多家单位邀请讲课和田间指导，答惑解疑，累计免费培训棉农上万人次，为当地棉花生产发展做出了积极贡献。先进事迹在河北电视台、沧州电视台、吴桥电视台进行了报道，《河北农民报》《燕赵都市报》《沧州日报》等媒体也给予了报道。

2004 年被聘为吴桥县县委、县政府决策咨询委员会委员，同时被授予县长特别奖及县植棉能手称号。

贾忠斌

贾忠斌，农艺师，1948 年生，河北省吴桥县人。1971 年泊头师范大专班毕业后留校任教，1973—1976 年在沧州地区行署文办工作，1976—1991 年任吴桥县委宣传部部长，1991—1993 年任吴桥县农村工作部部长，1993 年调入吴桥县农业局，任局长。

在吴桥县农业局工作期间，带领农业局技术人员，从实际出发，积极探索提高棉花效益的方法和途径，在全县开展了间作套种与"冬季农业"为主要内容的种植结构调整，打破了棉田半年闲的传统，在全县推广了棉花—圆葱、棉花—大蒜等为主的"冬季农业"。还推广了棉田地膜覆盖、优良品种综合配套技术、棉籽脱绒包衣等十几种新技术。1998 年在新疆召开的全国棉花工作会议上，吴桥县作为全国 4 个先进县之一进行了典型发言，其经验被收入《中国特色之路》丛书。

棉铃虫大暴发时期，担任吴桥县棉铃虫防治副总指挥，长期坚守在一线。在经过实地勘测、科学监测之后，通过药物与物理混合防治，把棉铃虫消灭在幼虫时期，该经验迅速在全省推广。1994 年被评为河北省棉铃虫防治工作先进工作者。主持完成的"亩产皮棉 170 斤—6 万亩连片高产优质高效示范"项目，1997 年获河北省科技进步三等奖。

带领吴桥县农业技术人员在试验示范的基础上，因地制宜改进推广不同的棉花种植模式。在沙质瘠薄土地推广密矮早的种植模式；在土质条件好的土地推广宽垅密

植的种植模式，亩产增加10%左右；在水肥条件好的土地推广棉瓜、棉菜间作套种，开展立体种植，全县种植面积达到6万亩以上，平均亩增收1 200多元。

在沧州市率先推广了转基因抗虫棉；在吴桥县组织落实了全国第一批棉花基地县建设项目和续建项目；实施了全国第一批棉花种子示范县项目，扩大了棉花良繁区，建立了棉花脱绒包衣加工厂，每年棉花繁种在2.5万亩以上，满足了全县棉花良种的需要，有力促进了全县的棉花生产。

两次受到河北省政府嘉奖，多次被评为省、市、县先进个人，先进事迹被载入《中华魂—中国百业领导英才大典》。

高增申

高增申，1949年生，河北省高邑县人。1976年高中毕业后参加农业技术推广工作，1991年河北省农业广播学校毕业。退休前在高邑县科技局工作。

高中毕业后，结合本职工作，先后自修了《作物栽培学》《棉花高产栽培》《昆虫学》等十几种农业书籍，提高了自身的农业知识水平。

将科学技术知识与实践相结合，每天4次连续测地温83天，为摸清棉花增产原理提供了数据支持。为了让棉农增收致富，挨家挨户手把手传授农业技术。1983年在高邑县曹留村推广冀棉8号地膜覆盖技术，140亩地膜覆盖棉花平均亩产130kg以上，其中20亩达到159kg。在全县有名的"南大荒"土地上创造了棉花高产奇迹，摘取"棉花大王"的桂冠，并吸引了日本、朝鲜的农业

考察团和国内 20 多个省 50 多个地区的考察团和植棉大户前来考察学习。

为了完成河北省棉花高产课题，作为主研人之一，查阅了大量资料，仔细观察，详实记录，认真总结，为课题的圆满完成做出了贡献，得到了上级主管部门和专家的肯定，并获河北省科技进步三等奖。繁育的优良品种和总结的高产栽培技术在植棉区广泛应用，据统计，1983—1992 年，创造经济效益 2 亿元以上，社会效益 4 亿元以上。

参加的河北省"冀南棉区土壤有效硼丰缺评价"项目，1987 年获河北省科技进步三等奖；承担的"万亩冀棉 8 号亩产皮棉 200 斤配套技术"发展研究课题，1986 年获石家庄地区行署科技进步三等奖。

参与编纂了创建全国科技工作先进县的部分材料。先后在《河北科技报》《建设日报》《农家乐》等报刊发表科普文章 10 余篇。

多次获省、市、县级荣誉称号。1985 年河北省政府授予先进工作者称号，1988 年获高邑县委科技特别二等奖，1991 年获石家庄地区行署科技信息先进个人和科技兴农先进个人，1992 年被评为河北省劳动模范，1993 年、1999 年、2001 年 3 次被评为高邑县县管拔尖人才，1995 年获石家庄市科技管理先进个人，高邑县委、县政府先进科技工作者，1998 年获石家庄市科委农业科技管理先进个人，当选石家庄市第九届政协委员，1999 年被石家庄市科委评为技术市场管理先进个人，2000 年高邑县政府记三等功，河北省科技厅科技工作目标管理先进个人，2001 年获石家庄市农业科技管理先进个人，科技下乡先进个人，优秀科技工作者，"九五"期间国际科技合作先进个人。

张淑敏

张淑敏，高级农艺师，1952 年生，河北省故城县人。1974 年毕业于衡水农业学校，同年到故城县农业局工作。先后任故城县农业局技术站技术员、副站长、站长，2000 年起任故城县农业局副总农艺师。2012 年退休。

长期奋斗在基层农业生产一线，致力于引进示范推广棉花新品种、新技术，并采取技术承包、下乡巡回指

导、集中培训、发放明白纸、田间示范展示等多种推广模式，棉花产量和效益显著提高，全县棉花皮棉单产由20世纪90年代初期的不足30kg提高到2005年的80kg，使故城县由植棉大县跨入了植棉强县。此外，积极承担省部级重大课题调研和推广任务，通过重大课题的实施和成果转化，为全县棉花生产的丰收和品质的提高起到了积极的推动作用，产生了较大的社会和经济效益，促进了故城县棉花生产持续稳定发展。

参加"棉花新良种及配套增产技术"项目，主持故城县项目区任务的落实，1998年获全国农牧渔业丰收一等奖，河北省农业厅农村科技成果一等奖；参加完成的"地膜棉配套增产技术"项目，2000年获全国农牧渔业丰收三等奖，河北省农业厅丰收二等奖；"冀棉8号推广和繁种"项目，1985年获衡水市科技进步二等奖；"棉花干籽早播技术开发研究"项目，1987年获衡水市科技进步三等奖；"无毒棉生产及副产品加工技术开发"项目，1994年获河北省农业厅科技成果二等奖；"低酚棉不同类型区配套栽培技术及副产品综合利用"项目，1995年获河北省农业厅科技成果二等奖，同年获河北省科技进步三等奖。

先后获得50余项县级以上荣誉奖励。其中，1990年被评为故城县十佳风云人物，1992年被河北省农业厅、河北省棉花办公室评为先进个人，1994年在农业技术推广工作中成绩突出，被河北省人民政府给予记一等功奖励，1995年在棉花技术承包中成绩突出，1996年获衡水市科技承包特等奖和故城县县长特别奖，1996年在棉铃虫防治工作中，被河北省防治棉铃虫指挥部评为先进工作者，2000年被评为衡水市市管专业技术拔尖人才，2001年被衡水市妇联授予"巾帼建功能手"称号，同年被河北省科委、科协、省委组织部、省人事厅评为优秀科技工作者。衡水市第一届、第二届、第三届人大代表。

李连女

李连女，高级农艺师，1952年生，河北省正定县人。1976年毕业于石家庄地区农业学校，1991年获大专毕业证书。1976年分配到正定县农业技术推广站工作。2007年退休。

示范推广了棉麦一体化高产栽培技术。正定县人多地少，粮棉争地矛盾突出，但土壤肥沃，水利条件好，光热资源比较充足，机械化程度高，有充足的劳动力。20

世纪 80 年代在全县进行了棉花小麦一体化高产栽培多点试验。前茬小麦采用早熟品种，改进了五项技术措施，后茬夏播棉抓了六项关键技术。根据试验结果，总结出麦棉一体化高产栽培技术在全县推广。1984—1990年，累计推广面积达 11.1 万亩，前茬小麦平均亩产 321.6kg，夏棉平均亩产皮棉 55.3kg，亩纯效益比小麦玉米两熟增收 153.8 元，比春棉单作增收 24.4 元。

示范推广了棉粮菜应用优种及配套栽培技术。1989年承担了石家庄市科委下达的"粮、棉、菜应用优种及配套栽培技术"项目。从种植结构上改棉花一年一熟为棉花—西瓜—甘薯一年三熟或棉花—蔬菜一年两熟；以正定县胡村、大孙村、小屯村为基点，中心示范区以曲阳桥、南岗、西柏棠、南村镇、南中为重点，进行了不同播期、不同密度、不同时期使用缩节安的试验，积累了大量数据，筛选出适宜正定县的三种新模式：棉花—西瓜—甘薯，棉花—小麦，棉花—蔬菜。1989—1991年，累计推广面积 5.0 万亩，与春棉单作相比，棉麦两熟亩增收 126.0 元，棉菜两熟增收 516.2 元，棉瓜薯三熟增收 463.6 元。

积极宣传植棉技术，以点带面推动全县棉花生产。20 世纪 90 年代初，棉铃虫和枯黄萎病的严重危害，使棉农丧失了植棉信心。为稳定棉花面积，编写棉花播种及各生育时期管理建议，其中 6 篇在报刊杂志发表，写明白纸印发到户 18 000 份。每年除到田间巡回指导，还利用培训班、赶集、庙会、电视声像等多种形式进行宣传，鼓励、督导农民种好棉，提高了当地棉农植棉积极性和科学植棉水平，受到主管部门和农民称赞。

抓典型，带动全县棉花生产。1996 年在正定县西权城村抓了 100 亩"密、矮、早"新技术示范，播种前办培训班，发放明白纸到户，播种时逐户指导，并在棉花管理关键期，随时在地头召集农户详细讲解管理技术。各个生育时期调查长势长相，预报虫情。使 100 亩"密、矮、早"棉田平均亩产皮棉达到 63.4kg，比普通大田增产 27.9kg，高产地块亩产皮棉达到 82.5kg。

推广优良品种。1977—1983 年，推广冀棉 2 号品种，平均亩产皮棉 78.7kg，比对照鲁棉 1 号增产 11.6%。进入 90 年代，为了应对棉铃虫危害，1996 年引进了美国抗虫棉分别在西权城、西柏棠、塔元庄、胡村、曲阳桥村进行多点试验、示范，抗虫棉表现株型紧凑，通风透光好，结铃性强，高抗棉铃虫，有效遏制了棉铃虫的危害。进入 21 世纪，引进了石标杂棉 1 号，稀植大棵，每亩密度 1 200~1 500 株。经过试

验证明，适宜在正定县与西瓜、大蒜、蔬菜等作物间作套种，不仅产量高，而且全生育期不整枝，明显节省用工，颇受农民欢迎，有效地提高了经济效益。1996—2004年，全县累计推广抗虫棉5万亩，标记杂交棉3.5万亩。

主持的"棉麦一体化高产栽培技术"项目，1991年获石家庄市农业局推广一等奖；"粮棉菜应用优种及配套栽培技术"项目，1992年获石家庄市农业局推广一等奖，同年获石家庄市科技进步三等奖。

撰写《棉花播种保全苗技术》《棉花播种技术建议》《棉花蕾期管理技术》《棉花中后期管理》等文章，在《石家庄日报》等报刊发表。

1991年被评为河北省先进工作者，1997年被评为石家庄市棉花生产先进工作者，1999年、2000年连续两年被正定县评为优秀知识分子。

赵宝升

赵宝升，农业技术推广研究员，1952年生，河北省吴桥县人。1976年毕业于沧州农业学校，先后在沧州地区种子公司、沧州市种子管理站、沧州市种子监督检验站工作。历任沧州地区种子公司经理、沧州市种子管理站站长、沧州市种子监督检验站站长。

20世纪90年代初期，由于棉铃虫严重发生，棉花面积大幅度减少。1995年转基因抗虫棉引进沧州，经过3年试验，证明对棉铃虫有很强的抗性，使棉农看到了希望，调动了棉农植棉积极性，对恢复棉花生产起到了推动作用。除了推广转基因抗虫棉新棉33B，还推广了冀棉25、杂66F$_1$、93辐56、农大94-7等品种。

2000年之后，连续5—6年以推广DP99B、冀668两个品种为主，解决了新棉33B的早衰问题，此外还推广了GK-12、冀丰106、DP20B、冀228、冀杂566等品种，使当地棉花种植面积达到新高。2006年以后主要推广沧198、冀228、冀杂566、冀589、欣抗4号、冀棉616、农大棉7号等品种。

每年根据品种特性合理布局。根据不同品种的要求，安排不同的土壤，种植不同的密度。召开不同形式、不同品种、不同人员参加的现场观摩会，推广了免整枝

技术：选用中早熟、叶枝发达且结铃性强和单株生产潜力大的品种；重施基肥，早施追肥；扩行减株，合理密植、适时打顶；适度化控，减少早蕾，控制晚蕾。

先后获省部、市级科技奖励多项。其中，参加完成的"棉花种质资源分子指纹图谱构建和杂交棉品种的选育"项目，2007年获河北省科技进步一等奖。

参编《农业信息手册》(河北科学技术出版社1989年出版)、《棉花生物技术及其应用》(中国农业出版社1997年出版)。

河北省有突出贡献中青年科学技术管理专家，沧州市第四批、第五批拔尖人才，1997—2007年任河北省农作物品种审定委员会委员，棉花专业委员会副主任、主任。

高德明

高德明，农业技术推广研究员，1952年生，河北省肃宁县人。1976年毕业于沧州农业学校，1991年毕业于中央农业管理干部学院大专班。先后在沧州地区农业局（今沧州市农牧局）农业科、沧州地区行政公署棉花办公室、沧州地区农业局棉花技术推广站工作，曾任副站长。2012年退休。

多年来一直工作在棉花生产技术推广的前沿，通过在市、县、乡、村组织技术培训班，深入棉农田间地头指导，赶科技大集，在市、县级电视台、广播电台录制节目，报刊发文，发放明白纸，专家咨询热线等形式，推广棉花新品种、新技术，及时解决棉农生产中遇到的问题。

认真落实示范推广项目，制订总体规划和实施方案，建立中心示范区和辐射区，

及时进行项目指导、检查和验收，较好地完成了多个规模较大的项目。如河北省星火项目"应用短季棉开发旱、荒地技术"，3年累计推广面积达到82.8万亩，增加纯收益0.9亿元。

在推进棉花生产建设方面，积极发挥领导参谋作用。1994年在河北省棉花生产系统工作会议上，提出"改革棉花种植制度，推广短季棉晚春播"方案，被河北省农业厅纳入发展全省棉花生产的"三条路子"，1995年被沧州市政府列为全市重点推广项目，获河北省科学技术协会"金桥工程"奖。

1995年在对全市9种不同种植模式的效益调查中，发现棉田间套瓜菜与地膜覆盖棉田的经济效益远高于平作棉田，对此写出调查报告，受到河北省委、省政府的高度重视，先后有4位省委、省政府主要领导做出批示，并以河北省政府办公厅名义全文批转各地市政府办公室，从此在全省推广，大大提高了棉田的经济效益，为河北省棉花生产的可持续发展发挥了重要作用。

获得省、厅级成果奖励21项。其中，主持完成的"棉花良种配良法实现大面积丰产"项目，1999年获全国农牧渔业丰收三等奖；参加完成的"应用短季棉开发旱、荒地技术"项目，1992年获河北省星火科技二等奖，第五完成人；"低酚棉不同类型区配套栽培技术及副产品综合利用"项目，1995年获河北省科技进步三等奖，第二完成人；"百万亩棉花综合增产技术"项目，1990年获农业部丰收二等奖，第四完成人；"棉花全程化控技术推广"项目，1994年获河北省科技进步四等奖，第三完成人；"棉田间套瓜菜高效种植技术"项目，2000年获河北省科技进步三等奖，第四完成人。

主编《沧州市棉花生产技术问答》（河北科学技术出版社2010年出版）、《沧州市棉花生产技术论文集》（河北科学技术出版社2012年出版）；参编《古棉花图丛考》（河北科学技术出版社1991年出版）、《陆地棉生长发育—物候观测六十年》（河北科学技术出版社1993年出版）、《河北棉田间套种高效栽培技术实例》（河北科学技术出版社2005年出版）。

撰写《改革棉花栽培制度，提高棉田经济效益》《沧州市高效棉田生产条件及主

要栽培模式》《旱碱地植棉优势及问题》等论文 22 篇，在《棉花学术论文选编》《冀鲁豫棉花持续发展战略研究论坛》《中国棉花》等刊物发表。

河北省棉花生产技术顾问，河北省棉花学会常务理事，河北省棉花协会理事，沧州市棉花学会副理事长兼秘书长，沧州市棉花协会常务理事，沧州市科学技术协会委员，沧州市老科技工作者协会理事。

2003 年被沧州市政府评为沧州市拔尖人才。1983 年被评为河北省棉花生产先进个人，1993 年被河北省防治棉铃虫指挥部评为先进工作者。多次被河北省农业厅、河北省棉花办公室、沧州地区行政公署、沧州地区农林（业）局、沧州市科协、沧州市老科技工作者协会评为先进工作者。

裴建忠

裴建忠，农业技术推广研究员，1952 年生，河北省行唐县人。1987 年毕业于中国人民大学，大专学历。1988—1996 年在河北省种子管理总站工作，先后任良棉科副科长、科长职务，1997—2003 年在河北冀岱棉种技术有限公司工作，曾任总经理。

在河北省种子总站工作期间，主要负责全省棉花种子的生产经营管理。主持制定了河北省棉花品种布局方案和管理措施，起草修改制定了《河北省良棉厂财务管理试行办法》《河北省棉花良种繁殖区管理试行办法》等文件，对河北省稳定棉花当家品种，加快新品种的繁

育和推广起到了重要指导作用，使河北省良棉体系建设在全国处于领先地位。主持了中棉所 16 等新品种的引进推广工作，对推动河北省棉麦套种模式大面积推广发挥了作用。1995 年开始在河北省对引进的美国抗虫棉新品种进行试验，1996 年底中美双方签订合资建立河北冀岱棉种技术有限公司的合同，为美国抗虫棉引进项目的顺利实施奠定了基础。

1996—2003 年，任河北冀岱棉种技术有限公司总经理期间，认真学习和借鉴国内外先进经验，创造性地开展工作，建立了一套科学的管理体系。河北冀岱棉种技术有限公司于 1997 年当年建设当年投产，1998 年开始在河北省大面积推广美国抗虫棉

新品种。美国抗虫棉引进和冀岱棉公司的成功运作，解决了河北省棉花生产中棉铃虫危害的关键性难题，农民种棉花基本上不用再使用化学农药防治棉铃虫，节约了植棉成本，降低了劳动强度，减少了环境污染，提高了植棉效益。河北省棉花单产由项目实施前的44kg提高到65kg，增产幅度高达47.7%。河北冀岱棉种技术有限公司5年直接供种面积900多万亩，增产棉花1.8亿kg，为棉农节支增收约27亿元。

主持完成的"辽棉9号引进鉴定与推广"项目，1991年获河北省农业厅科技成果二等奖；"中棉所16的引进、鉴定与推广应用"项目，1994年获河北省科技进步三等奖；作为第二主持人完成的"冀棉12新品种推广应用"项目，1990年获河北省科技进步三等奖；参加完成的"棉花杂交种冀棉18的选育及应用"项目，1994年获河北省科技进步二等奖；"黄淮海地区麦棉品种新技术配套'双541'农业目标工程"项目，1993年获农业部科技进步三等奖；"适于麦棉套种的棉花新品种中棉所17"项目，1994年获农业部科技进步一等奖；"抗虫棉引种鉴定及示范推广"项目，1999年获河北省科技进步二等奖；"适合麦棉两熟的麦套低酚棉花新品种——中棉所20"项目，1999年获国家科技进步二等奖。

主编《棉花栽培新技术》（上海科学技术出版社2002年出版）。

撰写《推广新棉33B对河北棉区植棉效益的影响》《转基因抗虫棉应用进展》《抗虫棉对棉铃虫及天敌影响的研究进展》等论文，先后在《河北农业科技》《中国棉花》等期刊发表。

国务院政府特殊津贴专家，河北省农业科技先进工作者。

冯连福

冯连福，经济师，1953年生，河北省威县人。1984年兴建威县良棉加工厂，1985年担任威县良棉厂厂长，1995年任威县农业局副局长兼良棉厂厂长。2003年企业改制后任河北冀实良种种业有限公司和河北金田棉业有限公司董事长兼总经理。

主要从事棉花良种引进、繁育、推广、种子棉收购和加工工作，累计为威县引进棉花新品种19个，在威县建立稳定的繁种基地4万亩，是中国农业科学院棉花

研究所、河北省农林科学院和河北冀岱棉公司特邀繁种单位。推广优良棉种900多万亩，年收购加工种子棉1 000万~1 200万kg，年销售收入8 000多万元。繁育的种子质量和加工的皮棉质量得到了用户的好评，被河北省命名为"棉花收购加工一级企

业"和"河北省农业产业化经营重点龙头企业"，是威县最佳形象企业，被邢台市技术监督局评为"质量信得过单位"。

通过实施良种补贴到户、种子棉加价收购、提高棉农收益等惠农措施，使优良品种在威县快速推广，促进了威县棉花产业的快速发展。

取得成果奖励多项。其中，参加完成的"冀棉12新品种推广应用"项目，1990年获河北省科技进步三等奖；"中棉所12推广应用"项目，1990年获邢台市科技成果一等奖；"中棉所16推广应用"项目，1993年获邢台市科技成果三等奖；"美国抗虫棉推广"项目，1999年获邢台市科技进步一等奖。

威县政协委员，威县棉花协会常务理事，多次被省市县评为先进工作者。

邢瑞朴

邢瑞朴，农业技术推广研究员，1953年生，河北省威县人。1982年毕业于河北农业大学农学系土壤农化专业，同年分配到威县农业局工作。

先后主持了威县全国第二次土壤普查、威县土地利用现状调查工作，参加了邢台地区旱作农业生态高效配套技术措施研究、威县棉花抗盐碱、抗旱研究与应用、威县测土配方施肥、地膜棉配套增产技术和棉花枯黄萎病防治与施肥技术示范推广，参加了市、县、乡在赵村

乡示范的棉花间作套种技术，河北省农林科学院棉花研究所、威县科委、威县棉办在七级镇士通村为基点的万亩地膜棉配套增产技术和棉花高产攻关技术推广。

参加完成的"地膜棉配套增产技术"项目，2000年获全国农牧渔业丰收三等奖。

为培养一批技术骨干，在棉花生长关键期，在威县电视台定期播放棉花技术讲座，普及植棉知识，宣传植棉技术。农忙季节经常深入田间地头解决棉花生产中出现的问题。冬闲时定期举办县、乡技术培训，培训技术骨干，壮大技术队伍，宣传技术知识。

撰写《地膜棉角斑病与浇水关系浅析》《浅谈棉花的质量管理》《这里的棉花为啥不早衰》《专用抗病营养素》等8篇论文，分别在《中国棉花》《河北科技报》《河北土壤肥料研究与应用进展》《土壤肥料》等刊物发表。

赵平春

赵平春，高级农艺师，1953年生，河北省成安县人。1974年毕业于邯郸农业学校农学系。曾任成安县农业技术推广中心主任。

一直致力于棉花技术的推广普及工作。20世纪90年代初，棉铃虫暴发，黄萎病严重发生，棉花大面积减产，棉农收益显著下降，严重挫伤了棉农植棉积极性。为改变这一困难局面，主持了以防治棉铃虫为主的棉花综合增产项目，试验引进了新棉33B、DP99B等转基因抗虫棉品种，有效地遏制了棉铃虫的危害。推广与抗虫棉品种相配套的栽培技术，加强棉铃虫之外的棉田害虫的综合防治，累计应用面积44万亩，新增效益4 800万元。邯郸地区多次在项目区召开现场观摩会，收到了良好的示范效果，受到主管部门的表扬。

经常深入基层，探索适宜成安县的高产高效栽培模式，总结出适合冀中南地区推广的棉花高效间套模式10余种，并集印成《棉花高效间套种植模式》小册子，向农民发放4 000余册。其中有6种模式刊登在《河北农民报》，在全省进行推广。1997年10种棉花高效间套模式入选农业科技出版社出版的《综合农业技术新编》，在冀、晋、鲁、豫推广。对提高单位面积效益，推动当地传统栽培模式的改变发挥了重要

作用。

参加育成棉花品种众信棉 5 号，2012 年通过山西省农作物品种审定委员会审定，并准予推广。

参加完成的"以防治棉铃虫为主的棉花综合丰产技术"项目，1995 年获河北省农业厅科技成果二等奖，1996 年获全国农牧渔业丰收三等奖；1988—1990 年，实施的"春棉优化丰产栽培技术""低产棉田综合丰产技术"项目，分别获河北省农业厅科技成果二等奖；1986—1988 年，参加的"主要农作物模式化栽培"项目，获邯郸地区科技成果一等奖。

2010—2011 年，与同事合作撰写《棉花高产栽培技术》等论文 7 篇，在《中国棉花》杂志上连载。

1984—1988 年连续 5 年被省市评为棉花生产先进个人。1989 年被邯郸市委授予"优秀知识分子"称号，1999 年被邯郸市政府授予"农业技术推广标兵"称号。

张殿森

张殿森，高级农经师，1954 年生，河北省故城县人。1985 年毕业于中国人民大学农业经济管理专业。先后在故城县房庄乡、故城县农业局、故城县良棉种子公司工作，曾任故城县良棉种子公司（后改制为河北银田种业有限公司）总经理，兼任故城县农业局副局长。

在故城县农业局工作期间，承担了河北省科委安排的转基因抗虫棉品种试验，并到海南繁种。1996 年河北省抗虫棉生产繁育现场会在故城召开，标志着转基因抗虫棉品种引种成功，继而承担了转基因抗虫棉区域试验和栽培技术研究试验，为抗虫棉大面积推广提供技术数据。

2002 年故城县良棉种子公司被农业部指定为全国首批棉花和棉种加工示范单位，2003 年被中国棉花协会吸收为常务理事单位，2004 年通过 ISO 9001—2000 国际管理体系认证，连续三届被河北省政府命名为农业产业化重点龙头企业，河北省著名商标企业，省级明星企业，AAA 级信用企业。形成育、繁、推一条龙的农业产业化格局，

同时与中国农业科学院生物技术研究所、河北农业大学、河北省农林科学院棉花研究所、石家庄市农林科学研究院、邯郸市农业科学院合作，推广了冀棉958、冀668，sGK321，石抗126、石杂101，邯棉646、邯棉802等品种。2次获河北省科技推广二等奖。

2005年故城县良棉种子公司整体改制为河北银田种业有限公司，河北银田育种团队先后培育成4个棉花品种通过河北省农作物品种审定委员会审定：银硕1号、银硕116、创棉3号、银硕19号，累计推广面积1 200余万亩，取得了良好的社会效益，为县域经济的发展、产业结构的优化、农民致富起到了积极的带动作用。

农业部棉花技术专家团专家。先后5次被河北省种子公司评为棉花种子三圃田工作先进单位和先进个人，1999年农业部棉花种子生产先进个人和提纯复壮先进单位。连续三届当选衡水市和故城县政协常委。

李书信

李书信，1954年生，河北省束鹿县（今辛集市）人，石家庄地区农业学校农学专业毕业，辛集市农业技术推广中心工作。2014年退休。

参加工作后，一直在农业战线从事棉花新品种、新技术的推广。参与了抗虫棉、杂交棉等新品种和地膜覆盖、配方施肥等新技术的引进、示范和推广工作。

1987—1991年，参加了河北省"180万亩棉花高产综合配套技术"项目的推广，1991年获全国农牧渔业

丰收二等奖；参加完成了"十省（区）棉花优质高产综合技术开发"项目，1989年获农业部科技进步三等奖。

1981—1982 年，设置了棉株打顶后最上部一个果枝的观察试验。棉花打顶尖后，定点定株观测 20 株棉花，每日定时测量最上部一个果枝的日生长量，直至打群尖后停止生长为止。通过观测，打顶尖后最上部一个果枝有一个 3 天的蕾，到现第 2 个蕾，需 3 天时间，生长量较慢，变幅为 0.2~0.6cm，平均 0.4cm，到现第 3 蕾需 6 天，生长量逐渐加快，变幅为 0.4~1.5cm，平均 0.9cm，到现第 4 蕾至第 5 蕾需 12 天时间，生长量最快，变幅为 1~2.4cm，平均 1.6cm。把观测结果整理后写出文章"棉花打顶尖后生长指标的商榷"发表在《中国棉花》期刊上，1989 年《棉花打顶尖后的生长指标，蕾数枝长对应指标》获河北省棉花学会优秀论文二等奖。

1994 年在实施农业"白色革命"工作中成绩显著，被河北省政府评为先进个人。

李凤文

李凤文，农业技术推广研究员，1954 年生，河北省兴隆县人。1978 年毕业于华北农业大学唐山分校，毕业后先后在河北省种子公司、河北省种子管理总站、河北省种业集团公司（河北省农作物引育种中心）工作。历任科长、副经理、总经理（中心主任）等职务。

主要负责河北省棉花种子体系建立健全以及良棉轧花厂的管理工作，提高了全省棉花种子优种供种率；组织了全省棉花种子包衣技术的推广，通过技术攻关、试验示范、宣传普及、召开现场会等措施，使全省棉花包

衣种子种植面积有较大幅度提高；直接参与了与美国岱字棉公司、孟山都公司的商务谈判，引进与推广了转基因抗虫棉，组建了"河北冀岱棉种技术有限公司"。在合资公司的管理与运作上，与外方董事一起，制定了一系列公司内部管理制度和适合中国国情的抗虫棉推广措施，使河北省成为全国最早大面积推广抗虫棉的省份，创造了一家公司供种率占到全省 30%~50% 的记录，高出过去全省 42 家良棉轧花厂总供种率，棉花种子质量也实现了质的飞跃，全省棉花生产实现了历史性变革。

参加完成的"主要农作物种子包衣及配套技术研究与推广"项目，1994 年获河北省科技进步二等奖。该项目从种衣剂选择、剂量、包衣技术到包衣种子的试验、示范、推广都有一定创新，推进了河北省包衣棉花种子的推广普及，从而促进了河北省棉花生产的发展。

发明的"农药计量器"获国家实用新型专利，并获河北省科协科技发明铜奖。

撰写的《种子产业全面质量管理》《棉花种子怎么了》在《种子世界》《北京农业》发表；《主要作物种子包衣技术与推广》在国际田间试验机械会议发表，全面论述了主要农作物种子（主要是棉花种子）种衣剂的选择、运用效果，试验、示范、推广中的技术与实践；《未来种子加工机械展望》从种子生理、外形、颜色等特点，展望了未来种子加工机械的发展方向。

国务院政府特殊津贴专家。

李士进

李士进，农业技术推广研究员，1955 年生，河北省冀县（今冀州市）人。1982 年毕业于河北农业大学植物保护系，同年就职于冀县农业局植保站。2015 年退休。

1985 年发现了在害虫抗性变动情况下的农药毒力波动规律。根据种群遗传学的基本原理和试验数据，提出了农药的毒力波动规律，同时探讨了农药毒力波动的几个性质，根据这些性质提出了农药最优化轮用方式及治理害虫抗性的策略和途径。

发明了农药最优化选择方法。该方法的主要功能是能够测定出农药品种的"年龄"，找出处于青壮年期的

最佳品种。

提出了农药应用系统最优控制机制。以农药最优化监测为依据，对农药的生产、供销和应用环节实行同步控制。

提出了"等价试验法"，即在"等价点"安排农药多品种对比试验，按防效排队，防效最高的品种为最佳品种。用这种方法安排不同农药品种的对比试验时，只安排一个浓度的对比试验就可以了，不需要安排浓度梯度试验来确定对比等价点，只要通过简单计算就可以确定等价点，大大简化了试验程序，使多种农药同时进行对比成为可能。

先后主持了三项河北省科研计划项目，均通过了由河北省科委组织的专家鉴定，并获得了科技奖励。"棉蚜化防系统最优经济控制"项目，是以棉蚜为防治对象实施的农药应用系统最优控制机制的研究，1988年获河北省科技进步四等奖；"新型杀虫剂50%辛对溴氰乳油研制及应用"项目，是应用农药最优化技术优选控制抗性棉铃虫最佳品种的研究，1992年获河北省优秀新产品一等奖，1993年获河北省科技进步三等奖和振兴河北新产品银奖；"棉铃虫抗性等价监测"项目，是应用农药毒力波动规律对棉铃虫抗性监测的研究，1995年获联合国技术信息促进系统（TIPS）中国国家分部发明创新科技之星奖，并获个人金牌。

撰写的《农药毒力波动规律及其应用》被《农民日报》摘要刊登，全文在《河北农业大学学报》发表，并被《中国农业文摘》收录；《农药应用系统的最优化管理》在《农药》发表，并被《中国化工文摘》收录；《十六种常用杀虫剂对棉铃虫的应用系数》在《河北农业科学》发表。

韩拴海

韩拴海，1955年生，河北省平山县人。1974—1988年在部队服役。1988年转业到河北省农林科学院棉花研究所工作。2015年退休。

主要从事棉花科技服务与成果转化工作。共推广棉花新品种35个，在河北省及周边省份推广约207万亩，取得社会和经济效益4.18亿元。

主持完成的"棉花优良品种示范推广"项目，1996

年获河北省农林科学院科技开发三等奖；"新品种开发推广"项目，1998年获河北省农林科学院科技开发二等奖；"棉花新品种大面积示范推广与开发"项目，2002年获河北省农林科学院科技开发三等奖。

2009年在威县通过实施棉花简化整枝管理技术、棉花"六改六一"节本增效集成技术，实现棉田亩增皮棉11.5kg，减少用工14个，每亩增加效益385元。

通过宣传、试验、示范棉花育苗移栽技术，改变了传统平播的种植习惯。2011年成安县、南宫市棉花育苗移栽面积分别达到5 000亩和3 000亩，省工、省时、省力、苗齐、苗壮、易管理、产量高。

2011年在河南省唐河县组织示范推广冀杂1号棉花品种10.2万亩，亩增效益621元，促成唐河县政府与河北省农林科学院棉花研究所关于新品种新技术研发与应用的进一步合作。

2012年在冀州市组织了冀杂2号超高产"双千模式"现场观摩会，促使棉花生产由传统的"多种多收"转变为"精种多收"。经对"双千模式"示范田进行现场测产，亩产子棉469kg。与会的河北省农业厅、冀州市农牧局领导和专家，对"双千模式"给予了充分肯定。

2012年参与了邱县棉花示范种植、加工、销售一条龙建设，推进了棉花产业化进程，带动了邱县棉花产业的发展。

撰写《滨海盐碱地植棉措施》《集约利用资源、提高土地产出》《邯郸市发展棉麦高效种植的意义与有利条件》《新模式让棉农看到增产新希望》等文章，在《现代农业科技》《河北农民报》《河北科技报》等刊物发表。

由于工作突出，被河南省科学技术委员会、河南省农业科学院、河南省农村专业技术协会评为农村科普工作先进个人；被河北省邯郸市农业局评为"农业科技服务"先进个人；被巨鹿县、平乡县、邱县、肥乡县、南宫市等15个市、县农业局评为"科技成果转化生产力"和"创建示范活动"先进个人；被《河北农民报》授予"三

农"优秀专家称号；河北省农林科学院信息宣传工作先进个人，入选河北省农林科学院《创先争优百星璀璨》一书。

白振庄

白振庄，高级农艺师，1956年生，河北省枣强县人。1978年毕业于河北农业大学衡水分校农学专业，同年分配到枣强县农业局农业技术推广站。先后任农业技术推广站站长、农业技术推广中心主任。

多年来一直从事农业技术推广工作。每年抓1~2个重点乡镇3~5个村进行新技术的示范推广。走遍了全县11个乡镇的553个自然村，热心宣传普及科学植棉技术，提高了当地科学植棉水平。

先后主持新技术推广项目65项，累计推广面积285万亩，增加经济效益9800万元。获得各级科技进步奖、丰收奖、兴农奖20项。

1984—1985年，主持推广旱薄地棉花丰产栽培技术，通过采取优良品种选择、适期播种、抗旱保苗、科学施肥、合理密植、简化整枝、病虫害防治7项配套措施，实现了棉花丰收。该技术累计推广20.8万亩，增加经济效益449.6万元。"旱薄地棉花丰产栽培技术"项目，1985年获衡水地区科技进步一等奖。

1989年参加"百万亩棉花综合增产技术"推广项目。针对枣强县棉花生产条件差，旱、薄的生态特点，在技术上重点推广了旱地棉花规范化栽培技术：以氮肥、磷肥、粗肥底施为突破口，以优良品种为基础，合理增加种植密度，综合防治病虫害，并辅以化学调控。此项技术的实施，实现了三桃满挂，产量和品质都得到提高。平均亩产皮棉55.5kg，比前3年平均产量（亩产43.6kg）增加11.9kg，增长了27.5%。1990年该项目获河北省农业厅丰收一等奖，同年获农业部丰收二等奖。

1991年主持"棉花全程化控技术"推广项目。根据棉花不同生长发育时期的长势长相，采取科学的化控措施，保证棉花稳健生长。缩节安使用时期和用量：现蕾期每亩用缩节安0.5~1g，促根壮苗；初花期每亩1~2g，塑造株型，优化冠层结构，简化中期整枝，促进早结铃及棉铃发育；盛花期每亩2~4g，促使多结早秋桃，增加铃

重。通过宣传培训，田间地头指导，抓点带面，科学管理，取得了明显的增产效果。示范推广 8.9 万亩，平均亩增产皮棉 5.7kg，共增产皮棉 50.7 万 kg。该项目 1991 年获衡水地区科技进步一等奖，同年获河北省农业厅科技成果三等奖。

先后在《河北农业科技》《北京农业大学学报》等期刊发表论文 8 篇。

受到省、市、县表彰奖励 29 次，其中：1983 年被评为衡水地区先进科普工作者，1986 年被评为衡水地区"六五"农业攻关先进个人，1990 年由于在棉花科技推广中成绩突出，被评为衡水地区先进工作者，1995 年被河北省农业厅评为先进工作者，1999 年被衡水市委、市政府评为"三下乡"先进个人。1999 年被评为衡水市专业技术拔尖人才，2001 年被评为衡水市优秀共产党员，2002 年被评为枣强县劳动模范，2004 年被评为枣强县第四批县管拔尖人才，2005 年被评为衡水市首届"十佳"农民信得过技术员。

安二祥

安二祥，1956 年生，河北省灵寿县人。1979 年毕业于河北农业大学，先后在河北省农业局经济作物处、河北省农业厅生产处、河北省农业技术推广总站、河北省农优中心工作。

获科技成果奖励多项。1982 年在威县蹲点，作为主要协助人员，推广棉花综合栽培技术，使全县棉花获得增产，获河北省农业厅科技成果二等奖；1981—1983 年，参加完成的"棉田虫害的综合防治"项目，获河

北省农业厅科技成果二等奖;1990年主持的"180万亩棉花高产综合配套技术"项目，获全国农牧渔业丰收二等奖;1990—1991年，主持的"亩产百公斤皮棉栽培技术推广"项目，获河北省农业厅科技进步二等奖，河北省科技进步四等奖;1992—1993年，主持的"棉麦两熟栽培技术"项目，获河北省农业厅科技进步三等奖;1994年主持的"棉花全程化控技术推广"项目，获河北省科技进步四等奖。

参编《河北省种植业区划》（河北科学技术出版社1988年出版）。该书先后获河北省农业厅科技成果三等奖和河北省区划委员会一等奖，并在1988年度北方十省市（区）优秀科技图书评选中获一等奖。副主编《古棉花图从考》（河北科学技术出版社1991年出版）。执笔编写了《棉花顾问》和《棉花优种冀棉8号地膜覆盖高产栽培规程图》。

张秀志

张秀志，高级农艺师，1956年生，河北省邱县人。1972年在邱县棉麻公司、邱县棉花办公室工作。1978年考入河北农业大学邯郸分校农学系，1982年毕业后分配到邱县农业局，1984年任邱县农业局技术站站长，1993年任邱县棉花技术服务协会副会长。2016年退休。

邱县是产棉大县，棉田面积最多时占总耕地面积的90%以上。几十年来主要从事棉花技术推广工作。先后与新马头镇、旦寨乡、梁二庄乡、邱城镇等乡镇的20多个村庄约3万多农户签订了棉花技术联产承包合同，承包面积4.6万亩。推广了棉花病虫害综合防治，棉花地膜覆盖，棉花化学除草，抗虫棉配套栽培，棉花大行间综合利用等多项植棉新技术。率先在邱县的六个村推广了棉花地膜覆盖技术，平均提高单产20%以上。推广的棉花化学除草技术，每亩节省用工4个。推广的转基因抗虫棉品种，每亩节省治虫成本60余元。通过技术承包使棉花单产大幅度提高，平均亩增效益100余元，累计增收500多万元。

为普及棉花科技知识，推广棉花高产技术，几十年来在全县举办各种形式的培训班1 000余期，培训棉农30多万人次。经过长期努力，使全县棉农的植棉技术水平

大幅度提高，棉花平均亩产由不足50kg逐步提高到100kg以上，创造了较大的经济效益和社会效益。

担任农业局技术站站长和棉花技术服务协会副会长期间，主持了11项棉花重大技术项目的开发研究和推广工作：棉花地膜覆盖技术；十五万亩棉花综合丰产技术；十五万亩棉花高产栽培配套技术；十八万亩棉花双百工程；棉花病虫害综合防治技术；棉花化学除草技术；抗虫棉配套栽培技术；夏播棉省工栽培技术；生物固氮菌推广应用技术；棉花大行间利用技术；棉花副产品培育食用菌技术等。

"十五万亩棉花综合丰产技术"项目，采用了综合配套措施，增产显著，经河北省专家组验收，平均每亩增产21%，1989年获河北省农业厅丰收一等奖，同年获农牧渔业部丰收二等奖；"十五万亩棉花高产栽培配套技术"项目，经河北省棉花办公室专家验收，增产显著，1992年获河北省农业厅一等奖，同年获全国农牧渔业丰收二等奖；"生物固氮菌推广应用技术"项目，推广面积3万亩，亩增产10%以上，获河北省科技成果三等奖；"十八万亩棉花双百工程"项目，经邯郸地区专家组验收，增产显著，总增效益1 100万元，1992年获邯郸地区农业局丰收一等奖；"夏播棉省工栽培技术"项目，经过3年研究，综合了化学除草、以虫治虫、推迟灭茬、机械操作、集中追肥、合理密植等多项配套技术，节省用工一半以上，节省成本三分之一，提高单产8.2%，获河北省农业厅丰收三等奖，该项技术被河北省棉花办公室作为棉花栽培高级培训班培训教材，在全省进行了推广。

先后被评为农牧渔业部先进工作者，河北省农业技术推广总站先进个人，河北省科学技术学会科普先进工作者，邯郸地区行署先进工作者，邯郸地区农业局先进个人，邯郸地区劳动模范。邱县县委智囊团技术专家组成员。

孙锡生

孙锡生，农业技术推广研究员，1957年生，河北省交河县（今泊头市）人。1979年毕业于河北农业大学农学系。先后在沧州地区农业局农业技术推广站、沧州地区棉花技术推广站、沧州地区棉花生产办公室、沧州市农牧局工作。曾任沧州地区棉花技术推广站站长，沧州地区棉花生产办公室副主任，沧州市农牧局农业技术顾问。

参加工作以来，一直从事棉花生产和技术推广工作。坚持下乡蹲点，做试验、搞

示范、抓样板，先后推广了旱地棉、地膜棉、低酚棉、短季棉、抗虫棉等新品种、新技术，棉蚜、棉铃虫综合防治技术等，促进了植棉科技的进步和效益的提高。

先后获得省部、市级成果奖励18项。其中，参加完成的"旱薄盐碱地棉花综合增产栽培技术示范研究"项目，1982年获沧州地区行政公署三等奖；"内陆盐碱地沟播棉花保苗技术的发展研究"项目，1983年获沧州地区行政公署二等奖；"旱薄盐碱地棉花开沟等雨播种保苗技术"项目，1985年获沧州地区行政公署三等奖；"棉花营养钵育苗大面积示范"项目，1986年获河北省农业厅科技成果三等奖；"棉花高产示范"项目，1987年获河北省农业厅丰收三等奖；"棉花早熟绿豆间作技术"项目，1988年获河北省农业厅科技成果三等奖；"低酚棉种植及其综合利用技术"项目，1992年获沧州地区行政公署三等奖；"棉花全程化控技术推广"项目，1992年获沧州地区行政公署一等奖；"应用短季棉开发旱荒地技术"项目，1992年获河北省星火科技二等奖；"棉花早熟优质高产成铃结构化控技术体系研究"项目，1991年获沧州地区行政公署专员特别奖；"麦棉两熟夏播低酚棉新品种—中棉所18"项目，1991年获农业部科技进步二等奖。

参编著作4部：《无毒棉》（河北科学技术出版社1990年）、《古棉花图丛考》（河北科学技术出版社1991年出版）、《棉检词典》（中国科学技术出版社1991年出版）、《陆地棉生长发育—物候观测六十年》（河北科学技术出版社1993年出版）。

撰写《旱地棉造墒保墒技术》《旱地棉增产技术浅议》《我区棉花品种结构与布局调查初探》《提高棉花纤维品质的栽培途径探讨》《浅议我区棉花枯黄萎病的防治措施》《论棉花烂铃原因及防治措施》《夏播棉缩节安化调技术》《无毒棉的利用效果》《利用赤眼蜂防治棉铃虫效果初报》《棉麦一体化发展对策浅谈》《棉田害虫的主要天敌分布特征研究》

《市场经济下河北省发展棉花生产的对策》等论文 19 篇，在《河北农业科技》《河北棉花》《中国棉花》《河北农业大学学报》等期刊发表。

1995 年被评为沧州市市管拔尖人才，1983 年被河北省政府评为棉花生产先进个人，1993 年被河北省防治棉铃虫指挥部评为棉铃虫防治先进工作者，2013 年被沧州市文明委评为最美科技工作者。

吴根现

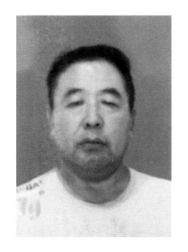

吴根现，曾用名（吴根献），农艺师，1957 年生，河北省高邑县人。先后在高邑县原种场、高邑县农业局技术站、高邑县农业技术推广站工作。高邑县农业技术推广站站长，兼种子管理站站长。

参加工作以来，一直从事良种繁育及推广工作。20 世纪 80 年代初，针对高邑县棉花种植面积大、产量低的情况，1981 年带领 4 名乡镇技术员，奔赴海南省陵水县繁育高产抗病优质棉种。1982 年与石家庄地区农业科学研究所共同推广"冀棉 8 号"良种 3871 亩，并采用地膜覆盖新技术，平均亩产皮棉 148.7kg，比当时主栽品种增产 120%。

1982—1996 年，主要负责棉花良种繁育，为了更好的防治繁种田病虫害，组建了一支 82 人的农技服务队，根据棉花生育进程，提出关键管理技术，做到统防统治，降低病虫害危害机率，生产出高质量的棉花良种。

为能及时解决农民棉花生产中的难题，开设了电话咨询服务，并深入到各乡村田间地头进行现场技术指导，把先进的农业技术传播到高邑县三乡三镇 107 个村庄，受到了广大棉农的好评。

发明了"单株棉种钢刷脱绒机"，2013 年获国家专利。该机使用方便，除棉籽绒毛干净，破籽少，清车快，避免机械混杂。这一新机器的研发，既避免了常规硫酸脱绒方法导致的环境污染，又大大提高了优种率。

2012—2014 年，历时 3 年在高邑县西张村示范推广高产、优质、抗病虫棉花新品种石抗 126、石杂 101、石早 98，并根据品种的生育进程，及时详细记载汇总并上

报各类数据，为新优品种推广应用做出了贡献。

参加完成的"优质、多抗国审转基因抗虫棉石抗126选育及应用"项目，2013年获河北省科技进步三等奖；"高产、优质、抗病虫棉花新品种石杂101和石旱98的选育及应用"项目，2014年获河北省科技进步二等奖，并受到了石家庄市农林科学研究院表彰与奖励。

1987年被评为高邑县"乡土拔尖人才"，1988年被评为"学用结合活动"先进个人，1995年被评为"科技兴农"先进工作者，2000年、2004年、2011年、2016年被评为河北省农业技术推广先进工作者。2010—2014年连续5年被评为石家庄农业技术推广工作先进个人。2015年被高邑县委宣传部、高邑县委组织部评为"农村大讲堂"讲师。

张先忠

张先忠，农艺师，1957年生，河北省南宫县（今南宫市）人。1981年毕业于邢台农业学校农学专业，后到南宫市农业局工作。

1983—1986年，参加国家"六五"攻关"黑龙港流域旱薄碱地棉花中低产攻关技术研究与探讨"项目，并获农业部科技进步二等奖。

1986年开始主持南宫市农业局植保站工作，先后承担了多项棉花病虫害综合防治项目。1987年承担了农业部棉花病虫害综防技术研究与探讨推广（北方棉花协作组）项目。从1990年起，南宫市农业局植保站成为河北省棉花病虫害测报基点站。1993—1995年，在全国棉铃虫治理中，一年推广

棉铃虫性诱剂 8 万亩，高压汞灯 1 万亩，对南宫市棉铃虫综合防治技术的推广起到了很好的示范带动作用。1993—2002 年，承担了农业部"棉花病虫害抗性监测"项目和"棉花病虫害综合治理"项目，其中，"棉花病虫害综合治理"项目获农业部科技进步二等奖。

在几十年的工作中，平均每年开展电视讲座、现场技术培训、集市宣传等 20 余场次，在棉花病虫害防治的关键期，及时宣传、讲解棉花病虫害的防治技术，用最少的投入，产生最佳的防治效果，为棉花增产、增效保驾护航，受到当地领导和广大棉农的好评。

2013—2015 年，被康特耐公司聘为棉花可持续发展项目技术顾问，3 年中为该项目进行棉花专项技术培训 30 场次，受训人员近万人。

1986 年在《中国棉花》发表《棉花冬灌技术研究与探讨》，1987 年该论文获河北省棉花学会优秀论文二等奖；1996 年《棉花枯黄萎病综合治理》获邢台市科委优秀论文二等奖；2003 年《棉花病虫害综合治理》《抗虫棉对棉铃虫的影响》收录在农业部出版的《棉花病虫害综合防治》一书。

1993—1995 年，在全国棉铃虫治理中两次被评为全国先进个人，负责的南宫市农业局植保站被评为全国先进集体，2002 年被评为邢台市科普带头人，先后 5 次被河北省农业厅评为植保先进个人。河北省农业厅植物网络医院首批专家。2005 年获邢台市优秀人大代表。

张寿华

张寿华，高级农艺师，1957 年生，河北省盐山县人。1980 年毕业于沧州地区农业学校，1990 年毕业于中央农业管理干部学院。先后担任乡农技站技术员、盐山县良棉轧花厂副厂长、盐山县农业局棉花技术站站长、盐山县农业局副局长、棉花办公室主任、盐山县气象局局长。

20 世纪 80 年代初，在良棉轧花厂工作期间，主要负责棉花新品种的引进、繁育和推广，先后引进推广了丰产品种鲁棉 1 号、棉麦套种品种中棉所 10 号、高产

品种冀棉 8 号、冀棉 10 号、优质棉品种冀棉 11、中棉所 12、沧 7315-38 等棉花品种。繁育的冀棉 11、沧 7315-38 推广面积达百万亩。

先后组建了盐山县农业局棉花技术站、农业技术推广总站。研究并示范推广了地膜覆盖技术、病虫害防治技术、全程化控技术、棉花晚春播技术等。

大面积推广了棉花地膜覆盖技术，解决了早播棉田地温低、失墒缺苗、苗病严重的问题，对改善土壤生态环境，活化养分，保温保墒，抑制盐碱有明显的作用，促进了棉花品质和产量的提高，示范区增产幅度达 10% 以上。为完善地膜覆盖技术，解决地膜覆盖后由于地温上升快，保湿保温效果好，养分释放快发挥作用早，棉花早发，由于早发而造成早衰，使产量与品质下降等问题，研究了"防止地膜覆盖棉花早期旺长与后期早衰"课题，解决了地膜棉栽培中的一大难题，获河北省科技成果奖与沧州市科技进步一等奖，入选中国"八五"科学技术成果奖。

在棉铃虫防治工作上，率先引进高效低毒农药溴氰菊酯，对棉花的稳定发展起到了重要作用。为解决棉花"高、大、空"现象，大面积推广了缩节安化控技术，控制了棉株旺长，塑造了稳产株型，促进了早发稳产。

针对黑龙港地区春播棉出苗慢，苗情差，成熟晚，产量低等问题，开展了"早熟棉花品种在旱薄地晚春播的价值研究"，利用早熟棉花品种 5 月 5—20 日播种，解决了黑龙港流域旱薄碱地因用中晚熟品种春播，导致出苗时间长、死苗严重、缺苗断垄及贪青晚熟、产量低、品质差等问题，实现了趋利避害，苗齐、苗壮、早熟、丰产，该项目 1992 年获河北省星火科技二等奖。参加完成的"棉花新良种及配套增产技术"项目，1998 年获全国农牧渔业丰收一等奖。

为提高新技术普及率，长期编辑《棉技小报》《盐山棉花》，向乡镇农科站、重点植棉村、植棉户发放，受到了主管部门和棉农的好评。

参编《农业病虫草害防治大全》（北京科学技术出版社 1993 年出版）、《陆地棉生长发育—物候观测六十年》（河北科学技术出版社 1993 年出版）。

撰写《地膜棉早发早衰的原因与防止》《黑龙港地区滨海盐碱地植棉技术》《早熟品种在旱薄地晚春播的价值》《棉花烂铃原因及预防措施》《怎样防止地膜棉早期旺长

河北棉花人物志
HEBEIMIANHUARENWUZHI

和后期早衰》等论文和科普文章20余篇，在《中国棉花》《河北农业科技》《河北农业》等期刊发表。

先后被评为沧州地区十佳青年，沧州市拔尖人才，沧州市优秀知识分子，农业部先进个人。

张　偏

张偏，高级农艺师，1957年生，河北省高阳县人。1976年毕业于保定市农业专科学校。同年分配到高阳县农业局工作，1976—1982年任农业技术员，1983年任高阳县农业局技术推广站站长。

负责高阳县农业新品种、新肥料及新型农药的试验、示范、培训与推广工作。重点抓棉花产业，并主持黑龙港区域高阳盐碱地棉花低产攻关，实现了由亩产皮棉25kg到百斤的突破。制订了高阳县棉花生产改革方案；示范推广转基因抗虫棉新品种、种子包衣、地膜覆盖新技术；实施"东移北扩"战略，由城西老棉区向东北新区域发展，并制订新区域发展技术方案，通过强化技术培训、建立样板示范、定期指导的方法，推动了新棉区的产业发展；编写技术建议15项，如科学运用肥水、合理化学调控，及时整枝，病虫草害综防技术，破膜补水技术，种子包衣技术等。

参加完成的国家科技成果重点推广项目"棉花生物钾肥应用推广"，项目区平均亩增产皮棉10%以上，1992年获国家科委成果奖，高阳区域主要完成人；"棉花种子包衣及综合配套增产技术"项目，1999年获全国农牧渔业丰收一等奖，高阳区域主要完成人；"棉花间套瓜菜高效种植技术"项目，1999年获河北省农业厅科技进步三等奖，高阳区域主要完成人；"棉花新品种及配套技术推广"项目，2004年获河北省农业厅丰收一等奖，2005年获全国农牧渔业丰收三等奖，第十五完成人；"棉花病虫害综合防治技术"项目，2004年获农业部推广二等奖，第十三完成人。通过项目的实施，促进了本地区棉花的增产、增效。

撰写《巧种又巧收高产又高效》《棉花科学合理化学防控》《棉花如何及早预防早衰》等文章，在《农民致富经》《河北农业科技》发表。

2005 年被评为全国农业技术推广先进工作者，1996 年被评为河北省先进工作者，1991 年被河北省科委评为先进工作者，2001 年被河北省农业技术推广总站评为先进个人，2003 年被河北省农业厅评为先进工作者，1990—1991 年连续 2 年被

保定地委评为先进工作者，1990—1993 年连续 3 年被保定市农业局评为先进工作者，2000—2001 年被评为保定市劳动模范，2006 年被保定市科协评为先进工作者，3 次被高阳县人民政府评为先进工作者，2 次立功 5 次嘉奖。2009 年被聘为河北省棉花协会第六届理事会理事。

杨学英

杨学英，农艺师，1957 年生，河北省曲周县人。1981 年到鸡泽县农业局工作。通过自学考试，2005 年取得河北农业大学农业推广专业本科文凭。曾任鸡泽县农牧局植物检疫站站长。

参加工作后，一直战斗在农业第一线，主要从事农作物病虫害防治和农业技术培训工作。

参加"棉花全程化控技术推广"项目，主持该项目在鸡泽县的推广，1994 年获河北省科技进步四等奖；主持的"棉麦一体化棉铃虫消长规律及综合防治技术研究"项目，1996 年获邯郸市政府科技成果一等奖。

撰写的《高压汞灯防治棉铃虫效果观察》，在河北省植保学会举办的《河北省主要病虫害严重发生原因及治理对策研讨会》上进行交流，并在《河北农业科技》发表，《高压汞灯防治棉铃虫的效果评价》分别在《植物保护》和《中国现代农业》

发表。

邯郸市第七届、第八届、第九届政协委员，多次被河北省、邯郸市、鸡泽县农业系统评为先进个人。1993 年被评为农业部全国棉铃虫防治先进工作者，2003 年被评为河北省农村富余劳动力转移培训先进个人。

杨彦杰

杨彦杰，农业技术推广研究员，1957 年生，河北省博野县人。1980 年毕业于保定农业专科学校植保专业，1996 年南京农业大学植保专业研究生毕业。1980 年开始一直在河北省植保植检站工作。

1975—1977 年，作为农民技术员，跟随河北省农林科学院植物保护研究所驻点技术人员在博野县南邑村致力于棉花病虫害预测预报和防控工作。主要运用麦田后期的瓢虫，助迁到棉田控制棉花苗蚜；人工饲养赤眼蜂释放田间寄生棉铃虫卵实现控害作用；人工饲养螳螂结合助迁马蜂捕食棉铃虫幼虫等，实现了利用多种天敌控制棉田害虫。参加完成的"多种天敌防治棉花害虫"项目，1979 年获河北省科技进步四等奖。

1980 年保定农业专科学校毕业后，主要从事河北省植保技术推广与应用工作，在大规模棉花病虫害防灾减灾中一直战斗在第一线。

1991—1992 年，赴博野县和丰润县蹲点，采取蹲村、抓乡、带县、辐射周围的方法，运用合理密植、科学施肥、全程控害、适时收获等配套技术，并采取多种有效形式的技术培训和现场操作指导，让农民具体掌握和运用，使粮棉增产显著。与前 3 年相比，棉花平均增产 15%，赢得当地政府和农民的一致好评。

20 世纪 90 年代中期，面对棉铃虫严重发生的局面，在做好全面技术指导的基础上，经常深入邯郸、邢台等重点棉区进行现场检查指导，蹲点指导防控工作，发挥了带头作用。1996 年被农业部评为"全国棉铃虫防治先进工作者"。

参加由全国农业技术推广服务中心牵头的"棉铃虫综合治理技术大面积推广应用"项目，运用合理种植玉米诱集带诱卵，诱杀（光诱、性诱）成虫；运用苏云金

杆菌在卵孵化初期控害；运用超低量喷药器械，在低龄幼虫期开展化学防治等连环配套措施，省工省药，防效高，在全国主产棉区进行推广应用。"棉铃虫综合治理技术大面积推广应用"项目，1998 年获农业部科技进步二等奖；"棉花病虫害综合防治技术大区示范与推广"项目，2004 年获农业部丰收三等奖。

副主编《棉花病虫防治技术分册》(中国农业出版社 2006 年出版)。

撰写《转 Bt 抗虫棉田间病虫害发生特点及防治意见》《棉铃虫可持续治理措施的应用》《转 Bt 抗虫棉田间病虫害发生特点及治理对策》等论文，分别在《农作物有害生物可持续治理研究进展论文集》《世界农业》等刊物发表。

国务院政府特殊津贴专家，全国有突出贡献的中青年科技管理专家。

赵玉芝

赵玉芝，农业技术推广研究员，1957 年生，沧州市南皮县人。1980 年沧州农业学校毕业，同年在南皮县农业局参加工作。先后担任南皮县农业局棉花技术站站长、南皮县农业局副局长。

多年来一直从事农业生产和新技术推广工作，重点负责棉花新技术、新品种的试验、示范推广。主要包括：地膜棉、晚春播棉、麦套棉、夏播棉、棉瓜菜间作套种棉、碱地棉等及其配套技术的推广和应用。在棉花生长期间，容易遭受不同程度的旱、涝、风、雹、虫等灾害，带领农技人员深入到田间地头指导农民科

学植棉，使棉花产量和效益不断提高，促进了南皮县经济的发展和农民增产增收。

配合河北省农业厅经济作物处、中国农业科学院棉花研究所、河北省农林科学院棉花研究所、河北农业大学、中国科学院遗传研究所、沧州市农林科学院棉花研究所等单位，开展了棉花品种比较试验、不同栽培形式、不同肥料品种及用法、用量等试验。

主持或参加国家及河北省科技项目 7 项。其中，2007—2009 年，农业部"棉花简化种植节本增效生产技术研究及应用"项目，采用棉花农艺简化、化学防控技术简化、应用机械化等技术，使棉花亩产增加 10% 左右，每亩节本增效 100 元以上。2010—2015 年，承担农业部"棉花生长指数信息采集与棉花生产景气指数信息采集"项目，每年 1—12 月份，对棉花种植意向，实际播种面积，生长指数，产量监测，生产成本，交售进度等信息采集上报，为上级部门制定棉花生产政策提供可靠依据。

获得成果奖励多项。其中，参加完成的"棉花良种配良方实现大面积增产"项目，1999 年获全国农牧渔业丰收三等奖；"河北省平原盐渍化类型区农业优势产业发展关键技术研究"项目，2009 年获河北省科技进步二等奖；"南皮试区旱地棉农机农艺配套技术及研究"项目，1997 年获中国科学院石家庄农业现代化研究所科技进步三等奖；"抗虫棉田绿盲蝽发生与防治技术"项目，2005 年获河北省科技进步三等奖；"万亩棉花快速增产技术"项目，1988 年获河北省农业厅科技进步三等奖。

主持制作的农业科技宣教片"棉花高产创建示范简化栽培技术""统防统治，促农增收"，分别于 2009 年、2011 年获沧州市农牧局农业科教电视兴农一等奖和二等奖。

参编《农业实用技术》(中国农业出版社 2008 年出版)；主持编写南皮县 2008 年、2009 年"阳光工程"农业实用技术培训手册。

撰写《绿盲蝽在抗虫棉上的发生规律及防治方法》《抗性赤眼蜂诱导及防治棉铃虫试验》《冀中植棉区鲁棉研 28 适宜种植密度研究》《棉花红叶茎枯病发生的原因及防治对策》等论文 13 篇，在《中国植保导刊》《中国棉花》《现代农村科技》等期刊

发表。

沧州市市管拔尖人才。先后 5 次被河北省农业厅评为先进工作者，获得沧州市政府和沧州市农业局荣誉证书 32 项次，获得南皮县政府各种荣誉证书 41 项次。先后当选为南皮县第五届、第六届、第七届、第八届政协委员、政协常委，沧州市第七届党代会代表。

高振宏

高振宏，农业技术推广研究员，1957 年生，河北省宁晋县人。1980 年邢台农业学校毕业，同年分配到宁晋县农业局工作。曾任宁晋县农业局种植业管理股股长。

主要从事农业技术推广工作。扎根农村，用棉花种植技术帮助农民脱贫。1980 年毕业后，承担起了全县植棉技术的推广重任。在宁晋县东汪镇南顶村蹲点期间，认真查找当地棉花低产原因，积极探索棉花增产增收途径，开展了多种形式的技术指导和技术培训工作。白天到田间细致观察棉花长势，巡回指导，晚上总结分析，进村入户宣讲。抓典型，作对比，组织现场观摩，以点带面。几年下来，棉花品种全部更新，并且实现了棉花播种、施肥、整枝等常规技术到地膜覆盖、配方施肥、化控化除等新技术的逐步普及。600 多亩棉田亩产皮棉由 15kg 左右跃升到 112kg，成为全县棉花高产典型，使棉花成为农民的重要经济来源，脱贫致富的重要途径。

推广植棉新技术，促进全县棉花生产。20 世纪 90 年代初，针对棉花生产上枯黄萎病严重发生，棉铃虫猖獗导致的棉花减产、品质下降等问题，审时度势，抢抓机遇，先后引进抗虫棉、耐病棉和中长绒棉等新品种 8 个，完成黑龙港旱地棉花规范化栽培、地膜覆盖、全程化控、间作套种、棉麦一体化栽培等技术 20 多项，累计推广面积 180 多万亩，有效解决了当时棉花生产中的问题，极大地促进了全县棉花生产恢复和发展。

注重积累，不断丰富理论知识和实践经验。为探索和积累重雹灾后棉田管理技术，对光秆无头棉株采用培养多个营养枝作主茎，按生长时间确定花蕾数量、适时打

顶、打群尖的方法，在不同地点，安排试验对比，坚持隔日观察，详细记录，记载不同处理的新生叶芽出生、生长速度、现蕾开花时间、虫害发生和不同管理情况，最后取得较好收成，产量最高的处理亩产皮棉达 48kg。

参加完成的"冀中南满幅种植麦套夏棉两熟栽培技术"项目，1991 年获河北省科技进步二等奖；"黑龙港旱地棉花规范化栽培技术"项目，获邢台市科技进步一等奖。

撰写《雹灾棉花怎样管》《黑龙港旱地棉花生产中存在的问题与对策》《棉花看苗管理技术》等论文，在《河北农业科技通讯》《河北农业》《现代农村科技》等期刊发表。

河北省政府"农业技术推广突出贡献奖"获得者。先后获全国农业技术推广先进工作者、河北省棉花生产先进个人等荣誉称号。

董素兰

董素兰，1957 年生，河北省卢龙县人。1980 年毕业于唐山地区农业学校，同年到卢龙县农业局大扬庄技术推广站工作，1983 年调入河北省农业厅。1990 年毕业于中央党校函授学院，本科学历。曾任河北省农业厅经济作物处副处长。

主要从事农业技术推广和种植业生产管理工作。在农业技术推广工作中，经常开展不同形式的棉花技术培训，深入田间地头指导农民应用先进植棉技术。1988—1995 年，主管全省棉花、薯类等丰收计划项目，积极组织项目县广泛开展技术培训，印发技术资料，推广先进

综合配套技术，组织棉花生产技术现场会，观摩会，收到很好的示范效果。

在种植业生产管理工作中，参与河北省"北棉南移"棉花发展战略的制定与实施，深入基层调查研究，安排不同类型的棉花生产示范项目。参加完成的"200万亩棉花优良品种及高产高效栽培技术"项目，1994年获河北省农业厅农村科技一等奖；"棉花优良品种及高产栽培技术"项目，1995年获全国农牧渔业丰收一等奖。

1995—2006年，组织实施了以棉花为主的河北省旱作农业工程，制订实施方案，实行"一优（大力推广抗耐旱作物优良品种）、二调（调整旱地产业结构和作物结构）、三改（通过工程建设改'三跑田'为'三保田'，培肥改土和耕作改制）、四结合（农机措施与农艺技术相结合、工程措施与生物技术相结合、蓄墒措施与保墒技术相结合、传统抗旱措施与现代抗旱技术相结合）的旱作农业综合配套技术，累计推广旱作棉花1319万亩。参加完成的"3661万亩河北省不同类型区旱作农业综合配套技术"项目，1999年获河北省科技进步二等奖。

2006年组织申报并实施了农业部"优质棉花生产示范基地"项目，组织安排了试验示范，为实现棉花提质增效、棉麦双丰奠定了良好基础。

组织了2007年河北省棉花历史上第一年380万亩棉花良种补贴项目的实施，参与了项目招投标，主抓了投标企业的资质审查，确保了5 700万元良种补贴项目的顺利实施，提高了良种覆盖率。

组织实施了农业部下达的河北省棉花绿色高产高效项目，为科学指导全省棉花生产，稳定棉花种植面积，实现棉花提质、节本、增效发挥了重要作用。

1992年参加农业厅开展的不同层次创高产活动中受记功奖励；2013—2015年，连续3年公务员考核优秀，获河北省农业厅三等功奖励。

王其贵

王其贵，农业技术推广研究员，1958 年生，河北省南宫县（今南宫市）人。1981 年毕业于邢台地区农业学校，2000 年毕业于河北农业大学农业推广专业。先后在威县农业局七级镇农业技术站、南宫市农业局农业技术推广站、种子监督检验站、棉花办公室工作。

采用多种形式传授植棉技术。参加工作多年来，始终坚持深入乡村与农民面对面传授和讲解技术。在棉花播种期和管理关键期，分别在南宫的垂杨镇、明化镇、大屯乡等乡镇的 120 多个村召开棉花技术培训会，培训农民 2 万余人次。每年针对棉花生产条件、气候特点编写"技术明白纸"，累计发放 30 余万份。利用电视台《南宫农业》栏目，每年举办 5—6 期电视棉花技术讲座。开通农业 110 咨询台，接访农民咨询电话 2 000 多个。

抓好项目带动和成果示范。推广了棉花地膜覆盖栽培技术，使全市地膜覆盖棉花面积达到 40 万亩以上，子棉亩产量由原来的 130kg 增加到 260kg；推广了杂交棉新品种，累计植棉面积 1 万余亩，子棉亩产量突破 350kg；在张家屯、小石柏、同仁庄、林家庄等 50 多个村推广棉—瓜间作、棉—菜间作等十几种棉田间套种高效栽培技术模式，累计推广面积 10 余万亩，亩效益 2 500~4 000 元；实施了"棉花高产创建示范方""棉花轻简栽培技术""棉花病虫害综合防治"等一批高技术含量的项目，负责项目方案设计、乡村地块落实、技术指导和培训、项目技术数据调查记载等工作，积累试验数据 2 万多个；针对病虫害严重，种植密度大，棉花中后期蕾铃脱落、烂铃等问题，采用轮作倒茬，增施有机肥，平衡施肥，选用新品种，适当稀植，综合防治等措施，使棉花产量和质量得到大幅度提升。

获省部级科技奖励多项。其中，参加完成的"棉花新良种及配套增产技术"项目，1998 年获全国农牧渔业丰收一等奖；"棉花间套瓜菜高效种植技术"项目，2000 年获河北省科技进步三等奖；"棉花新品种推广"项目，2002 年获全国农牧渔业丰收二等奖；"杂交棉新良种及综合配套增产技术"项目，2010 年获全国农牧渔业丰收三等奖。

参编《河北棉田间套种高效栽培技术实例》（河北科学技术出版社 2005 年出版）。

撰写《抗虫棉万丰 201 优质高效栽培技术研究》《河北省棉花生产可持续发展的

主要举措》《南宫市棉花西瓜间作、棉花洋葱间作》《棉花蕾期雹灾只要加强管理仍会获得相应产量》等7篇文章，分别在《河北农业科学》《河北农业》《河北省棉田间套种高效栽培技术实例》等刊物发表。

邢台市市管优秀专家，邢台市农业专家，河北省棉花学会第六届理事。2006年被评为河北省棉花生产先进工作者，2012年被评为河北省农药管理先进个人，连续多年获南宫市人民政府嘉奖。

王增光

王增光，农业技术推广研究员，1958年生，河北省沧县人。1979年毕业于河北农业大学，同年到沧州地区（今沧州市）农业局工作。沧州市农业局棉花技术站副站长。

1982年参加了农业部在山西省棉花研究所举办的棉花地膜覆盖技术培训班，1983年开始抓棉花地膜覆盖技术的试验、示范、推广工作，并在沧州市举办的棉花栽培技术培训班讲授棉花地膜覆盖技术，使沧州市棉花地膜覆盖面积逐年扩大，到1993年，全市棉花地膜覆盖面积达到150多万亩，亩增产皮棉15kg左右。

主持、参加完成成果奖励多项。其中，"黑龙港地区旱地棉花规范化栽培技术"项目，1989年获河北省农业厅科技成果三等奖；"百万亩棉花综合增产技术"项目，1990年获农业部丰收二等奖；"棉花地膜覆盖栽培技术"项目，1991年获河北省农业厅科技成果三等奖；"棉花缩节安化控技术"项目，1991年获河北省农业厅科技成果三等奖；"亩产百公斤皮棉栽培技术"项目，1992年获河北省农业厅科技成果一等奖；

"棉花良种配良法实现大面积丰产"项目，1999年获河北省农业厅农村科技二等奖，同年获全国农牧渔业丰收三等奖；"利用赤眼蜂防治棉铃虫"项目，1997年获沧州市科协金桥工程项目奖。

参编著作5部：《古棉花图丛考》（河北科学技术出版社1991年出版）、《陆地棉生长发育—物候观测六十年》（河北科学技术出版社1993年出版）、《农业实用技术》（中国农业出版社2008年出版）、《农民增收致富的措施与技术》（中国农业科学技术出版社2008年出版）、《农民增收好帮手》（中国农业科学技术出版社2009年出版）。

撰写《发展棉田冬季生产的意义及对策》《当前棉花生产面临的问题和宏观对策》《利用赤眼蜂防治棉铃虫田间应用效果初报》等论文，在《棉花高产高效技术论文选编》《中国科学院大学学报》《河北省棉花学会论文集》等刊物发表。撰写的《黑龙港地区旱薄碱地棉花地膜覆盖栽培技术》，1985年获河北省棉花学会优秀论文二等奖，《探讨棉麦一体化栽培中的几个问题》，1990年获河北省科学技术协会优秀论文。

1983年在黑龙港科技攻关中获河北省"科技攻关先进工作者"和沧州地区行政公署"先进工作者"奖励证书，1991年沧州地区行政公署记功1次，1996年获河北省农业厅棉花科技承包工作表彰奖励。沧州市棉花学会理事、副秘书长。

冯月新

冯月新，高级农艺师，1958年生，河北省故城县人。1978年毕业于衡水农业学校农学专业，同年到故城县农业局工作。曾任故城县农业局副局长。

多年来从事旱碱地植棉、棉花高产攻关、棉花高产栽培技术、低酚棉研究等工作，并取得多项成果。

主持的旱薄盐碱地棉花"一抗二增三适时"栽培技术，1983年获河北省农业厅科技成果一等奖。其核心措施是选用抗旱耐盐品种，增加密度，增加施肥量，适时打顶，使旱薄盐碱地棉花由单产30~35kg提高到55kg，增产50%以上，推广面积20余万亩。

主持的"冀棉8号推广和繁种"项目，1984年获河北省农业厅科技成果三等奖。其主要推广措施是：繁育冀棉8号优种1万亩，通过印发明白纸，召开培训会，示范

田展示，让棉农了解冀棉8号的高产特性和配套栽培技术。推广面积30万亩，一般亩增产皮棉10kg以上。

主持的"黑龙港旱地棉花高产栽培技术"项目，1991年获河北省农业厅科技成果三等奖。主要推广了"蓄（增施有机肥，提高蓄水能力）、保（采取耙耢保墒）、抗（选用抗旱品种）、躲（适当晚播，躲避干旱期）等措施，抗旱增产效果明显，增产20%~30%。

主持的"低酚棉配套栽培技术"项目，1991年获衡水市科技进步一等奖，"亩产三百斤皮棉栽培技术"项目，1985年获衡水市科技进步二等奖；"五万亩亩产二百斤皮棉高产配套技术研究"项目，1985年获衡水市科技进步二等奖。

参加完成的"亩产100公斤皮棉栽培技术推广"项目，1992年获河北省农业厅科技成果一等奖；"棉花新良种及配套增产技术"项目，1998年获河北省农业厅科技成果一等奖，同年获全国农牧渔业丰收一等奖；"棉花新品种推广"项目，2002年获河北省农业厅丰收二等奖，同年获全国农牧渔业丰收二等奖。"棉花优质栽培技术的试验研究"项目，1990年获石家庄市科技成果二等奖。

撰写《旱地棉田保墒技术》《西瓜棉花间作技术》《无毒棉优质丰产配套技术》《无毒棉石无16选育及配套技术》等论文，在《中国棉花》《无毒（低酚）棉专辑》等期刊发表。

1987年被故城县评为专业技术拔尖人才，2008年被衡水市评为专业技术拔尖人才。1986年在河北省黑龙港地区"六五"农业科技攻关中，受到河北省政府表彰，1995年在棉花技术承包中，受到河北省农业厅表彰。2000年、2005年分别被衡水市授予"农技推广十佳个人"和首届十佳农民信得过技术员称号。曾任中国《棉花科技快讯》《中国农技推广》《河北农业科技》通讯员。

刘金华

刘金华，农业技术推广研究员，1958 年生，河北省南皮县人。1991 年毕业于中央农业管理干部学院。南皮县农业局棉技站站长。

针对棉花种植费工费时成本高的问题，提出通过简化整枝减少用工降低成本的新思路，并积极进行简化整枝种植试验，通过 3 年时间研究总结出一套棉花简化整枝配套技术：选择结铃性强，叶枝发达，抗病性强的品种；等行距种植，简化整枝；合理密植；叶枝、主茎分别打顶；科学化控。与常规精细整枝棉田相比，亩减少整枝用工 3 个以上，亩增皮棉 13.3kg，亩增效益 200 元左右。该技术在南皮县年推广面积 17.5 万亩，年总增经济效益约 3 500 万元。

针对南皮县盐碱地面积大的具体情况，1998—2007 年，通过与中国科学院石家庄农业现代化研究所合作，进行河北平原盐渍化类型区农业优势产业关键技术研究。作为该项目南皮县负责人，负责制订实施方案并组织落实，最终筛选出适宜盐碱地种植的棉花、油葵等 5 种耐盐作物，并研究总结出相应的配套栽培技术措施。

注重技术指导、宣传培训，每年下乡讲课 50 余场次，在电视台开展专题农业技术讲座 5—7 期。每年编写、印发技术明白纸 5 万余份，培训农民 8 万余人。开辟专家服务热线，为农民答疑解惑，年接听咨询电话百余次。

2001—2016 年，先后承担了中国农业科学院棉花研究所南皮试点氮、磷、钾肥料效应田间试验，河北省农林科学院棉花研究所棉花盖膜与不盖膜、三叶期揭膜和蕾期揭膜试验、棉花密度试验、棉花氮肥用量与施用时期试验等，为试验委托单位提供了详实可靠的数据资料。

获省部级科技成果奖励 5 项。参加完成的"旱薄地棉田抗逆稳产配套技术"项目，1997 年获河北省农业厅科技进步三等奖；"棉花良种配良法实现大面积丰产"项目；1998 年获河北省农业厅农村科技成果二等奖，1999 年获全国农牧渔业丰收三等奖；"河北平原盐渍化类型区农业优势产业关键技术的研究"项目，2008 年获河北省科技进步二等奖；"地膜棉配套增产技术"项目，2000 年获全国农牧渔业丰收三等奖。

撰写《南皮县棉花—洋葱间作套种栽培技术》《南皮县棉花—马铃薯间套作栽培技术》收录于《河北棉田间套种高效栽培技术实例》；《沧 198 特征特性及配套栽培技

术要点》《减少棉花蕾铃脱落的技术措施》《碱地棉栽培技术要点》《棉花简化整枝高产栽培技术》《冀中地区棉田氮肥适宜用量研究》《冀中棉区棉花适宜种植密度筛选研究》等论文，在《河北农业科技》《现代农村科技》《河北农业科学》等期刊发表。

南皮县专业技术拔尖人才，南皮县劳动模范，南皮县"巾帼创业先进个人"，沧州市"双学双比"专家服务明星。

李同增

李同增，农业技术推广研究员，1958 年生，河北省安国县（今安国市）人。1982 年毕业于河北农业大学土壤农化专业，学士学位。先后在保定地区土壤肥料工作站、中央农业广播学校保定地区分校、保定市人民政府棉花办公室、保定市植保植检站工作。历任农业技术员、副校长、主任、站长等职务。

参加工作以后，主要围绕棉花高产栽培、病虫害防治、农业环保等方面开展技术攻关和推广工作。

在土壤肥料工作站期间，主笔撰写了《保定地区盐碱地改良与利用》专题报告，对保定地区棉花适宜的土壤和种植区域做出了科学的规划，同时进行了多项棉花新型肥料的试验、示范和推广，其中"叶面宝"肥料在棉花上应用推广面积达到 20 多万亩，收到显著的经济和社会效益。

主持农业广播学校工作期间，主要从事县、乡在职农业技术员的大、中专学历教育和农民技术培训工作。为发展保定地区棉花生产，利用地区财政棉花技术改进费专款，开设了棉花重点县定向招生中专班，共在高阳、蠡县、安新、雄县、博野等县招收 5 期学员，培养种棉技术员 200 名，以提高植棉重点县农技人员的业务水平。举办棉花种植技术培训班 30 期，学员 1 500 多名，重点培训棉花种子包衣技术，棉花"矮、密、早"高产栽培管理技术和棉铃虫综合防治技术等，提高了植棉重点县农业技术人员的业务水平，促进了保定市棉花生产的可持续发展。

主持保定市人民政府棉花办公室工作期间，正值棉花生产上棉铃虫为害严重，致使保定地区棉花种植面积由原来 70 多万亩锐减至不足 10 万亩。为解决这一问题，在

全省统一部署下，主持保定地区抗虫棉新棉33B种植技术的推广工作，使棉铃虫为害得到有效遏制。为提高棉花单产，增加植棉效益，推广了多种棉花高产种植技术，其中"棉花种子包衣及综合配套增产技术"得到大面积推广，使全市棉花单产提高10%~15%。经过3年努力，保定地区棉花种植面积恢复到40多万亩。

主持保定市植保植检站工作期间，主要工作是农作物病虫害预测预报和重大病虫害统防统治。推广了棉麦套种田的小麦吸浆虫、棉花蚜虫综合防治技术，棉花高剧毒农药替代技术，棉花农药减量控害技术等，全市推广面积累计达500万亩次，多次受到农业部全国农业技术推广服务中心、保定市政府、保定市农业局的表彰。

参加完成的"棉花种子包衣及综合配套增产技术"项目，1999年获全国农牧渔业丰收一等奖；"新棉33B抗虫棉推广"项目，1999年获保定市科技进步二等奖；"叶面宝应用技术推广"项目，1992年获保定地区科技进步一等奖。

河北省农业专家咨询团专家，河北省自然灾害应急管理专家，河北省植保学会常务理事，河北省植病学会理事，河北省昆虫学会理事，保定市植物保护协会主席。

先后被农业部全国农业技术推广服务中心评为全国植保技术推广工作先进工作者，全国植保技术推广通联工作先进工作者，被河北省农业厅评为全省土肥系统先进工作者，全省农业环保工作先进工作者，被河北省政府文明办评为文化科技三下乡先进个人，被保定市政府评为保定市学术技术带头人，记三等功。

贾德彩

贾德彩，农艺师，1958年生，河北省南宫县（今南宫市）人。1981年毕业于邢台市农业学校，同年到南宫市农业局工作。先后任南宫市农业局土肥站站长、技术站站长、种植管理股股长。

先后推广了棉花地膜覆盖技术、棉花矮密早增产技术、棉田化学除草技术、棉花模式化栽培技术、棉花全程化控技术、棉田生物肥施用技术、棉田间作套种技术、短季棉生产技术、棉花轻简育苗移栽、棉花高产创建、棉花轻简化栽培、棉花机械化收获等新技术30多项。设置各种试验、示范田900多个，完成各种试验总结500多份，掌握了大量的一手资料，取得了一批科研成果。

2009年开始，在南宫市大屯乡、大村乡、王道寨乡示范、推广棉花轻简育苗移栽技术，累计推广面积10万亩，积极扶持和平棉花种植专业合作社，引进开发棉花穴盘育苗移栽新技术，走工厂化育苗、机械化移栽、产业化发展的道路，取得了突出效果。2012年7月30日，"全国棉花轻简育苗移栽现场观摩会"在南宫召开，促进了棉花轻简育苗移栽技术的大面积应用。

连续6年实施棉花高产创建项目，累计实施面积20多万亩，综合利用新品种、测土施肥、病虫害综合防治、轻简化栽培、化控等技术措施，使棉花单产水平从80kg提高到110kg，亩收入达到2 000元以上，亩增纯收入400多元。2012年棉花高产创建项目的实施，有力的推动了全市棉花科技水平的提高。带动1 500多科技示范户、50个示范村，成为科技致富的典型。撰写《积极探索高产棉田标准体系》登载《高产创建示范及技术推广》一书中。

实施了棉田间作套种等项目，主要有棉花—西瓜、棉花—绿豆套种模式。其中，棉花—西瓜模式亩增产值2 000元，棉花—绿豆模式亩增产值800元，还积极探索了棉花—大蒜、棉花—圆葱、棉花—土豆新模式，累计推广面积达100万亩以上，明显提高了棉田效益，增加了棉农收入。"棉田间套瓜菜种植技术"项目，2003年获河北省科技成果奖。

2012年引进英国康特耐公司瑞丽棉花培训项目，2016年引进荷兰禾众公司良好棉花培训项目，委托和平棉花种植专业合作社实施，自己任讲师培训棉农轻简化棉花栽培技术，节约肥、水、药、工。连续培训3年，每年培训3~5次，共免费培训30余村。

在棉花生长发育关键时期，深入到田间地头了解棉花生产状况，对棉农进行技术指导，解决实际问题。利用现场会、明白纸、黑板报等多种方式，进行技术宣传、技术培训、技术指导，既有对乡村技术人员的系统培训，也有对棉农的专题讲解。为使

农业技术传播经常化、制度化、大众化，充分利用现代化大众传媒，主办了《农事参谋》《农业园地》《南宫农业》等电视节目，提高了农民科学种田水平，促进了科学技术全面推广和普及。

河北省棉花学会理事，河北省农业技术协会理事。荣获南宫市人民政府嘉奖 5 次，南宫市人民政府记功 2 次，南宫市劳动模范 1 次，省级先进个人 5 次，市级先进个人 5 次。中国共产党南宫市第四届代表大会代表。1995 年与贾永庆等 4 人荣获联合国 TIPS 中国国家部分发明创新科技之星奖。2015 年获河北省农业技术推广贡献奖。

关永格

关永格，高级农艺师，1959 年生，河北省南宫县（今南宫市）人。1981 年邢台地区农业学校毕业后分配到南宫市农业局工作。

1983 年开始，与河北省农林科学院的专家一起承担了国家科委"六五"攻关、河北省科委"七五"至"十一五"农业重点攻关项目。

2001 年组织成立了河北省冀科种业有限公司。育成的冀科棉 1 号、冀科棉 2 号棉花品种分别于 2010 年、2012 年通过河北省农作物品种审定委员会审定。"高产转基因抗虫棉花冀科棉 1 号示范"列入 2013 年河北省农业科技成果转化资金项目。公司生产经营的品种有冀科棉 1 号、冀科棉 2 号、新科 8 号、石抗 126、鲁棉研 40 等，产品销售到河北、山东、河南等省市，为

棉花增产、农民增收做出了贡献，先后被评为南宫市商品质量信得过单位，河北省第九届消费者信得过单位。冀科牌商标被认定为河北省著名商标，2015 年被邢台市人民政府授予邢台市农业产业化重点龙头企业，被中国种子协会授予 A 级信用企业。

2008 年承担的国家棉花产业技术体系海河试验站南宫市试点千斤棉高产攻关项目，经专家鉴定亩产子棉达到 489kg，创河北省最高产量纪录，《河北日报》《河北科技报》《河北农民报》做了相关报道。

2008 年开始承担河北省冀中南棉花品种区域试验任务，每年都严格按照《河北省棉花品种试验方案》实施，田间管理及时、一致、到位，各项调查记载认真、严谨、资料完整、数据齐全、准确可靠，得到主管部门和专家的好评。

参加完成的"海河低平源节水型农业研究与综合开发"项目，1991 年获国家星火计划三等奖；"海河低平源限水农田节水种植系列技术"项目，1990 年获河北省科技进步二等奖；"水约束型棉粮产区实现中产变高产的途径及系统调节技术"项目，1997 年获河北省科技进步三等奖；"海河低平源限水粮棉田土壤水分动态与调控"项目，获河北省农林科学院科技进步一等奖。

参编《节水型农业理论与技术文集》(中国科学技术出版社 1990 年出版)。

撰写《2011 年海河流域"千斤棉"高产攻关实践》《黑龙港区棉粮轮作现状与倒茬的可行性分析》《海河低平原节水型农业研究与综合开发》等 7 篇论文，先后在《中国棉花》《土壤肥料》《河北省棉花学会论文汇编》等刊物发表，其中《海河低平原节水型农业研究与综合开发》获 1989 年河北省棉花学会优秀论文一等奖；《依水定肥的观念与改变》《冀科棉 1 号为什么能获得高产》等科普文章在《河北科技报》等报刊发表。

1986 年被河北省人民政府评为在河北省黑龙港地区"六五"农业科技攻关中做出突出贡献先进工作者，1988 年获河北省科委在技术服务、开发推广中成绩优秀先进工作者，1996 年入选邢台市跨世纪优秀青年科技人才队伍，1997 年获邢台市委市政府首届邢台市科学技术普及推广突出奖十佳先进工作者，南宫市十佳优秀知识分

子，南宫市科普工作先进工作者，河北省农村科普带头人，南宫市政协常委，邢台市政协常委。

于凤玲

于凤玲，农业技术推广研究员，1960年生，河北省卢龙县人。1982年毕业于河北农业大学农学系，学士学位。同年分配到河北省农业厅，先后在经济作物处、农业技术推广总站、特色产业处工作。河北省农业厅特色产业处副处长。

毕业后至2010年，一直工作在棉花等经济作物生产一线，宣传贯彻落实国家棉花产业政策，推广棉花新品种新技术，解决生产难题，指导农民科学植棉。先后引进、试验、示范、推广棉花新品种20多个，实用新技术15项。其中，1983年针对当时棉花产量低的生产实际，提出了"冀棉8号新品种及配套技术推广"项目，经试验示范，从一个县迅速推广到全省，取得显著经济效益，获河北省科技进步三等奖；1997年提出并主持完成了"棉花新良种及配套增产技术"项目，实现了良种良法配套种植，使河北省棉花产量大幅度提高，1998年获全国农牧渔业丰收一等奖；针对当时棉花稀植大棵、病虫严重的问题，提出并在全省实施"亩产皮棉170斤—6万亩连片高产优质高效示范"项目，1997年获河北省科技进步三等奖；1997年针对生产上棉花疯长和脱落严重的实际，提出棉花应用缩节安全程化控技术，少量多次，下促上控，并配以"棉花应用缩节安全程化控技术规程"，使棉花营养生长和生殖生长相互协调，实现高产，全省推广覆盖率达90%以上，促进了全省棉花矮化密植技术的推广应用，"棉花全程化控技术推广"项目，1994年获河北省科技进步四等奖；"棉花应用缩节安全程化控技术规程"，1998年获河北省科技进步三等奖；1999年针对棉田春季行间空地利用率低的问题，提出并推广了"棉田间套瓜菜高效种植技术"项目，2000年获河北省科技进步三等奖；1999年提出并推广了"棉花硫酸脱绒包衣及综合配套栽培技术"，解决了棉种带病和棉花苗期病虫害易发生的问题，2000年获农业部丰收一等奖；主持或参加完成的"棉花综合丰产技术"项目，1989年获农业部丰收二等奖；"百万亩棉

花综合增产技术"项目，1990年获农业部丰收二等奖；"180万亩棉花高产综合配套技术"项目，1991年获全国农牧渔业丰收二等奖；"亩产百公斤皮棉栽培技术推广"项目，1993年获河北省科技进步四等奖；"低酚棉不同类型区配套栽培技术及副产品综合

利用"项目，1995年获河北省科技进步三等奖；"地膜棉配套栽培技术"项目，2000年获全国农牧渔业丰收三等奖。

主编或参编科技图书11部。其中，主编《怎样种好冀棉8号》（河北科学技术出版社1985年出版）、《种植基础知识》（河北科学技术出版社2001年出版）。参编《棉花纤维检验技术问答》（河北科学技术出版社1989年出版）、《古棉花图丛考》（河北科学技术出版社1991年出版）、《抗虫棉栽培技术》（河北科学技术出版社2002年出版）、《棉花高产高效栽培新技术》（河北科学技术出版社2002年出版）。

撰写《新棉33B生育特点及配套栽培技术研究》《美国抗虫棉33B生育特点及栽培技术要点》《河北省棉花生产现况及发展对策》《河北棉花生产形势、问题与对策》《河北省棉花生产仍潜伏着危机》等论文20余篇，分别在《河北农业大学学报》《中国棉花》《河北农业科学》《河北农业科技》等期刊发表。

国务院政府特殊津贴专家，全国农业科技推广标兵，河北省第三届青年科技奖获得者。曾任河北省棉花学会秘书长、常务理事，河北省棉花技术顾问团秘书，河北省青年工作者协会理事，河北省农作物品种审定委员会棉花专业组委员。先后多次被评为河北省农业厅优秀技术干部、先进工作者，曾获省直先进女职工、巾帼标兵、省巾帼建功明星、省直三八红旗手等称号。

王书义

王书义，农业技术推广研究员，1960年生，河北省肥乡县人。1980年毕业于邯

郸农业学校，先后在肥乡县元固乡、毛演堡乡、肥乡县农业技术推广站、肥乡县农牧局农业技术推广中心工作。

主要从事棉花技术推广工作。通过举办农业科技培训班进行授课、印发技术资料、举办电视技术讲座等各种形式培训县级技术骨干，技术骨干再深入乡镇和重点示范村进行培训，逐层提高涉棉人员的科技素质和植棉水平。

深入基层做好试验调查，积累试验数据。承担了农业部棉花品种试验、河北省农业厅安排的特早熟夏棉试验及棉花育苗移栽试验等，亲自落实地块、调查记载和统计汇总。通过长期的调查记载，积累有效数据3万多个，为科学指导全县棉花生产和推荐优良品种提供了理论依据。

为搞好棉花技术推广，先后到肥乡县的西南口、前白落堡、田寨、吴堡、支村、西彭固、潘村等地长期驻村蹲点，狠抓了春棉、夏棉、棉花与圆葱间套等高产示范方建设，实现了春棉亩产子棉400kg，夏棉亩产子棉250kg的高产纪录。示范、推广了棉花地膜覆盖、棉花与圆葱套种、病虫害防治、配方施肥等技术，经济效益和社会效益显著，累计增加经济效益8 000万元。负责棉花杂种优势利用、优质棉基地建设与续建、棉花良种补贴项目、棉花轻简化育苗示范工程、棉花高产创建等项目的实施，取得了较好的经济效益。

获省部级科技奖励多项。其中，参加完成的"棉花种子包衣及综合配套增产技术"项目，1999年获河北省农业厅农村科技一等奖，同年获全国农牧渔业丰收一等奖；"180万亩棉花高产综合配套技术"项目，1991年获全国农牧渔业丰收二等奖；"抗枯、黄萎病品种冀棉616配套技术推广"项目，2013年获全国农牧渔业丰收二等奖；"冀中南麦套夏棉两熟栽培技术推广"项目，1991年获河北省科技进步二等奖；"冀南夏播棉高产示范区"项目，1999年获河北省科技进步二等奖。

参编《河北棉田间套种高效栽培技术实例》（河北科学技术出版社2005年出版）。

撰写《棉花主要病虫发生概况及统防统治开发应用研究》《发展棉花间套种植是冀鲁豫棉花持续发展的主要途径》《地膜覆盖栽培技术是实现棉花高产稳产的有效途径》《浅谈棉花早衰原因与防止》等论文，在《棉花重大病虫统一防治的理论与实践》《冀鲁豫棉花持续发展战略研究论坛》《中国棉花学会第六次学术讨论会论文汇编》《中国棉花》等刊物发表。

河北省农业厅先进工作者，邯郸市首批优秀专业技术人才，邯郸市劳动模范，农业部全国棉花生产监测先进个人。

王淑杰

王淑杰，高级农艺师，1960年生，河北省冀县（今冀州市）人。1980年毕业于衡水农业学校农学专业。先后在冀县棉花原种场、冀县农业技术站、冀县棉花办公室、冀州市农业局生产办公室工作。

主要负责棉花科技项目的实施，新品种、新技术推广，技术培训，田间指导等工作。常年二分之一的时间深入田间地头，从棉花播种到苗期长势、蕾期及花铃期田间表现进行调查分析，提出科学管理建议；与百姓面对面接触，把技术讲给棉农听，示范给棉农看，每年入村召开培训会20多场次，培训棉农1万多人次；现场指导、电话解答咨询几百人次，促进了冀州市棉花增产、棉农增效。

主持参与了近百项农业科技项目的实施与推广。获农业部二等奖2项，河北省农业厅成果奖13项，地市级科技成果和科技进步奖10余项。

1989—1992年，在"棉花生产管理模拟与决策系统"课题实施过程中，提出了中高产棉田适期早播，增加投入，减少伏前桃，去掉早蕾，系统化控等配套技术，增加了优质棉比例，实现了优质高产，累计增加经济效益1 864万元，1992年获农业部科技进步二等奖。

2000—2001年，在冀州市实施的"棉花新品种示范推广"丰收计划项目，两年累计推广26.5万亩，平均增产23.3%，增加经济效益4 412万元，2002年获河北省农业厅科技成果二等奖，同年获全国农牧渔业丰收二等奖。

参加完成的"黑龙港地区旱薄碱地棉花四改四喷配套技术"，累计推广13.6万亩，增加经济效益835.4万元，1984年获河北省农业厅科技成果三等奖；"优质棉综合开发—优质棉品种筛选及优化栽培技术"项目，通过品种对比、生产鉴定，筛选出适合本县种植的棉花新品种，并提出了相应的配套技术，提高了全县棉花产量及品质，累计增加经济效益3 982万元，1990年获河北省农业厅科技成果三等奖；"棉花

抗病抗旱增产剂一号"，推广 35.6 万亩，增加经济效益 1 900 万元，1990 年获河北省农业厅科技成果三等奖；"黑龙港旱地棉田高产栽培技术"项目，总结出了适合旱地棉田增产的"冬春造墒、耙盖保墒、四季围埝、蓄水、三肥一次性底施、合理密植、简化整枝"等技术，累计增加经济效益 1 352 万元，1991 年获河北省农业厅科技成果三等奖；"麦棉两熟栽培技术规程"，1992 年获河北省标准计量局三等奖；"棉花优种杂 29 推广"项目，1994 年获衡水地区科技进步二等奖。

实施了国家优质棉生产基地县、棉花预警、省级旱作农业工程建设、农业科技示范县推广、测土配方施肥、良种补贴、国家级棉花高产创建万亩示范片等项目。通过新技术的示范、推广，降低了生产成本，提高了棉花产量，改善了棉花品质，取得了明显的经济效益和社会效益，促进了当地棉花生产的持续稳定发展。

参编《麦棉一体化栽培技术百题解答》(北京科学普及出版社 1992 年出版)、《夏播棉栽培技术》《棉花高产栽培技术》《农业管理月历》等农民培训用书。

撰写《棉花花铃期高浓度叶面喷肥效果初报》《中棉所 41 在冀州的表现及栽培技术》《夏棉化调技术》《河北省冀州市棉铃虫综合防治刍议》《抗虫棉早衰的原因及对策》《棉花包衣种的应用技术》《棉花优质高产除早晚蕾新技术研究》《天鹰椒与棉花间作栽培技术》等论文 20 篇，先后在《中国棉花》《河北农业科技》《河北农业》《河北棉花》《冀鲁豫棉花持续发展战略研究论坛》等刊物发表。

1990 年被河北省农业技术推广总站评为先进工作者，1995 年被冀州市总工会评为科技进步优秀人才，2002 年获河北省农业厅农村经济信息工作领导小组二等奖，2004 年获河北省农业厅农业统计信息工作先进个人。衡水市政府记二等功 1 次、嘉奖 3 次，被衡水市政府评为先进工作者 2 次、"三下乡"先进个人 1 次，被衡水市农业局、衡水市区划办评为先进个人 5 次，被冀州市政府评为先进工作者 9 次。冀州市第四届政协委员。

陈宏丽

陈宏丽，农业技术推广研究员，1960 年生，河北省南和县人。1983 年河北农业大学唐山分校毕业，大学本科学历，同年分配到邢台地区农业局（今邢台市农业局）从事农业技术推广工作。邢台市农业技术推广中心主任、邢台市土壤肥料站站长。

1983 年毕业后，主要从事棉花技术的推广工作。长期坚持深入农村生产第一线推广普及农业技术。先后承担了多项省部级和地厅级棉花科研和推广项目。包括棉花地膜覆盖栽培技术的引进、试验、示范推广普及，黑龙港旱地棉花丰产技术推广，麦套夏棉技术的引进和推广，棉花高产栽培技术研究及推广，测土配方施肥技术等。

1991 年在植棉面积较大的广宗县冯寨乡常阜村蹲点，认真研究了当地的农业生产条件和植棉技术水平，制定并实施了 3 000 亩旱薄碱地棉田亩产皮棉 75kg 的"棉花 375"丰产计划。为实现这一目标，除了在田间地头进行培训指导外，还开办了该村第一所农民技术夜校，培养农民自己的科技队伍，实现人走技术留，为该村农业生产的长期发展奠定基础。一年共讲课 38 期 100 多个课时，培养农民技术员近百名，发展科技示范户 200 多户。在办好农技夜校的同时，还组织棉农开展植棉能手竞赛，树科学种田明白牌。为综合防治棉铃虫，组织农民在 1 000 多亩棉田种植了玉米诱集带，有效地提高了综合防治效果。通过一年的努力，该村 3 000 亩旱薄棉田获得了亩产皮棉 76.9kg 的好收成，实现了低产变中产，受到了广大棉农的一致称赞和领导的好评。

1994 年负责威县枣庄乡和临西县下堡寺镇的农业技术指导工作，以点带面，辐射全县，指导全区。经过一年的扎实工作，威县枣庄乡 1 万亩棉田平均亩产皮棉较上年增产 15kg，总增皮棉 15.0 万 kg；临西县下堡寺镇 3 万余亩棉花平均亩产皮棉较上年增产 14.5kg，总增皮棉 43.5 万 kg，两乡镇共增皮棉 58.5 万 kg。

获各级科技成果奖励 15 项。其中，参加完成的"棉花新良种及配套增产技术"项目，1998 年获全国农牧渔业丰收一等奖；"冀中南麦套夏棉两熟栽培技术推广"项目，1991 年获河北省科技进步二等奖；"棉花应用缩节安全程化控技术规程"项目，1998 年获河北省科技进步三等奖；"邢台地区黑龙港类型区旱地棉花规范化栽培技术

示范推广"项目，1989年获邢台地区行政公署科技进步一等奖；"邢台地区棉麦两熟栽培技术体系示范推广"项目，1991年获邢台地区行政公署科技进步一等奖。

针对邢台市棉花的生长特性、栽培技术、病虫防治、品种布局、耕作制度以及持续发展战略等方面进行了研究，撰写了十几篇棉花专业技术论文，其中《冀中南麦棉两熟一体化生产现状、问题和发展前景》，被河北省科学技术协会评为优秀论文；《发展规模种植提高棉花产量》《当前棉花生产稳步发展的主要制约因素及其对策》等4篇论文，分别在《冀鲁豫棉花持续发展战略研究论坛》《河北农业科学》《河北农业大学学报》发表，《关于邢台市棉花生产持续发展战略的思考》获邢台市科学技术协会优秀论文一等奖，另有3篇论文收录在《河北省棉花学会第五届代表大会暨学术讨论会论文集》。

河北省有突出贡献的中青年专家，邢台市跨世纪优秀科技人才，邢台市市管拔尖人才，河北省技术能手，河北省农业专家咨询团专家。河北省棉花学会理事，河北省土壤学会理事，河北省肥料协会常务理事。多次被农业部、河北省政府、河北省农业厅评为先进工作者，1990年在棉花生产工作中做出优异成绩，受到河北省人民政府表彰。2016年获河北省农业技术推广贡献奖。

柳金荣

柳金荣，农业技术推广研究员，1960年生，河北省景县人。1982年毕业于河北农业大学农学系，学士学位。先后在衡水市农业技术推广站、衡水市农业环境与农产品质量监督管理站、衡水市土壤肥料工作站工作。

毕业后一直从事棉花栽培技术研究及推广工作。针对衡水市棉花生产中存在的问题，多次提出合理化建议被政府部门采纳。其中，提出的黑龙港旱地棉花规范化

栽培技术、棉花系统化调技术等被列入河北省农业技术推广计划，经组织实施在衡水市棉花生产上发挥了重要作用。

　　针对衡水市棉区中低产田多，棉田效益不高，棉铃虫为害严重的问题，因地制宜制订推广计划：① 推广棉花新品种及配套增产技术。抓好以优种为主的五个突破，在充分调查研究的基础上，确定中低产棉田的生理生态和栽培技术指标；② 推广棉田间套瓜菜高效种植技术。改创的 20 种种植模式，经过多年的生产实践和优化改造，总结筛选出 4 种高效模式：棉—麦间作、棉—瓜间作、棉—豆间作、棉花—洋葱间作，在全市大面积推广，累计推广面积 170 多万亩，取得经济效益超亿元，促进了棉花种植制度的改革，提高了棉田效益；③ 推广麦套夏棉一年两熟栽培技术。针对棉麦争地矛盾日益突出的问题，在认真总结当地实践和吸取外地经验的基础上，积极推广麦套夏棉一年两熟栽培技术，从根本上解决了棉麦争地矛盾，促进了棉麦共同发展，提高了经济效益。除此之外，还推广了黑龙港旱地棉花规范化栽培技术，无毒棉高产栽培及综合利用等十几项棉花增产增效技术，创造经济效益 4 亿多元。④ 积极示范推广转基因抗虫棉。从试验示范入手，明确抗虫棉抗性特点和丰产性能，运用系统工程的原理和方法，对影响抗虫棉生长发育的关键因子进行统计分析，找出关键因子并进行量化，辅之以配套增产技术，保证了抗虫棉抗虫性和丰产性的发挥，对衡水市棉花生产发展起到了积极推动作用。

　　参加完成的"亩产百公斤皮棉栽培技术推广"项目，1993 年获河北省科技进步四等奖；"棉花综合栽培技术推广"项目，1995 年获全国农牧渔业丰收三等奖；"棉花新良种及配套增产技术"项目，1998 年获全国农牧渔业丰收一等奖；"麦套夏棉两熟栽培技术推广"项目，2000

年获河北省科技进步二等奖；"高效棉田栽培技术推广"项目，2001 年获河北省科技
进步四等奖；"美国抗虫棉示范推广"项目，2003 年获衡水市"科技兴衡"市长特别
奖。另外获市厅级科技奖 20 多项。

撰写《黑龙港旱地棉花规范化栽培技术》《棉花系统化调技术》《棉花全程化控技
术的研究与应用》《衡水市棉花生产现状、问题与建议》等论文，在《中国棉花》《农
业科技通讯》《河北农业》等期刊发表。

河北省有突出贡献的中青年专家，河北省科技成果评审鉴定专家，衡水市专业技
术拔尖人才，衡水市跨世纪人才。13 次被评为河北省农业厅及农业技术推广系统先
进个人，18 次被评为衡水市农业系统先进工作者。

刘振华

刘振华，高级农艺师，1961 年生，河北省临西县
人。1981 年毕业于邢台农业学校农学系，同年到临西县
农业技术推广站工作。2003 年取得河北农业大学高效农
业专科毕业证书。曾任临西县农业技术推广站站长、临
西县农业局副局长兼农技推广中心主任。

先后获市级以上成果奖励 11 项。其中，省部级奖
励 4 项，市厅级奖励 7 项。1986—1988 年，主持完成的
"邢台地区黑龙港旱地棉规范化栽培技术示范推广"项
目，累计示范推广 21 万亩，增加经济效益 1 355 万元，
获邢台地区科技进步一等奖；1988—1989 年，参加完成
"棉花综合增产技术"项目，获全国农牧渔业丰收二等奖；参加完成"棉花新良种及
增产配套技术"项目，1998 年获全国农牧渔业丰收一等奖；主持完成"春播棉亩产
皮棉 114kg 高产、优质、高效示范乡"项目，1999 年获邢台市科技进步一等奖。

参加工作 30 多年，围绕临西县棉花生产的发展，开展了新技术的试验示范、普
及推广、科技培训等方面工作。累计举办各类技术培训班近 1 000 场次，培训农民 20
万人次，编印各类技术宣传资料 30 多万份。先后主持推广新品种、新技术 70 项次，
累计推广面积 380 万亩次，增加经济效益 1.2 亿元。

撰写《临西县棉花—西瓜间作套种栽培技术》等 4 篇文章，收录于《河北棉田

间作套种高效栽培技术实例》。

邢台市农业专家组成员，临西县农业专家组组长，临西县首届专业技术拔尖人才。临西县科技协会副会长，河北省棉花协会理事。先后受到农业部、河北省、邢台市、临西县表彰奖励40余次。邢台市第六届党代会代表。

赵　禹

赵禹，农业技术推广研究员，1961年生，山西省长治市人。1983年毕业于河北农业大学邯郸分校，农学学士学位。先后在邯郸地区农业科学研究所、邯郸地区种子公司、邯郸市种子公司、邯郸市种子管理站、邯郸市植保站工作。邯郸市植保站副站长。

先后从事棉花新品种选育、棉花耕作改制技术、棉花优质栽培技术、棉花种子包衣技术等的研究与推广工作。长期深入农村工作，先后在成安、肥乡、大名、临漳等县驻村蹲点，建立示范田，推广新品种和新技术。

获国家、省部级科技成果奖励多项。主研的"冀中南麦棉一体化栽培技术研究及应用"项目，成功地解决了北纬36°~39°间冀中南麦棉集中产区的麦棉争地矛盾，突破了国内外学术界公认的麦棉两熟区仅限于北纬34°以南的禁锢，这一地区麦棉当年满幅复种，粮棉双增产，亩增效益百元以上。在河北省累计推广1 300万亩，新增纯收益逾15亿元。"冀中南棉麦一体化栽培体系研究"项目，1989年获河北省科技进步二等奖，1990年获国家科技进步三等奖，1995年获

河北省科技兴冀省长特别奖，第四完成人。

主研的"棉花雄性不育系选育及三系配套"项目，成功解决了棉花三系配套问题，其雄性不育系的不育率、不育度，保持系的保持率，恢复系的恢复率均达到100%，达到国际先进水平。1990年后转入应用研究，解决了不育系的抗病高产问题，并筛选出高优势组合邯杂73、邯杂668，分别参加全国杂交棉攻关试验，皮棉产量均居榜首，为三系杂交棉用于生产奠定了坚实基础。"棉花雄性不育系选育及三系配套"项目，1997年获农业部科技进步三等奖，第三完成人。

主研的"主要农作物种子包衣技术及种衣剂研究开发与推广"项目，研究开发了玉米、小麦、棉花三个新型种衣剂，缩短了成膜时间，提高了药种比例，解决了种衣脱落问题。在种衣剂选型、用量和包衣技术质量控制方面为国内首创。研究了包衣种子包装、储存及播种技术，填补了国内空白。制定的种子包衣技术条件，被国家标准采用，整体技术达到国内领先水平。1996—1999年，河北省累计推广8 697.6万亩，新增社会效益13.5亿元。1999年获河北省省长特别奖，第五完成人。

主研的"棉花种子包衣及综合配套增产技术"，在广泛吸收先进技术成果的基础上，运用系统工程原理，对棉田产业的系统环节进行逐级筛选和优化。针对包衣棉种的特殊属性，研究确定了包衣棉种土床发芽试验的方法和条件指标，并提出包衣种子盖地膜应适当晚播，探索出了一整套棉种包衣及综合配套增产技术体系。1998—1999年，累计推广120万亩，新增效益2.1亿元，1999年获全国农牧渔业丰收一等奖，第二完成人。

提出的"麦棉一体化栽培技术""夏棉密矮早技术""棉花种子的选留和贮藏""棉花的优化栽培技术"等技术在国内同行业有较大影响。特别是麦棉一体化技术和棉种选留技术受到国外同行的重视，这两项技术分别刊载在联合国《Agrindex》杂志和CAB International《Seed ABstracts》。

撰写《浅谈棉花种子产业化体系改革》《棉花种子的选留与贮藏》《棉花优化栽培技术》《棉花良种繁育推广体系的现状和对策》《对建立科研生产联合型棉花良繁统供

体系的探讨》等论文和科普文章 50 余篇，分别在《中国棉花》《农业科技通讯》《种子世界》《北京农业》《河北农业》等期刊发表。

河北省有突出贡献中青年专家，河北省"三三三人才工程"第一层次人选，邯郸市优秀专业技术拔尖人才，邯郸市优秀科技工作者，邯郸市十大杰出青年，邯郸市新长征突击手，河北省农业厅先进工作者。曾兼任河北省农作物品种审定委员会棉花专业组委员，邯郸市种子学会副理事长兼秘书长，邯郸市科技成果鉴定评审专家，邯郸市中级农业技术职称评审专家。

付秀峰

付秀峰，农艺师，1962 年生，河北省临西县人。1983 年毕业于河北农业大学农学系，农学学士学位。先后在临西县科委、临西县农业局、临西县政协工作，曾任临西县政协副主席。

大学毕业后，为了改变临西县棉花产量低而不稳的落后面貌，走遍了全县 15 个乡镇的近 200 个棉花村，热心宣传普及科学植棉技术。1995 年被任命为临西县农业局副局长兼任县棉花办公室主任后，每年亲自抓 2 个棉花大乡（镇）5 个重点村进行棉花新技术的示范推广，经常带领技术人员深入基层，调查棉花生长情况，记载试验数据，开展技术培训，宣传增产技术。先后主持推广棉花新品种 10 余个，新技术 20 项，累计推广面积 110 万亩，增加经济效益 3 600 万元，对实现农民增收，推动临西县棉花产业发展起到了积极作用。

示范推广了冀棉 8 号等优质高产棉花新品种，示范推广了配方施肥、化学调控、综合防治病虫害等高产配套技术。1984 年临西县庄科村 6 亩冀棉 8 号，经过精心指导和管理，创造了亩产皮棉 158kg 的高产纪录（1984 年全县平均亩产皮棉 85kg）。

1996 年开始，在临西县推广转基因抗虫棉新棉 33B、DP99B，采用试验、示范相结合的方法，树样板田，建高产田，以点带面，使转基因抗虫棉的应用得到快速发展，全县抗虫棉面积达到了 98% 以上，不仅提高了棉花产量，也降低了棉铃虫防治成本，实现棉农增产增收，使临西县棉花生产上了一个新台阶。棉花产量和收益的提

升，促使棉田面积一路上升，棉花面积占全县耕种面积的 1/3 以上，稳定在 25 万亩左右。临西县棉花优质、高产，在全国负有盛名，被确定为国家优质棉基地县。

主持或参加了多项农业技术推广项目，并获得科技奖励。其中，参与完成的"黑龙港旱碱地棉花增产技术推广应用"项目，1987 年获河北省科技进步一等奖；"棉花新良种及配套增产技术"项目，1998 年获全国农牧渔业丰收一等奖；"春播棉亩产皮棉 114kg，高产优质、高效示范乡"项目，1999 年获邢台市科技进步一等奖。

孙怀连

孙怀连，农业技术推广研究员，1962 年生，河北省邱县人。1983 年毕业于邯郸地区农业学校农学专业，1988 年毕业于中国人民大学农业经济专业，2004 年毕业于河北农业大学农业推广专业，本科学历。自 1983 年参加工作以来，一直在邱县农牧局工作，先后担任邱县农牧局技术站副站长、站长、农牧局总农艺师。

2008 年主持了国家级 12 个杂交棉品种、河北省 54 个棉花优良品种展示工作，高标准建成了 102 亩展示田，为全省棉花品种筛选工作提供了有效数据。

2009—2015 年，主持并组织在邱县新马头镇、邱城镇、古城营乡先后实施了国家级棉花高产创建示范项目，推广了棉花高产高效综合配套集成技术，亩产皮棉均达到 100kg 以上，对全县及周边县棉花生产起到了示范带动作用，提高了棉花生产技术和农民植棉技术水平。

2011—2012 年，在邱县新马头镇和邱城镇 9 个村实施了国家级优质棉花生产示范基地项目，完成了基地基础设施及生产能力建设，促进了邱县优质棉花生产能力和生产水平。

2012 年、2014 年、2015 年、2016 年，先后在梁二庄镇、古城营乡、新马头镇组织实施了国家级棉花轻简化育苗栽培技术试点项目，试验示范了麦后棉花育苗移栽、棉花轻简化育苗栽培技术、棉粮间套、棉瓜间套、棉豆间套等 20 多项高效种植模式，为邱县稳棉增粮和提高棉田效益发挥了重要作用。

制订了《棉花与西瓜间套复种生产技术规程》等 3 个邯郸市地方标准。先后获农业部、河北省农业厅丰收奖十几项，其中参加完成的"棉花种子包衣及综合配套增产技术"项目，1999 年获全国农牧渔业丰收一等奖；"棉花前重式简化栽培集成技术研究与应用"项目，2008 年获河北省农林科学院科技成果一等奖，河北省科技进步三等奖；2003—2004 年，主持实施了"棉花新品种及配套技术推广"项目，推广面积 19.0 万亩，平均亩增子棉 84.7kg，新增产值 3 990.7 万元，2004 年获河北省农业厅丰收一等奖。

撰写《棉花与西瓜间套复种生产技术》《河北邱县棉花穴盘基质育苗移栽技术》《地膜覆盖棉问题与对策》《棉田绿盲蝽的发生规律与防治措施》《棉花间作反季白萝卜高效种植技术》等论文，先后在《中国农技推广》《中国棉花》《河北农业科技》《现代农村科技》等期刊发表。

全国农业技术推广先进工作者，河北省农业系统先进人物，河北省农业技术推广先进工作者，邯郸市农业技术推广先进工作者，邯郸市劳动模范，邯郸市优秀帮扶专家，邱县十大行业创先争优标兵，十佳优秀共产党员。河北省棉花学会第六届理事会理事，河北省棉花学会第七届理事会常务理事，邯郸市棉花专家顾问组成员。

马虎成

马虎成，农业技术推广研究员，1963 年生，河北省隆尧县人。1985 年毕业于河北农业大学邯郸分校农学系，同年分配到邢台地区农业技术推广站工作。邢台市农业技术推广站站长。

主要从事棉花新品种和新技术的试验、示范和推广工作，在指导棉花生产过程中积累了丰富的实践经验，逐步成长为本地有影响的棉花生产技术骨干。

1987 年深入到巨鹿县堤村乡野场村下乡蹲点，推广地膜棉栽培技术和冀棉 8 号棉花品种。蹲点期间，坚持吃住在村，和棉农同吃、同住、同劳动。白天下地测地温，观测记录棉花生长发育进程，晚上举办培训班，对棉农进行技术培训。针对冀棉 8 号棉花新品种特性和地膜棉的发育特点，提出了提早播种、增施底肥、扩大行距、综防病虫等技术措施，指导棉农科学管理。经过和棉农的共同努力，棉花喜获丰收，平均亩产皮棉由不足 60kg 提高到 75kg。

1998 年开始参加抗虫棉配套栽培技术的研究和推广，对全市棉花生产的恢复和发展起到了重要作用。先后参与新棉 33B、DP99B 抗虫棉新品种的引进、示范和配套栽培技术的推广，重点开展了抗虫棉防早衰技术、盲蝽象综防技术的研究和示范推广，促进了转基因抗虫棉在邢台市的大面积普及。

2001—2003 年，参加了"棉花新品种及配套技术推广"项目的实施，通过制订实施方案，组织技术培训和技术指导，保证了各项措施的落实，使项目区的棉花产量明显提高。两年累计推广 18.2 万亩，平均亩产皮棉 83.5kg，比前 3 年平均值亩增 12.2kg，共新增皮棉

221.0 万 kg，新增总产值 2 367.0 万元。"棉花新品种及配套技术推广"项目，2004年获河北省农业厅丰收一等奖，2005 年获全国农牧渔业丰收三等奖。

2004—2006 年，参加"抗黄萎病高产棉花新品种冀棉 298 的选育与推广应用"项目，负责冀棉 298 在邢台市的试验、示范、推广和良种繁育工作，3 年累计推广210 万亩，新增纯效益 2.49 亿元。该项目 2007 年获河北省科技进步二等奖。

结合推广工作实践，注重对棉花生产技术进行研究和总结。撰写《麦套夏棉的生育特点及增产技术》《棉花常见除草剂药害的预防及补救措施》《营养枝保留数量对棉花产量及主要农艺性状的影响》等 7 篇论文，在《中国棉花》《农学学报》《河北农业科学》等期刊发表。

邢台市市管优秀专家，河北省农业技术推广贡献奖获得者，邢台市劳动模范，邢台市科学技术普及推广带头人。

邓祥顺

邓祥顺，1963 年生，河北省束鹿县（今辛集市）人。1984 年毕业于河北农业大学，学士学位，同年分配到河北省农业厅工作。先后任河北省农业厅经济作物处副处长、处长，河北省农垦局局长。

在农业厅经济作物处工作期间，从事以棉花为主的经济作物管理。注重分析河北省棉花生产发展现状、优势和存在问题，研究提出发展目标、思路和对策，对河北省棉花产业发展发挥了重要指导作用。根据棉花生产面临的形势，适应棉花市场供求关系变化，按照国家宏观调控政策要求，积极优化生产结构，调整生产布局，促进棉花生产不断向高产、优质、高效方向发展。

注重聚合河北省棉花科研、教学单位的力量，充分发挥棉花专家顾问组、河北省棉花学会专家的力量，将大规模帮助农民掌握生产管理技术作为重要工作来抓。采取多项措施，有针对性地加强对棉农的技术指导，邀请有关专家在报纸、电视台、电台等媒体上大力宣传科学植棉技术，并在棉花播前准备、整地播种、苗蕾期、花铃期等生产关键时期，及时发布专家技术指导意见。组织专家深入农村，到田间地头对农

民进行技术培训和技术指导，将棉花高产的主要技术落实到实处，提高棉农植棉水平。

认真贯彻落实中央和河北省有关棉花的各项惠农政策，开展了棉花良种补贴、高产创建、优质棉基地建设、棉花生产能力提升、棉花轻简栽培示范等工作。强化棉花生产科技支撑，积极支持棉花改良分中心（河北）申报建设，加速棉花高产实用技术推广，加强杂交棉推广力度，大力发展棉花间作套种，全力抓好棉花高产创建工作，开展滨海盐碱荒地棉花生产技术试验示范，积极做好轻简育苗移栽技术示范，提高棉花单产和效益，进一步稳定了河北省在全国棉花大省的地位。

撰写《中国棉业科技进步 30 年—河北篇》《河北省棉花产业发展战略》《科学运筹 精心组织 严格操作—河北省扎实推进棉花良种推广补贴工作》《关于种植结构调整问题的思考》《推广棉田间套高效种植 促进河北省棉花持续发展》等论文，分别在《中国棉花》《中国棉花学会论文汇编》《农业信息探索》等期刊发表。

河北省农作物品种审定委员会棉花专业委员会主任委员，河北省棉花学会理事长，中国棉花学会常务理事。

刘荣锋

刘荣锋，高级农艺师，1963 年生，河北省故城县人。1983 年衡水地区农业学校毕业，1993 年河北农业大学农学系毕业。1983 年分配到故城县农业局技术站工作，先后任技术员、副站长、站长，2007 年起任故城县农业局副总农艺师。

参加工作以来，一直致力于棉花新品种、新技术引进、示范和推广工作。

20世纪90年代，生产上棉铃虫猖獗，优良品种推广速度慢，栽培技术配套不完善，棉花产量低、效益差，影响了农民植棉积极性。及时引进了转基因抗虫棉，并通过技术承包、下乡巡回讲课、集中培训、发放明白纸、田间示范展示等多种方式，示范推广棉花新品种、新技术，使棉花产量和效益显著提高。

主持、参加了多项棉花新品种、新技术推广项目。其中，参加完成的"棉花新良种及配套增产技术"项目，1998年获河北省农业厅农村科技成果一等奖，同年获全国农牧渔业丰收一等奖；"地膜棉配套增产技术"项目，2000年获河北省农业厅农村科技成果二等奖，同年获全国农牧渔业丰收三等奖；"棉花新品种及配套增产技术"项目，2005年获河北省农业厅农村科技成果一等奖，同年获全国农牧渔业丰收一等奖。

衡水市第二次党代会代表，衡水市第四届人大代表，故城县第十四届、第十五届人大代表，故城县第十二次党代会代表。河北省棉花学会理事，衡水市农学会理事，故城县农学会副理事长。

2000年获衡水市首届"科技十大杰出青年"称号，2000年获衡水市第三届"青年科技奖"，2001—2005年连续5年获河北省农业厅"农技推广工作先进工作者"，2005年获衡水市首届"农民信得过技术员"称号，2011年被衡水市委、市政府授予"农业农村工作先进工作者"称号。典型事迹曾以"为了大地的丰收"为题刊登在《衡水日报》2005.10.27 A3版，事迹编入河北省农业厅《为了大地丰收》和农业部《丰收园里竞风流》，并在故城县电视台专题节目予以报道。

孙世桢

孙世桢，农业技术推广研究员，1963 年生，河北省盐山县人。1982 年毕业于沧州地区农业学校农学专业，先后到河北省经济管理干部学院、中央党校函授学院、中国农业大学学习，本科学历。毕业后先后在盐山县农业局、盐山县王可忠乡、盐山县良棉轧花厂，河北省种子公司、种子管理总站、种业集团公司、农业宣传中心、农机修造服务总站工作。历任河北省种业集团公司副总经理、河北省农业宣传中心主任、河北省农机修造服务总站站长。

在河北省种子公司棉花科工作期间，主要从事河北省良棉体系的建立和管理、优质棉花品种的引进和推广、棉花种子的中长期发展规划和年度品种布局等工作。经过努力，到 1988 年年底全省已有 43 个集中产棉县（市）在农业部门建立了厂（良棉厂）、场（原种场）、村（特约村）、区（良繁区）四配套，种、管、收、轧四结合，提纯、繁育、保纯、供种一条龙的良棉繁育推广体系。全省 1 000 多万亩棉花全部实现了原种一、二代年年更新，棉花衣分提高 2.4%~4.0%，绒长提高 0.6~1.6mm，品级提高 0.4~1 级，增产 10% 以上，全省年增产皮棉 5 000 万 kg。作为主要工作人员，完成了"辽棉 9 号引进鉴定与推广应用"项目。辽棉 9 号是河北省从辽宁省引进的棉花品种，经在河北省短季棉区和麦套棉区试验、鉴定，适宜冀东早熟棉区和冀中南麦套棉区种植，结束了河北省长期没有理想麦套棉品种的历史，对棉、麦两熟种植模式的推广起到了积极推动作用。推广中依靠健全的良棉繁育推广体系，坚持年年选单株建圃田，生产高质量的棉种，摸索出了配套栽培措施，创造性的开拓了麦套棉种"北繁南用，春种夏套"的新路子。1989—1991 年，全省共推广 534.2 万亩，占适宜种植面积的 95% 以上，增产皮棉 2 216.2 万 kg，增加经济效益 3.1 亿元。该项目 2000 年获河北省科技进步二等奖。

主笔起草了《河北省棉花种子工作"八五"计划纲要》，明确了河北省"八五"期间棉花种子工作的指导思想、主要目标和工作措施。5 年间全省更新更换棉花新品种面积 2 000 万亩，推广包衣种子 1 000 万亩，推广杂交棉 200 万亩，推广低酚棉 200 万亩。常规品种以推广冀棉 11、冀棉 12、冀棉 13、冀棉 17 和中棉所 12 为主，夏播棉以推广辽棉 9 号、中棉所 16 为主，低酚棉以推广中棉所 13、冀棉 19 为主。

"八五"计划的实施，有力地推动了全省棉花种子工作的快速发展。

提出了 1988 年河北省《棉花品种布局意见》，针对冀中南山麓平原棉区、冀北棉区、冀东早熟棉区、黑龙港旱薄盐碱棉区 4 个棉区的气象和土壤条件，明确了适宜种植的品种。

参编《良种繁育学》（科技出版社 1995 年出版）、《棉花生物技术及其应用》（中国农业出版社 1997 年出版）。

撰写《试论粮棉体系的建立与经营种子棉的必要性》《河北省棉花品种布局意见》《农作物种子优种化、产业化实施方案》《从加入世贸看中国种子产业发展趋势》等论文，在《种子世界》《河北科技报》等刊物发表。

国务院政府特殊津贴专家。

孙良忠

孙良忠，农业技术推广研究员，1963 年生，河北省枣强县人。1982 年衡水地区农业学校毕业，1986 年河北农业大学函授专科毕业，2016 年四川农业大学网络本科毕业。先后在枣强县王均乡、枣强县农业技术推广站工作。枣强县农业技术推广站站长。

参加工作以来，一直从事棉花、小麦、玉米等粮棉作物技术推广工作。先后推广了鲁棉 1 号、冀棉 8 号、冀棉 12、新棉 33B、银硕 1 号、农大棉 7 号、冀 668、冀杂 1 号、兰德 139、衡棉 4 号等 20 多个棉花优良品种。示范推广"旱薄地棉花综合丰产栽培技术""棉花

地膜覆盖栽培技术""棉花全程化控技术"等 12 项新技术，累计推广面积 300 多万亩，增加经济效益 2.4 亿元。

1986 年枣强县被农业部列为全国优质棉基地县，1988 年在全县率先试验、示范、推广"棉花喷施缩节安技术"，并根据土壤条件及棉花长势，总结出了棉花应用缩节安的时间及用量，为全县棉花生产起到了极大的促进作用，并为"棉花全程化控技术"推广奠定了科学基础。

1989—1991 年，在枣强县吉利乡示范推广了棉花地膜覆盖栽培技术，全乡 2.2

万亩棉花亩产子棉由162kg提高到215kg，每亩增收子棉53kg，全乡共增收子棉116.6万kg，增加经济效益280余万元。

1993年以后，棉铃虫为害加重，棉花面积逐渐减少，1997年开始示范推广转基因抗虫棉新棉33B及其栽培技术，使全县棉花面积和产量得到有效回升。

针对农村主要劳动力缺乏、用工成本高、棉花价格不稳、棉花面积减少等情况，结合河北农业大学"黑龙港棉花全程机械化及产业化研讨会"会议精神，在枣强县安排了120亩全程机械化示范方，为实现棉花全程机械化种植积累经验。

先后获各级成果奖励12项。其中，参加完成的"棉田间作小绿豆技术推广"项目，1989年获河北省星火科技奖；"棉花'三防'（防病、防虫、防早衰）综合配套技术推广"项目，2008年经同行专家鉴定为国内领先；"黑龙港旱地棉花高产栽培技术"项目，1992年获河北省农业厅科技成果三等奖；"棉田间作绿豆栽培技术"项目，1990年获衡水地区科技进步三等奖；"黑龙港旱地棉花高产栽培技术推广"项目，1992年获衡水地区科技进步三等奖；"旱薄地棉花综合丰产栽培技术"项目，1985年获衡水地区科技进步一等奖；1988年在衡水地区开展的万亩棉花丰收杯竞赛中获二等奖。

撰写《棉花三适三防三配套高产栽培技术》《枣强县棉花一播全苗技术》《枣强县棉盲蝽象发生特点及防治对策》《棉花套绿豆要一优二适三及时》等论文和科普文章30余篇，在《农业科技通讯》《现代农业科技》《中国农业信息》《江苏农业科学》等期刊发表。编写培训教材6册。

河北省农业技术推广贡献奖获得者，衡水市市管优秀专家，衡水市棉花专家指导组专家，农业部万名农技推广骨干人才，河北省农业技术推广协会理事。河北省优秀科技工作者，全国第五届爱我中华·奉献农业"十大优秀推广专家"，全国第二届三农科技服务金桥奖先进个人，河北省优秀科技特派员，河北省农业技术推广先进工作者，河北省农业技术宣讲先进工作者，衡水市农民喜爱的农业专家，衡水市科普先进工作者，衡水市优秀科技特派员，3次获枣强县人民政府嘉奖，荣立三等功1次。先

进事迹在《河北经济日报》《衡水日报》《衡水电视台》《衡水晚报》《中国网》《中国农业推广网》等多家媒体专题报道。

周　瑾

周瑾，农业技术推广研究员，1963年生，河北省邯郸县人。1982年毕业于邯郸市农业学校。1990—1992年在河北农业大学植保专业大专班半脱产学习。先后在邯郸县农业局植保站、邯郸市植物检疫站、邯郸市种子管理站、邯郸市种子监督检验站、邯郸市农业局粮油处、邯郸市农业广播电视学校工作，历任技术员、副站长、站长、常务副校长等职务。

一直从事棉花新品种引进、展示和病虫害防治等技术推广工作，经常深入乡镇和重点示范村，通过试验、示范、技术培训、现场观摩活动、印发技术资料、举办电视技术讲座等方式向棉农宣传推广新品种、新技术。积极参加市、县农业部门举办的各类农业科技培训班，培训县、乡级技术骨干及植棉技术能手。

经常深入基层进行调查研究，解决棉农在生产中遇到的问题。组织、制定、承担棉花新品种引进、展示、区域试验、生产试验以及棉花病虫草害发生规律与防治试验示范项目，通过试验调查积累大量有效数据，为科学指导全市棉花生产和推广优良品种提供了科学依据。每年及时组织制订全市棉花种子质量监管方案，按照程序和规程组织开展棉花制种田田间质量检查以及市场棉种质量抽查，确保棉农用上放心种、安全种。

参加了邯郸284、邯368棉花品种选育及推广工作，积极推广冀棉298、农大棉8号、冀棉169、冀丰4号、冀棉229、邯杂160等棉花品种，累计推广面积1000万亩，获得明显的经济效益和社会效益。大力推广棉花病虫害综合防治技术，降低病虫害防治成本和危害程度，取得了较好的经济效益。

获省、市级科技成果奖励13项。其中，参加完成的"优质、高产、抗逆棉花新品种邯郸284的选育及应用"项目，2005年获河北省科技进步一等奖；"优质、高衣分、抗病棉花新品种邯368的选育及应用"项目，获邯郸市科技进步一等奖。

在国家、省级刊物发表棉花病虫害防治和新品种应用相关论文15篇。

邯郸市农牧局植物保护首席专家，河北省农作物品种审定委员会棉花专业委员会委员。先后被评为河北省植保、植物检疫和种子管理先进个人，邯郸市劳动模范，邯郸市农业技术推广标兵，邯郸市农业生产先进个人。

郭炳信

郭炳信，1963年生，束鹿县（今辛集市）人。1983年毕业于张家口农业专科学校农学专业，毕业后一直从事农业生产管理工作。2004年任辛集市农牧局生产科科长。

为推动全市棉花生产发展，多年来大力宣传、认真贯彻落实各级惠农政策，激发农民种棉积极性，确保了棉花种植面积相对稳定。

抓好项目建设，推动棉花生产发展。参与了全国优质棉生产基地建设、棉花高产创建等项目。在优质棉基地建设方面，参与了方案制定、基地规划设计、新品种新技术引进示范等工作，在棉花主产乡镇设立了12个良种繁育村，通过技术培训，严把种子质量关，使辛集市成为了远近闻名的棉花良种繁育基地。

在棉花高产创建方面，根据当地棉花生产现状，科学选择项目实施地点，组织技术人员采取多种措施搞好技术宣传和指导，使高产创建达到了预期效果，对全市棉花生产起到了较好地示范带动作用。

做好新技术、新品种推广普及工作。积极参与了抗虫棉、杂交棉等新品种和地膜覆盖、配方施肥等新技术的引进、示范和推广，通过广泛宣传、搞好示范，棉花新品

种、新技术推广应用率达到90%以上，全市皮棉产量长期保持在75kg以上，对全市棉花稳定发展发挥了重要作用。

2006—2009年度，辛集市政府给予嘉奖奖励；2008—2009年度，连续荣获辛集市政府三等功奖励。2013年被评为河北省农业系统先进工作者。

常蕊芹

常蕊芹，农业技术推广研究员，1963年生，河北省成安县人。1982年毕业于邯郸农业学校农学系，同年到成安县农业局工作。1986年毕业于河北农业大学植保系，1996年毕业于河北大学乡镇企业管理专业，2004年毕业于河北农业大学农业推广专业。成安县农业局农业技术推广中心主任。

参加工作以来，主要从事棉花新品种、新技术的示范推广工作，开展零距离技术服务，为农民增收提供了强有力的技术支撑。多年来，示范农业新技术89项，推广590余万亩，创造经济效益2亿元以上。

参加完成的示范推广项目获奖励多项："邯郸试区主要农作物优化配方施肥技术"项目，1994年获河北省农业厅科技成果二等奖；"云大120在棉花上推广应用"项目，1996年获全国农业技术推广服务中心通报表彰；"棉花种子包衣及综合配套增产技术"项目，1999年获河北省农业厅科技成果一等奖，同年获农牧渔业部丰收一等奖，"棉花前重式简化栽培集成技术研究与应用"项目，2008年获河北省科技进步三等奖；"转基因抗虫棉丰产高效化学控制栽培技术"项目，获教育部科技进步一等奖；"农用

地膜污染现状与防控技术研究"项目，2010年获中国农业科学院科技成果二等奖。

实施了"抗虫棉推广应用"和"棉花马铃薯间套施肥与高产技术"项目，共推广60万亩；建立了成安县棉田土壤温湿度的采集、存储、传输、控制和管理于一体的全省唯一的土壤墒情自动监测系统；制定了适宜成安县及邯郸地区棉田的最佳肥料配方，为"邯郸市测土配肥专家查询系统"数据库编制了81套棉花配肥方案。

示范推广了棉花"测土配方涂层缓释一次肥"技术，使施肥过程变得简单而精确、节本增效、省工环保，与传统施肥技术相比，肥料利用率提高10%以上，棉花增产10%以上。

实施了农业部棉花高产创建、棉花轻简育苗移栽项目，项目区皮棉亩产分别达到111.4kg和104.0kg，单产居全省同类项目第一，受到专家和领导好评；创立了棉花麦后直播配套栽培技术体系，实现了品种和种植模式的突破，解决了粮棉争地、茬口难调的难题，实现了棉麦双直播、双丰收，保证了粮食安全和棉花优势产业的可持续发展。2006年国家科技部、农业部分别在示范方召开了现场鉴定和观摩会。

2004—2016年，负责《中国棉花景气报告》中成安等4个县的棉花生产调查和中国农业科学院环境与可持续发展研究所的"河北成安棉花可生物降解地膜田间评价试验"工作，提出的改进建议受到中国农业科学院、德国巴斯夫公司等主要合作单位的好评。

参与了成安县第十一、第十二、第十三个五年计划编制工作，为棉花产业发展出谋划策。

参编现代农业高新技术丛书《农用地膜的应用与污染防治》分册（科学出版社2010年出版）；主编了《成安县测土配方施肥技术问答》《成安县棉田高效间套技术模式选编》，受到主管部门领导及农民的好评。

撰写《全生物降解膜田间降解特征及其对棉花产量影响》《我国地膜应用污染现状及其防治途径研究》《典型棉区地膜应用及污染现状的研究》《转基因抗虫棉对甜菜

夜蛾的抗性研究》《腐殖酸多功能可降解液态地膜在棉田中的应用研究》《棉花应用缩节安化控技术》《省水省工省肥节本增效涂层一次肥在棉花上应用效果显著》等论文，在《中国农业大学学报》《农业环境科学学报》《中国棉花》《腐殖酸》《河北农业科技》《科技风》等期刊发表。

河北省棉花学会理事，邯郸市棉花专家组顾问，邯郸市首批优秀专业技术拔尖人才，成安县委、县政府第四批、第五批优秀专业技术拔尖人才。河北省双学双比专家服务明星，全省土肥工作先进个人，邯郸市第二届三八红旗奖章获得者，邯郸市农业技术推广先进工作者，邯郸市科普工作先进个人，邯郸市优秀农业科技先进个人。河北省第八届党代表，成安县第十四届人大常委，成安县第七届政协常委。2011 年 CCTV-7 "春耕"、2013 年 CCTV-1 "焦点访谈"、2012 河北电视台《午间视野》《春动河北》《农博士在行动》以及新华网、人民日报、农民日报等 18 家媒体做了相关报道。

马善峰

马善峰，高级农艺师，1964 年生，河北省束鹿县（今辛集市）人。1985 年毕业于河北农业大学邯郸分校农学系农学专业，同年到辛集市农业技术推广中心从事农业技术推广工作。

1993 年开始主要从事辛集市棉花生产调查和技术指导工作，根据气候、农时和田间调查情况及时撰写技术建议，通过印发技术资料、电视台讲座或田间录制影像在《农技电波》节目播出，对全市棉花生产进行指导。

主持的 "棉麦两熟栽培技术推广" 项目，1994 年获石家庄市人民政府农业百项科学技术推广二等奖；"棉花地膜覆盖栽培技术" 项目，1994 年获石家庄市农业局科技推广一等奖；"新棉 33B 高产栽培技术研究" 项目，1999 年获石家庄市人民政府科技进步三等奖。

2009 年开展棉花高产创建以来，作为辛集市棉花岗位专家，负责项目方案制定、组织实施和技术指导，圆满完成了各年度棉花高产创建工作。

2010 年被中共辛集市委组织部、辛集市科学技术协会聘为辛集市专家服务团成

员，1999 年在棉花技术推广工作中成绩显著，被河北省农业技术推广总站评为先进个人，2000 年在抗虫棉配套技术推广工作中表现突出，被河北省农业技术推广总站授予荣誉证书。

王延芳

王延芳，高级农艺师，1964 年生，河北省故城县人。1982 年毕业于衡水农校，同年到故城县农业局工作。故城县农业局棉花办公室主任。

主要从事棉花生产技术推广和管理工作。在技术推广上，大力开展了棉花品种的更新换代，先后引进、示范、推广了冀棉 8 号、中棉所 12、石远 321、新棉 33B、冀丰 197、银硕 1 号、银硕 2 号、邯杂 429 等棉花新品种，有效提高了故城县棉花的产量和品质。

参加完成的"棉花新品种推广"项目，2001 年获河北省农业厅丰收二等奖，2002 年获全国农牧渔业丰收二等奖。

推广棉花地膜覆盖栽培技术，经过试验示范，该技术在故城县棉田应用率达到 100%。河北省政府、衡水市政府多次在故城县召开现场会，并对推广经验给予了充分肯定。

为拉长棉田效益链，先后推广了棉花—西瓜、棉花—洋葱、棉花—土豆、棉花—辣椒、棉花—小麦、棉花—绿豆、棉花—甘蓝等高效种植模式，年推广面积均在 10 万亩以上，增加效益近亿元。

为推广棉花综合栽培技术，通过电视讲座、发放明白纸、召开现场会、举办培训班等形式，大力推行棉花病虫害统防统治，积极实施平衡施肥，达到了节本增效的目的。

在上级主管部门的大力支持下，配合故城县政府实施的科技兴棉战略，加大了棉花新品种、新技术推广力度，使故城县棉花生产迈入了全国百强县行列。

撰写的《故城县棉花、西瓜间作栽培技术》《故城县棉花、洋葱间作栽培技术》，收录在《河北棉田间套种高效栽培技术实例》一书。通过总结实践，在省内外报刊杂志发表科技文章 10 余篇。

故城县拔尖人才。先后 3 次被河北省农业厅评为先进个人，6 次被衡水市农业局评为先进个人，故城县政府记功两次。故城县第四届、第五届、第六届、第七届政协委员。2005 年被政协故城县委员会授予"十大优秀政协委员"称号。

王春峰

王春峰，农业技术推广研究员，1964 年生，河北省大名县人。1987 年毕业于河北农业大学邯郸分校农学专业，毕业后先后在大名县万堤区、大名县农业局从事农业技术推广工作，并在大名县人民政府棉花生产办公室兼职。任大名县农业局农业技术推广站站长。

20 世纪 90 年代初，棉铃虫暴发，棉花枯黄萎病大面积发生，邯郸市棉花面积急速下滑，积极参与邯郸市委市政府狠抓棉花生产，重塑冀南棉海工程。在具体措

施上，一是发展麦套夏播棉，相继引进中棉所30、中棉所16、中棉所20等品种，与中国农业科学院棉花研究所合作建立短季棉繁种基地，做好播期、密度、钾肥及生长调节剂缩节安的应用等试验和示范，夏播棉出现了亩产子棉300kg的典型，提高了全县夏播棉种植水平和产量。1993年获河北省麦棉两熟栽培技术、新型植物生长调节剂示范推广成果奖。二是推广小麦连作夏直播棉。2003年负责引进、试种、推广国家半干旱农业工程技术研究中心培育的夏直播棉品种超早3号，零式果枝，高密栽培（密度每亩万株），霜前花率达90%，一般示范田亩产子棉230kg，高产地块达310kg，实现了麦后直播的历史突破。

针对粮棉争地问题，总结推广了麦套大垄地膜棉双三模式。三行小麦间套一行地膜棉花，亩产小麦和子棉各300kg，实现了粮棉双丰收。双三模式累计推广面积16万亩，增加效益1.3亿元。在此基础上，增加西瓜种植，形成了独特的麦—瓜—棉立体种植模式，使亩效益增加千元。除此之外，还推广了地膜棉间套辣椒，创立了麦—葱、麦—棉两年四熟倒茬种植的麦—菜—棉三收新模式，完善了大名县6万亩地膜大蒜间套春棉栽培技术规程。通过总结分析，撰写典型材料作为邯郸市棉花资料印发，并在省级报纸发表，后收录于《河北省棉花资料汇编》。

积极探索春地移栽棉花。1994年为解决夏播棉晚熟、霜后花比例高的问题，带领全县植棉乡镇领导和技术人员到河南扶沟、济宁汶上进行观摩。从扶沟聘请8名农民技术员，分别在8个村，指导打钵育苗，移栽春棉试验。经过对8个试验点的调查，5月份移栽春棉，缓苗期长达10~15天，产量不理想，连续试验2年，结果一致。据此及时向县领导反映情况，提出根据大名县具体情况，目前不适宜大面积发展育苗移栽的建议，被上级主管部门采纳，暂不大面积发展，继续试种。

2001年农业部发展棉花产业化资金项目中，起草申报了大名县棉种产业化项目，并组织实施，繁殖国产双价转基因抗虫棉sGK321品种，建立繁种田1.1万亩，累计生产原种826万kg。

大名县第三届、第五届、第六届专业技术拔尖人才，2012年大名县首批县管

专家。1995 年邯郸市人民政府优秀科技工作者，1996 年邯郸市农业技术推广标兵，2010 年、2011 年、2012 年河北省农业技术推广先进个人，2008 年、2011 年邯郸市农业技术推广先进个人。

宋燕青

宋燕青，农业技术推广研究员，1964 年生，河北省平山县人。1986 年毕业于河北农业大学，获学士学位。先后在石家庄地区（今石家庄市）农业技术推广中心、石家庄市农村合作经济经营管理站、石家庄市种子管理站工作。石家庄市种子管理站副站长。

从事农业技术推广工作以来，主持或参加完成棉花新品种、新技术示范推广项目多项，取得了较大的经济效益和社会效益。其中"棉花亩产皮棉 100 公斤栽培技术规程"，1998 年获河北省标准计量局三等奖；"棉花全程化控技术"项目，1992 年获石家庄地区行政公署科技进步奖；"麦棉两熟栽培技术推广"项目，1994 年获石家庄市人民政府推广二等奖；"棉田间套瓜菜高效种植技术"项目，2000 年获河北省农业厅科技进步二等奖，同年获河北省科技进步三等奖；"地膜棉配套增产技术"项目，2000 年获全国农牧渔业丰收三等奖。

参与了"棉花全程化控技术"项目的推广工作，1991—1993 年，3 年累计推广 1 408.7 万亩，平均亩产皮棉 53.8 kg，增产 16.0%，亩增纯效益 41.4 元，总增纯效益 5.8 亿元。

实施的"棉田间套瓜菜高效种植技术推广"项目，从 20 种棉田间套模式中通过优化提高，筛选出了棉花与西瓜、洋葱、大蒜、马铃薯四种作物间套作最佳栽培模式，在推广过程中以棉花耕作改制为重点，以地膜覆盖、全程化控为植棉技术主体，选用棉、瓜、菜新品种和新技术，并对传统棉瓜菜栽培技术进行了改进创新和组装配套，大幅度增加了棉田效益，为大面积棉田综合增效提出了配套技术，为新技术和新品种的推广积累了成功的经验。

推广的"地膜棉配套增产技术"，通过采用新良种、地膜覆盖、增株缩棵、攻桃

保铃"等技术，实现低产棉田的新突破；参加了"亩产百公斤皮棉栽培技术推广"项目，两年全省推广408.2万亩，平均亩产皮棉102kg，总增纯效益4.5亿元。

参加"麦棉两熟栽培技术推广"项目石家庄地区技术方案的制定与实施，并深入基层进行技术示范、指导、总结。与小麦＋玉米相比，亩纯增效益106.8元。这一成果的推广缓解了河北省粮棉争地、人畜争粮的矛盾，是提高植棉效益，发展"两高一优"农业的重要途径。

参编《实用高效农业技术》（河北科学技术出版社2001年出版）。

河北省有突出贡献的中青年专家，石家庄市市管拔尖人才，市管优秀专家。

高尚军

高尚军，高级农艺师，1964年生，河北省故城县人。1985年毕业于河北农业大学邯郸分校农学系农学专业，同年分配到故城县农业技术推广站工作。

主持完成的"故城县20万亩棉花综合增产技术"项目，1989年获河北省农业厅丰收三等奖。主持完成"麦棉两熟栽培技术"项目。通过对不同气候类型、夏播棉播期、密度、化学调控和施肥时间等关键因素的试验对比，逐步完善和规范了一整套适宜故城县乃至冀中南地区的麦棉两熟栽培技术，并在生产上广泛应用。"麦棉两熟栽培技术"项目，1993年获河北省农业厅科技成果三等奖。

参加完成的"冀中南满幅种植麦套夏棉两熟栽培技术"项目，1991年获河北省科技进步二等奖；"地膜棉配套增产技术"项目，2000年获全国农牧渔业丰收三等

奖。参加完成"棉花新良种及配套增产技术"项目。通过"选用优种、地膜覆盖、宽行种植、巧用肥水、及时化控"等关键措施，使故城县13万亩棉田平均亩产皮棉达到70.3kg，两年累计增产皮棉408.2万kg。"棉花新良种及配套增产技术"项

目，1998年获河北省农业厅农村科技成果一等奖，同年获全国农牧渔业丰收一等奖。

撰写《故城县五户村千亩棉田丰产经验》《从美国抗虫棉的引进看我省棉花发展前景》《雨季棉花气候型病害的发生与防治》等论文，在《河北省棉花学会第五届代表大会暨学术讨论会论文集》《河北农业》等期刊发表。

1995年被评为故城县跨世纪专业拔尖人才，1996年被评为故城县专业技术拔尖人才，享受县政府津贴；2013年被聘为衡水市棉花专家组专家。1989年被评为衡水市科委先进个人，1995年在棉花技术承包中，获衡水市棉花技术承包优秀奖，同年获河北省农业厅科技承包先进个人。2001年、2008年被评为衡水市科协系统先进个人，2009—2012年连续3次被河北省农业推广总站评为先进工作者，2007—2008年被评为衡水市优秀农业科技特派员。

和 平

和平，高级农艺师，1965年生，河北省定县（今定州市）人。1986年毕业于河北农业大学，大专学历。保定市农业局工作。

参加工作以来，主要从事棉花和其他经济作物栽培技术推广及生产管理工作，主抓了全市棉花良种补贴、棉花地膜覆盖配套技术推广、棉花高产高效示范基地建设、杂交棉新良种及综合配套增产技术的推广、棉花高

产创建试验示范等项目。

推广棉花地膜覆盖技术180万亩，较露地直播棉田亩增产皮棉15~20kg，共增产皮棉3 150万kg，取得了良好的经济效益和社会效益。

2008—2009年，连续两年在保定市的蠡县、清苑等4县推广了华杂6号、邯杂429、邯杂98-1等杂交棉，亩增产皮棉5.1kg，亩增纯收益48.6元。通过杂交棉的推广，推动了全市杂交棉发展，提高了棉花产量，增加了农民收入。

2008—2012年，负责保定市高产创建项目，集中力量，集成技术，主攻单产，改善棉花品质，提高效益。狠抓典型示范，落实技术措施，完成了高产创建目标任务。

2009—2013年，负责保定市高阳县承担的农业部优质棉生产基地建设项目，建设2个千亩核心示范方和万亩优质棉生产示范基地，应用优质棉品种和配套高产栽培技术，带动了全市优质棉花种植，推动了棉花生产再上新台阶。

2009—2015年，负责棉花良种补贴政策落实，按照"全面覆盖、因地制宜、补贴农民"的总体思路，规范落实棉花良种补贴。保定市累计落实棉花良种补贴资金1662.9万元，覆盖面积110.9万亩，督导各县建立健全良种补贴档案，实现县级有区域图、乡级有落实表、村级有到户清册。良种补贴政策的实施，有力地推动了全市棉花优良品种的推广，改善了棉花品质。

参加完成的"新棉33B抗虫棉推广"项目，1999年获保定市科技进步二等奖。

参编《保定农业拾遗》（中国农业科学技术出版社2006年出版）。

撰写《重茬剂防治棉花枯、黄萎病初探》《保定市棉花—板蓝根间作栽培技术》《博野县棉花—西瓜间作套种栽培技术》《蠡县棉花—西瓜间作套种栽培技术》《高阳县棉花—西瓜间作套种栽培技术》等文章，被收录在《河北棉田间套种高效栽培技术实例》。

保定市新世纪学术和技术带头人，河北省农业专家咨询团专家。在除治棉铃虫工作中被评为河北省先进工作者。

牛兰新

牛兰新，农业技术推广研究员，1966年生，河北省威县人。1988年毕业于河北农业大学，先后在威县农业局良棉加工厂、威县农业广播学校、威县农业局棉花研究所工作。

毕业后分配到刚刚筹建的威县农业局良棉加工厂，负责棉花良种繁育工作。1989年从中国农业科学院棉花研究所引进了抗枯萎病、耐黄萎病春播棉品种中棉所12和夏播棉品种中棉所16，并进行了繁育、推广，更换了当时生产上大面积种植的抗病性较差的春播棉品种冀棉12和夏播棉辽棉9号，完成了威县第七次棉花品种更新，棉花种植进入抗病品种时代。

1992年参加棉花地膜覆盖栽培技术推广，并结合地膜棉种植特点，试验、示范、推广地膜棉行间套种西瓜技术。1997年承担1 647亩新棉33B转基因抗虫棉在威县章台镇的繁种和示范工作，获得成功，更换了非抗虫棉春播品种中棉所12，至1999年转基因抗虫棉基本覆盖全县棉花生产，实现了第八次品种更新，自此威县棉花种植进入转基因抗虫棉时代。

2000年后，突出抓好棉花技术推广工作创新，采取品种更新更快、种植模式更多、项目平台推动力度更大的综合措施，促使威县棉花生产发展进入快车道。2000—2001年推广替代美国抗虫棉新棉33B的第一个高产、优质国产抗虫棉新品种sGK321，之后相继推广了优质、高产、多抗棉花品种邯棉333，适宜间作套种的品种邯杂98-1、冀668，抗黄萎病品种冀棉616等，在棉花生产中发挥了优良品种优势。

为打破长年春棉单作存在的劳动力投入高，效益提升幅度小，土壤板结退化的发展瓶颈，2008年开始，利用棉花高产创建示范平台，推广了棉花免整枝栽培，棉花—绿豆、棉花—蔬菜、棉花—西瓜等间作套种模式，提高植棉效益30%~150%。截至2015年，建立棉花万亩高产创建示范片26个共30多万亩，棉花增产幅度7%~22%，培训棉花技术实用人才2万多人，印发技术资料40多万份，辐射带动了全县棉花生产。

参加完成的"抗枯、黄萎病品种冀棉616配套技术推广"项目，2013年获全国农牧渔业丰收二等奖；"棉花前重式简化栽培集成技术推广"项目，2015年获河北省

农业技术推广三等奖。

撰写《棉花—西瓜简易地膜栽培技术》《新棉33B抗虫棉表现优异》《抗虫棉田类型不同抗虫表现不一》《打破土壤肥力瓶颈约束，促进威县棉花单产水平再上一个新台阶的思考与对策》《棉花杂种优势利用推动冀南棉区棉花种植制度变革》《冀南棉区冬小麦—杂交棉套种模式栽培技术要点》《威县农业经济发展问题及方向》《论种子产业化的衍生与发展》《威县棉花早衰原因分析及解决途径》《棉花盛蕾初花阶段遭受雹灾管理经验》等论文，在《中央农业广播电视学校校报》《河北农业》《中国农村小康科技》《河北农业科技》《现代农村科技》等刊物发表。

荣立威县县委、县政府三等功5次（1997年、1998年、2008年、2009年、2013年），邢台市第十一届、第十二届人民代表大会代表，威县第十一届、第十二届、第十三届人民代表大会代表、常务委员会委员，威县第十届政协委员。

李满常

李满常，农业技术推广研究员，1966年生，河北省高阳县人。高阳县棉花技术服务协会理事长。

1994年开始在高阳县周边乡镇承包土地，以种植棉花间作西瓜为主导产业，先后进行了地膜覆盖、网式植保和种植抗虫棉品种等系列试验，成为全国闻名的棉花种植基地，创建了高阳县硕丰农场。1995年在庞口镇边家务村成立"边家务棉花种植协会"，2001年改为"满常农业技术协会"。2004年"满常农业技术协会"更名

为"高阳县棉花技术服务协会"，协会下设 13 个棉花种植示范基地，1 所会员农业技术培训学校、7 家棉花病虫害防治服务站和 9 支科技下乡服务队。

高阳县棉花技术服务协会与美国岱字棉公司、河北冀岱棉种有限公司和河北农业大学建立了紧密的合作关系，根据农时多次聘请在种植管理方面的专家、教授在田间指导，并定期给会员讲课。组织编写大量关于棉花优质、高抗、高产的明白纸发放到会员手中。通过举办培训班、电视专题讲座、发放技术资料等多种形式对会员进行技术培训。

经过长期的实践，总结出一套独特的棉花种植经验，包括精量播种、化学除草、免整枝、化学调控等技术。通过宣传培训，不仅使会员受益，也带动了相邻更多农户。这些科学技术的应用，省工省时，大大降低了种植成本，增加了植棉效益。

在规模种植中逐渐摸索出"开沟造墒，提前整地，精量播种，地膜覆盖"的棉花播种新方法，播种期提前半个月左右，增加早铃数，提高了棉花的产量和质量。在基地示范带动下，全县 13 万亩棉田，有 60% 农户采用了这种方法，使种植成本降低了 20%。通过与国内知名种子公司合作，繁育良种近万亩，除满足合同收购外，剩余优质棉种以低于市场价 40% 向全县及周边农户优惠供应，6 万多农户受益，有效地促进了当地棉花种植业的发展。

河北省省管优秀专家，中国杰出青年农民，河北省农民劳动模范，河北省农村专业技术协会副理事长，中国棉花协会棉农合作分会副会长，中国农村新闻人物·产业领军奖获得者，河北省青年五四奖章获得者，保定市劳动模范，保定市人大代表。

侯忠芳

侯忠芳，高级农艺师，1966 年生，河北省吴桥县人。1989 年毕业于河北农业大学，后到吴桥县供销社工作，2006 年调入吴桥县农业局。吴桥县农业局棉花技术站

站长。

参加工作以来，几乎走遍了吴桥县的所有村庄，与广大棉农打成一片，被称为"编外农民"。1991年，在杨家寺乡张集村推广地膜棉，吃住在村，白天苦口婆心的说服农户盖地膜，晚上还要预防农户偷揭膜。盖地膜的棉田棉花出苗齐、匀、壮，而且亩产子棉还高出不盖膜的地块50kg。真实的效益具有说服力，第二年仅张集村就种了800亩地膜棉，亩产皮棉96.3kg，有7户亩产皮棉超100kg，获得县政府高产奖。由此以点带面，地膜棉得以在全县推广。

引进和推广了棉花、土豆、天鹰椒三种三收新技术，实现亩效益3 000余元；开展了棉花三防综合技术，应用面积5万亩，平均亩产皮棉88.5kg，比一般棉田增产10.6%；参与引进冀丰197、冀228等棉花品种多个，累计推广面积60万亩以上，亩增产子棉30kg以上，为棉农增收1.1亿元；推广棉花简化高产高效集成栽培技术40万亩，普及率65%以上，棉花测土配方施肥技术40万亩，棉田化学除草技术80万亩。2008年在棉花标准化栽培项目实施中，参加完成了《公顷皮棉产量1 500~2 250kg优质棉株型栽培技术规程》地方标准制定，同时整理了种子、化肥、农药、加工等10余种配套标准，把生产技术标准印成明白纸、小册子发给示范区农户，得到95%农户的认可，该项目最后以全省最高分通过验收。

参加完成的"杂交棉新良种及综合配套增产技术"项目，2010年获全国农牧渔业丰收三等奖；"棉花三防（防病、防虫、防早衰）综合配套技术"项目，2008年获河北省科学技术成果奖。

自2009年开始参与吴桥县棉花高产创建项目，负责技术方案制定及全程栽培技术的培训和推广，连续4年达到高产创建目标。2014年吴桥县梁集镇、于集镇两个万亩示范方平均亩产皮棉分别达到117.2kg和115.7kg，比全县平均亩产高出24.6kg和23.1kg。2013年被河北省棉花产业技术体系滨海高产优质综合试验站吸收为团队成员，连续两年承担国家棉花产业技术体系海河试验站的棉花新品种展示试验，圆满完成了各项试验数据和试验总结的上报。

2012年6月9日和7月4日，吴桥县先后遭遇两场冰雹，棉花正值蕾期和初花期，按危害等级，及时提出了管理建议并做电视讲座两期，使受灾农户的损失降到最小。

工作中善于发现问题，总结经验，撰写的《棉花黄萎病重在"防"》《浅谈棉花药害的类型、预防及补救措施》《抗虫棉缩节安科学调控的时机及用量》《冀杂1号

在吴桥棉花高产创建中大显身手》等论文，在《中国棉花》《科技信息》《河北农业》《现代农村科技》等期刊发表；撰写了《棉田红蜘蛛治不住怎么办》《棉花蕾期管理要"稳"字当先》《棉花一生使用几次缩节安》等40余篇科普文章，在《河北科技报》《河北农民报》等报刊发表。

2012年《浅谈"通俗性语言"在农民培训中的运用及技巧》获"中国知网杯"强科技促发展主题征文活动一等奖，并被收入《农业部中青年干部学习论坛优秀论文集》；2011年《"小知识"解决"大问题"》在农业部科技教育司"学科技、用科技、促双增"主题征文活动中荣获优秀奖；1996年《浅谈棉花黄萎病的发生与防治》获全国棉花"三高"新技术研讨会二等奖。编写的3篇培训资料收入《吴桥县新型农民培训项目资料汇编》；编写《农业快讯》60篇以上；参编《农民致富好帮手》；为农民培训、高产创建培训等编写大量技术资料，印成明白纸发放。

吴桥县第六批、第七批专业技术拔尖人才。2007年、2008年、2010年沧州市农业系统先进工作者，2006年、2010年吴桥县农业科技推广先进个人，2009年吴桥县优秀共产党员。2014年获河北省农业技术推广贡献奖。

夏春婷

夏春婷，高级农艺师，1966年生，河北省藁城县（今石家庄市藁城区）人。先后在藁城市、石家庄市农业技术推广中心工作。2003年河北农业大学毕业，获农学学士学位。

参加工作以来，一直从事棉花品种及栽培技术的示范推广工作，推广先进棉花实用技术数十项，如棉花亩产100kg皮棉栽培技术、棉花地膜覆盖技术、抗虫棉栽培

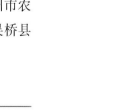

技术、密矮早植棉技术、低酚棉栽培技术、稀植大棵标记棉间作套种技术、棉花摘早蕾技术、麦套棉栽培技术等，取得了显著的经济效益，为石家庄市棉花生产做出了贡献。

经常深入田间地头，及时解决棉花生产中遇到的实际问题。定期对棉农进行技术培训，提高棉农科学种棉水平。作为主研人员之一，参与了"棉花亩产100公斤皮棉栽培技术"项目方案的制定与实施，两年推广50万亩，平均亩产皮棉102kg。

为了搞好棉花副产品棉籽皮的综合利用技术的推广，参与完成了"食用菌周年生产技术研究与推广"项目。主持了"棉田间套瓜菜高效种植技术"项目在石家庄市的推广，从调整棉田种植结构入手，以提高农业产业化水平，实现经济、社会、自然资源的优化配置，充分利用春播棉生长前期的光热和土地资源，达到稳定棉花产量、提高棉田效益、增加农民收入为目的。以"地膜覆盖""全程化控"为植棉技术主体，同时选用了棉、瓜、菜新品种和新技术，并对传统棉瓜菜栽培技术进行了组装配套和改进创新，提高了棉花产量水平，增加了棉田效益。

2006—2007年，主持石家庄市"棉花'三防'（防病、防虫、防早衰）综合配套技术推广"项目，在辛集、藁城、元氏、高邑等县（市）实施，累计推广面积20.4万亩，不仅产量比实施前3年亩增产9.7%，而且降低了棉田盲蝽象、蚜虫为害，立枯病、枯萎病、黄萎病等病害及早衰程度均得到减轻，取得了明显的经济效益和社会效益。

参加了棉花品种从常规棉到转基因抗虫棉的试验、示范和推广，取得了显著的生态效益和社会效益。从2009年起组织石家庄市有关植棉县市进行高产创建，高产示范片选择在辛集市王口镇，示范面积1.1万亩。通过采取"选用优质高产抗虫棉良种；地膜覆盖；测土配方施肥、合理化控、简化整枝技术；病虫害以预防为主，综合防治和及时收获"等主要技术措施，平均亩皮棉产量为106kg，全面提升了全市棉花综合生产能力。

获省部级奖励3项，市厅级奖励15项。其中，参加完成的"棉花新品种及配套技术推广"项目，2005年获全国农牧渔业丰收三等奖；"棉田间套瓜菜高效种植技术"项目，2000年获河北省科技进步三等奖；"棉花'三防'综合配套技术推广"项目，2008年经同行专家鉴定为国内领先；"食用菌周年生产技术研究与推广"项目，1996

年获石家庄市科委三等
奖，同年获河北省科技进
步三等奖；"棉花亩产100
公斤皮棉栽培技术"项目，
1992年获石家庄地区科技
进步一等奖；"棉麦两熟栽
培技术"项目，1994年获
石家庄市政府农业百项科
学技术推广二等奖。

　　参编《农业实用技
术》（中国农业科学技术出版社2012年出版）、《石家庄实用高效农业技术》（河北科
学技术出版社2001年出版）。

　　撰写《河北石家庄地区棉花采收中的问题及对策》《西瓜棉花间作高效栽培技术》
《石家庄市粮油万亩高产创建活动总结》《浅谈石家庄市发展棉花生产的可行性及对
策》《新棉33B生物学特性及配套技术》《包衣棉综合配套增产技术探讨》等论文20
余篇，在《中国棉花》等期刊发表。

　　2000年评为石家庄市跨世纪青年拔尖人才，2006年评为石家庄市有突出贡献中
青年专家。1996年被评为河北省棉花科技承包先进个人，多次被石家庄市棉花办公
室评为棉花生产先进工作者。

秦新敏

　　秦新敏，农业技术推广研究员，1966年生，河北
省新乐县（今新乐市）人。1989年毕业于河北农业大
学农学专业，获农学学士学位，同年分配到河北省农业
技术推广总站工作。

　　参加工作以来，始终坚持深入生产第一线，采取理
论联系实际的工作方法，针对河北省棉花生产实际和农
民的迫切要求，选定试验和推广项目，引进新成果，不
断开展技术推广和普及工作，研究提出了多项有重大意

义的课题，并在生产第一线进行开创性工作。

推广的黑龙港旱薄地棉田配套栽培技术，明确提出了四肥底施、秋耕蓄水养地的技术观点；地膜棉配套栽培技术经过试验、示范、推广，得到了农民的广泛认可；提出了棉花全程化控技术，推广制定了河北省地方标准，解决了棉花旺长的技术难题；提出了棉田间套高效栽培技术，既稳定了棉花面积，又提高了棉田效益，增加了农民收入，经济效益和社会效益显著；针对河北省棉区存在的密度偏小的现象，提出了棉花矮密早配套栽培技术；针对棉花生产上苗期缺苗断垅的现象，提出了棉种包衣配套栽培技术，被列为农业部丰收项目，效益显著；针对河北省棉花品种多、乱、杂的现象，提出了棉花新良种及配套栽培技术，被列为农业部丰收项目，良种推广面积达98%以上。

先后主持或参与完成了30多项农业技术推广项目，获省部级以上科技成果奖16项，其中，一等奖5项，二等奖4项，三等奖7项。

主持完成的"棉花应用缩节安全程化控技术规程"项目，1998年获河北省科技进步三等奖；"棉花种子包衣及综合配套增产技术"项目，1999年获全国农牧渔业丰收一等奖；"地膜棉配套增产技术"项目，2000年获全国农牧渔业丰收三等奖；"棉花新品种推广"项目，2002年获全国农牧渔业丰收二等奖。

参加完成的"亩产皮棉170斤—6万亩连片高产优质高效示范"项目，1997年获河北省科技进步三等奖，第三完成人；"棉花新良种及配套增产技术"项目，1998年获全国农牧渔业丰收一等奖，第二完成人；"棉田间套瓜菜高效种植技术"项目，2000年获河北省科技进步三等奖，第二完成人；"国产转基因抗虫棉技术集成创新与推广应用"项目，2006年获全国农牧渔业丰收一等奖，河北第二完成人；"转基因抗虫棉早衰的生理生态机制及调控技术"，2012年获河北省科技进步一等奖，第十完成人；"棉铃疫病防治关键技术的集成与示范推广"项目，2016年获河北省农业技术推广二等奖，第二完成人。

撰写《包衣棉种综合配套增产技术的探讨》《黑龙港地区棉田特点与配套栽培技

术初探》《河北省推广棉田间作套种的几种模式及保证措施》《棉花中后期管理技术建议》《推广棉田间套高效种植，促进河北省棉花持续发展》《河北省棉花生产节水途径浅析》《河北省棉花产业发展战略》《抗虫棉防病、防虫、防早衰配套栽培技术》《剖析 2008 年河北省植棉成本与效益》《大力发展棉田高效种植 实现农业增效农民增收》《浅析棉花应对灾害性天气的技术措施》《河北省棉花生产技术改革发展与展望》《浅析河北省植棉面积下滑的原因及建议》等论文 30 余篇，在《中国棉花》《河北省科学院学报》《中国棉花学会年会论文汇编》《华北六省市农学会学术年会优秀论文集》《华北农学报》《中国种植业技术推广改革发展与展望》等刊物发表。

副主编《河北植棉史》（河北科学技术出版社 2015 年出版）、《河北棉花人物志》（中国农业科学技术出版社 2017 年出版）。参编《种植基础知识》（河北科学技术出版社 2001 年出版）、《抗虫棉栽培技术》（河北科学技术出版社 2002 年出版）、《无公害农产品生产技术 粮油分册》（河北科学技术出版社 2004 年出版）、《河北棉田间作套种高效栽培技术》（河北科学技术出版社 2009 年出版）。

国务院政府特殊津贴专家，河北省有突出贡献的中青年专家，河北省青年科技奖获得者，河北省"三三三人才工程"第一层次人选，河北省省直三八红旗手。河北省棉花专家顾问组秘书长，河北省棉花学会秘书长、常务理事，河北省农业专家咨询团专家，河北省农业科技推广专家委员会委员，河北省品种审定委员会棉花专业委员会委员。《中国棉花》编委会委员。

高地动

高地动，农艺师，1966 年生，河北省行唐县人。1989 年毕业于河北农业大学邯郸分校农学专业，本科学历。先后在石家庄地区农业技术推广中心、石家庄市棉花办公室、石家庄市农业局、石家庄市委农工委工作。任石家庄市委农工委副书记。

参加工作以来，在棉花技术研究和推广方面取得了多项成果。主持、参加完成"棉花全程化控技术推广""四种以棉为主的间套栽培模式""二代棉铃虫的防治策略""棉花亩产 100 公斤皮棉栽培技术"等科技

项目 10 余项。其中，"棉花全程化控技术推广"项目，1994 年获河北省科技进步四等奖；"棉花亩产 100 公斤皮棉栽培技术"项目，1992 年获石家庄地区科技进步一等奖。

"棉花亩产 100 公斤皮棉栽培技术"选用中早熟棉花品种，适用于中等肥力水浇棉田，亩收获 3 800~4 000 株，总结铃 5.0 万 ~5.2 万个，单株果枝 13~14 个，单株果节 40 个左右。经过多点调查和研究，利用农业系统工程原理和数理统计方法，通过大面积示范验证是成功的，推广面积 50 多万亩，取得了很好的经济效益和社会效益。

经常深入田间地头指导农民科学种棉，善于在农业生产中发现问题，解决问题。通过引进、试验、示范等方法，筛选适宜不同生产条件的主栽品种，指导农民扩大适销对路、高品质棉花品种的种植面积，提高棉农植棉效益。

撰写《棉瓜间作创高产》《两高一优栽培模式棉花西红柿间作技术要点》《石家庄推广的四种以棉花为主的间套栽培模式》《二代棉铃虫的防治策略》等论文 20 余篇，在《河北农业》《河北农业科技》《河北农业大学学报》等期刊发表。

1991 年、1994 年被评为河北省棉花生产先进个人，4 次被评为石家庄市先进工作者、石家庄市棉花生产先进个人。

牛立贵

牛立贵，1967 年生，河北省故城县人。1988 年衡水市农业学校毕业后分配到故城县良棉种子公司工作，历任公司技术员、技术科长、副经理、总经理等职。2007 年开始，带领团队先后组建了河北神牛农业科技有限公司和河北鑫牛农业科技有限公司，并领办了故城县厚丰良种棉种植专业合作社。

参加工作后，一直从事棉花品种的试验及示范工作。20 世纪 90 年代，棉铃虫大

暴发，棉花生产举步维艰，选育、引进抗虫棉品种成为恢复棉花生产的当务之急。1995 年承担了河北省科委安排的美国抗虫棉品种试验，同年又在海南进行了繁种试验，试验调查数据为河北省抗虫棉的引进提供了技术依据，为河北冀岱公司的成立起到了积极的促进作用。

在美国抗虫棉新棉 33B 和 DP99B 的引进过程中，繁育、推广一手抓，年繁种量近 3 000t，累计推广面积达 1 000 多万亩。"新棉 33B 的推广"项目，1998 年获衡水市科技推广二等奖，2000 年获河北省科技推广二等奖。

2000 年以后，国产抗虫棉培育技术趋于成熟，一批抗棉铃虫、丰产性好、抗病性强的棉花新品种相继育成，加快新品种推广成为工作重点，立足河北，面向全国，先后推广冀 668、sGK321 等棉花品种 1 000 余万亩。

2007 年以来，始终把棉花新品种的选育推广作为公司主线，强力打造科研队伍，加强与河北省农林科学院棉花研究所的合作，繁育、推广了冀棉 958、冀 2000 以及冀杂 1 号等优良品种，还先后与石家庄市农林科学研究院、邯郸市农业科学院合作推广了石抗 126、邯棉 559、邯棉 646、邯棉 802 等品种，年销售棉种 1 000t 以上，累计推广面积 1 200 余万亩。同时，主持选育的"神牛六号 F_1"棉花品种，2012 年通过河北省农作物品种审定委员会审定。该品种抗枯黄萎病、铃大、纤维品质好，共推广 100 余万亩，2014 年获衡水市科技进步二等奖。与山西三联种业有限公司联合选育棉花品种科能 608，2011 年通过山西省审定。2011 年河北神牛农业科技有限公司被评为河北省农业产业化重点龙头企业、河北省著名商标企业。

领办的故城县厚丰良种棉种植专业合作社，自成立以来以"公司 + 合作社 + 农户"的模式运作，积极服务三农。共计繁育棉花良种 11 万亩，取得了良好的社会效益，为县域经济的发展、产业结构

的优化、农民的增收致富起到了积极的带动作用。2010 年以来先后获得了"市级示范社""省级示范社"和"先进市级示范社"等荣誉称号。

刘素娟

刘素娟，农业技术推广研究员，1967 年生，河北省藁城县（今石家庄市藁城区）人。1988 年毕业于河北农业大学农学系农学专业，先后在河北省灌溉中心试验站、河北省种子管理总站工作。2004 年获河北农业大学农业推广硕士学位。

为解决棉花生产上棉铃虫严重为害问题，1995 年河北省种子管理总站引进了美国转基因抗虫棉，但河北省对转基因抗虫棉的评价还处于空白阶段。结合本省实际，设置了转基因抗虫棉品种试验，通过调查记载，了解了其特征特性，依据试验结果撰写了《引进抗虫棉初报》《转 Bt 基因抗虫棉 33 B 种子繁育推广技术》《棉花新品种新棉 33 B 主要农艺性状及栽培要点》等文章，制定了《抗虫棉新棉 33 B 公顷皮棉产量 1 125~1 500 kg 栽培技术规程》河北省地方标准，为转基因抗虫棉迅速在河北省棉花生产上推广应用提供了技术指导。

2000—2003 年，主持河北省棉花品种试验期间，搜集整理了河北省 1980 年全省统一开展棉花品种试验以来 23 年的试验资料，从参试品种入选条件、试验设置、试点布局、对照品种选择、田间试验设计、性状调查与试验数据分析等方面，全面总结了河北省棉花品种试验评价体系建立与发展的成就与不足，提出了多项有价值的试验管理工作建议。撰写了《河北省棉花品种区域试验的分析与评价》研究生论文，在国家级刊物上发表了《河北省棉花品种区域试验成效与改进建议》《对河北棉花品种区试有关问题的分析与建议》《提高农作物品种区域试验质量的建议》等相关文章，为棉花品种试验评价体系的不断完善提供了决策参考。因品种试验管理工作业绩突出，被全国农业技术推广服务中心授予"十五"期间国家级农作物品种区试先进工作者。

我国具有自主知识产权转基因抗虫棉的问世，促进了抗虫棉育种工作的迅猛发展，转基因棉花品种数量急剧增加。1999 年在冀中南棉区增设了转基因棉花品种试

验组别，非转基因和转基因棉花品种试验并行。为规范转基因抗虫棉品种评价方法，在非转基因棉花品种试验管理工作基础上，紧密结合国产转基因棉花新品种特点，2001 年制定了《抗虫棉花品种区域试验调查项目及方法》河北省地方标准，建立了

转基因抗虫棉花品种试验评价体系。

依据棉花品种育种现状和生产发展需求，及时增加棉花品种试验设置类型，科学评价育成品种并充分发挥品种试验工作对育种的导向作用。在品种区组设置方面，随着棉花种植效益的提高，水资源短缺的河北省东部地区，棉花又成为主要发展作物，2003 年恢复了冀东早熟棉品种试验。至此，河北省棉花品种试验重新恢复了以冀中南棉区为主，冀东棉区为辅的设置格局。2005 年开始，冀中南棉区在转基因春播常规棉和杂交棉组基础上，先后增设了夏直播组、晚春播棉组、优质棉组、低酚棉组和彩色棉组等试验组别，为棉花生产提供了多元化的品种。

在棉花品种试验审定管理工作中，通过提升品种抗病性能评价指标，引领育种方向。在抗病性评价方面，提出了品种抗病性评判标准由原来的两年鉴定结果的平均值改为选用相对抗性差的单年值作为衡量品种的抗性指标，并且对枯萎病相对病指超过 20 或黄萎病相对病指超过 40 的品种，实行一票淘汰制，把品种试验的抗病性能作为最重要的评价指标且是唯一一票否决的指标。在高压态势筛选品种的条件下，河北省育成了抗枯萎病、抗黄萎病的双抗品种，填补了黄河流域没有双抗转基因抗虫棉品种的空白。同时，河北省育成的棉花品种因其抗病性突出而闻名全国，被广泛应用于全国三大棉区，充分证明了河北省棉花品种试验评价技术体系的前瞻性。

在棉花新品种推广工作中，提出了以抗虫、高产、优质品种为突破口，以配套体系为依托的推广思路，引导棉农科学选择良种，组装集成了多个主推品种的高产高效种植技术模式，取得了明显实效并得到主管部门的认同与嘉奖。作为棉花项目主研人，先后获得省部级以上科技成果奖励 8 项，其中国家科技进步二等奖 1 项，河北省科技进步一等奖 4 项、二等奖 2 项，国家教育部科技进步二等奖 1 项。

国务院政府特殊津贴专家，河北省省管优秀专家，河北省有突出贡献中青年科学

技术管理专家，河北省农业专家咨询委员会棉花专家顾问组成员，河北省农作物品种审定委员会棉花专业委员会委员。

李维顺

李维顺，农业技术推广研究员，1967年生，河北省丰南县（今唐山市丰南区）人。1989年毕业于河北林学院经济林系，2003年毕业于农广校农技推广专业，大学学历。先后在丰南农林局、丰南蔬菜中心、丰南区农牧局工作。

从2003年开始从事棉花品种及栽培技术推广工作，重点推广杂交抗虫棉及简化栽培技术。2009年作为主要参加人承担了"农业部优质棉生产基地建设"和"棉花高产创建"项目，在丰南区东田庄乡、南孙庄乡、王兰庄镇等棉花主产区先后推广了鲁棉系列、冀棉系列、国欣系列、农大601等优质高产品种及以一次性施足底肥、合理化控、简化整枝等为主要内容的简化栽培技术，节省用工，降低生产成本，提高了棉花的产量和质量。特别是在东田庄乡、王兰庄镇等地实施的"万亩高产创建示范片"，通过采取测土配方施肥、病虫害综合防治、合理化控、简化整枝等综合措施，有效提高了示范片棉花的产量，亩产子棉达到260kg以上，高产地块可达300kg，提高了经济效益，带动了全区棉花生产的发展。同时，通过采取田间地头巡回指导、发放技术资料、举办培训班、召开现场会等多种方式向棉农传授生产技术，帮助农民解决生产中遇到的实际问题，提高了全区棉花

生产整体技术水平。

参加完成的"抗虫杂交棉新品种及配套技术推广"项目,2010年获全国农牧渔业丰收三等奖。

撰写《棉花遇到灾害性天气的管理措施》《盐碱地植棉技术》等文章,在《农业科技通讯》《河北农业》等刊物发表。

河北省棉花学会理事。

程洪岐

程洪岐,农业技术推广研究员,1967年生,河北省冀县(今冀州市)人。1991年毕业于河北农业大学农学专业,同年到冀县农业局农业技术推广站工作。

常年三分之二以上的时间深入基层,每年入村召开培训会80多场次,培训农民2万多人次,电视讲座10余期,现场指导、电话解答咨询数百次。曾连续4年到乡村蹲点,指导棉花生产6.5万亩,增产皮棉30多万kg,增加经济效益300多万元。在抗虫棉引进过程中,负责栽培技术的优化组合工作。吃住在村,到田间地头观察长势,调查数据,摸清了抗虫棉新品种在当地的表现,总结形成了抗虫棉在冀州的配套栽培技术,为抗虫棉推广奠定了基础。

针对农业技术推广形势,提出"站—村"联系点制度,与26个村建立联系,推广了中棉所12、冀棉18、新棉33B、DP99B、冀棉616等20多个棉花品种,推广新技术16项,培训指导植棉面积15亩以上示范户300户。

1999—2000年,推广"棉花矮密早栽培技术"。通过适时播种、合理增加密度、全程化控、适时打顶等措施,达到了降株高、保密度,促早熟、增产量、提品质、增效益的目的。在项目实施过程中按照方案要求,采取统一组织、统一宣传发动、统一技术指导、技术员包村包方等措施,确保了项目的顺利实施。在小寨乡、码头李镇、徐庄乡、周村镇、南午村镇等乡镇落实推广25万亩,占旱地棉田面积的86%,亩增产皮棉9.0kg,增产幅度18.0%。

1996—1997年,"棉花良种及配套栽培技术"项目在门庄乡、码头李镇、西王

乡落实 15.7 万亩，亩增产皮棉 16.6kg，增产幅度 28.0%。

2006—2007 年，"棉花三防（防病、防虫、防早衰）综合配套技术推广"项目在小寨乡、码头李镇、徐庄乡、周村镇、南午村镇、漳淮乡、西王乡、门庄乡等 8 个乡镇 204 个村实施，落实 20 万亩，占"三防"易发区的 70%，亩增产皮棉 8.0kg，增产幅度 10.1%。2008 年"棉花'三防'（防病、防虫、防早衰）综合配套技术推广"项目经同行专家鉴定为国内领先。

从 2001 年开始，与冀州市种子站合作，在冀州市农业科技园区建立棉花品种对比田、新技术示范田 200 亩，每年召开现场观摩会 12~15 场次，接待观摩农民近 2 万人次。2004 年帮助云山棉花种植合作社、门庄帮农合作社建立示范基地 2 个，面积共 2 400 亩，并负责技术指导，每年培训农民 3~5 次。

自 2009 年起，结合示范县项目实施，参与建设了 16 个示范基地，其中棉花示范基地 10 个，主要有魏屯洪杰农场、码头李镇东羡村、南午村镇西北角村等。每年在基地召开现场观摩会 12~15 场次，收到了良好效果，有力地促进了棉花新品种、新技术的示范推广。

取得科技成果 3 项。参加完成的"棉花良种及配套增产技术"项目，1998 年获全国农牧渔业丰收一等奖；"棉花新品种及配套技术推广"项目，2005 年获全国农牧渔业丰收三等奖；"棉花矮密早栽培技术"项目，2001 年获河北省农业厅丰收二等奖。

参加工作以来，还主持和参与制订试验、示范推广项目实施方案，撰写农作物播种及田间管理建议。主持、参与编写《冀州市主要大田作物生产技术问答》《冀州市农业气候及主要农作物管理月历》《棉花专辑》等内部书籍 6 部。

撰写《影响棉花全苗的因素及预防措施》《缩节安浸种促根壮苗初报》《河北省冀州市 2004 年雹灾棉生育特点》等论文 10 余篇，在《中国棉花》《农业科技通讯》等期刊发表。

衡水市拔尖人才，衡水市优秀专业技术人才，衡水市首届农民信得过十佳技术员，河北省"三三三人才工程"第三层次人选。2014 年获河北省农业技术推广贡献奖。

王 锁

王锁，1968年生，河北省永年县人。1990年毕业于河北农业大学邯郸分校，同年到邯郸地区农业局（今邯郸市农牧局）工作。2010年获农业推广硕士学位。邯郸市农牧局经济作物处处长。

长期从事以棉花为主的农业生产管理及技术推广工作，连续参加了1990年以来的棉麦一体化栽培技术推广、棉花新品种推广、棉花病虫害综合防治技术推广及棉花高产创建等工作。

在河北省棉花生产调整转型阶段，棉花生产持续滑坡的特殊时期，积极参与"邯郸市棉麦双丰高效工程"建设，主导完成了"邯郸市棉麦双丰高效种植模式"推广任务。2013—2015年，邯郸市针对棉花市场低迷、价格下跌及阴雨不良天气影响等导致的棉花生产滑坡的现象，以及向棉田要粮食巩固"吨粮市"建设成果的需要，在邱县、成安县、曲周县、肥乡县等棉区开展了"邯郸市棉麦双丰高效工程"建设，规模推广棉麦高效种植新模式。工程建设中密切联系群众，充分调动广大农民创造性，引导农民积极应用先进的科学成果，解决了棉麦间套田间机械收获小麦、棉苗机械移栽、棉花贴茬播种等技术瓶颈。创新推广了"棉麦间套双丰收""棉花麦后育苗移栽"和"棉花麦后直播"等三种模式，进一步探索了棉麦间作套种高效种植新技术，并取得了显著成效。项目区每亩纯增效益600~800元，实现了"农田长青、粮棉双丰"目标。2013年推广20万亩，2014年达到50万亩，2015年因棉花价格影响，推广面积稳定在50万亩，在保障粮食安全基础上，有效地增加了棉农收入。同时通过工程建设，变冬春白地为"四季长青"，有效地改善了生态环境，实现了"向棉田要粮食，促进粮食安全；向棉田要效益，促进农民增收；向棉田要环境，促进生态文明"的任务目标。为此，农业部、河北省委、省政府对邯郸棉麦双丰高效工程建设给予了充分肯定和高度评价，河北省农业厅先后两次在邯郸召开全省棉麦双丰现场会，推广成功经验，并作为"渤海粮仓科技工程"项目重要技术内容之一。

主持的"棉花微肥施用技术推广"项目，1993年获邯郸地区科委科技进步一等奖；参加完成的"棉花种子包衣及综合配套增产技术"项目，1999年获河北省农业厅农村科技成果一等奖，同年获全国农牧渔业丰收一等奖；"棉田间套瓜菜高效种植

技术"项目，1993 年获河北省农业厅科技成果二等奖。

河北省棉花学会理事。

刘兴利

刘兴利，农业技术推广研究员，1968 年生，河北省威县人。1990 年毕业于河北农业大学土壤农化专业，农学学士学位。先后在威县农业局土肥站、威县农业局棉花研究所工作。任威县棉花研究所所长。

毕业后一直从事棉花技术推广工作，积极深入生产第一线，利用培训会、现场会、电视讲座、农信通等形式进行技术培训和技术指导，依托棉花生产示范基地，推广棉花新品种、新技术、新模式，提高棉农科学植棉水平。先后推广了中棉所 12、石远 321、新棉33B、sGK321、国欣棉 3 号、冀丰 197、鲁棉研 21、邯棉 802、冀棉 616、冀 863、冀丰 1271、国欣棉 9 号、邯 8266 等品种，实现了棉花品种不断更新，提高了棉花产量和品质；引进了棉花—土豆、棉花—辣椒、棉花—洋葱、棉花—小麦等高效立体栽培模式，提高了棉田综合生产效益，稳定了棉花生产；示范、推广了棉花简化栽培、棉花平衡施肥、棉花早衰防治、棉花铃病防治等综合增产配套技术，实现了节本增效，科技创新，促进了威县棉花生产的稳定和发展。

多次获得部、厅、市级科技奖励。其中，"棉田立体高效栽培技术"项目，1997年获邢台市科技进步二等奖；参加完成的"棉花新良种及配套增产技术"项目，1998

年获全国农牧渔业丰收一
等奖；"棉花新品种推广"
项目，2002 年获全国农牧
渔业丰收二等奖；"棉花
新品种配套技术推广"项
目，2005 年获全国农牧渔
业丰收三等奖；"棉铃疫
病防治关键技术的集成与
示范推广"项目，2015 年
获河北省农业技术推广二
等奖。

　　制定的《棉花栽培技术规程》地方标准，1996 年由河北省技术监督局颁布
并实施。参编《河北棉田间套高效栽培技术实例》（河北科学技术出版社 2004 年
出版）。

　　撰写《棉—麦套种模式》《棉花—辣椒间作技术》《棉田死苗的原因和预防措施》
《棉花—白萝卜套种高产栽培技术》《棉花一播全苗技术要点》《威县综合防治棉铃虫
的几点经验》等科技文章，在《中国棉花》《中国农村小康科技》《河北农业》《农业
知识》等期刊发表。

　　先后被评为威县劳动模范，威县拔尖人才。12 次记威县县政府三等功，3 次记邢
台市政府二等功。第六届河北省棉花学会常务理事，河北省农业专家咨询委员会棉花
专家组成员，河北省棉花专家顾问组成员，邢台市农业专家组成员，河北省现代农业
产业技术体系棉花创新团队冀中棉花节水高产综合试验推广站站长。

宇文纲

　　宇文纲，1968 生，河北省行唐县人。1989 年毕业于行唐县职业技术高级中学，
先后在行唐县职业技术高级中学、行唐县职教中心、行唐县农业局杂交棉研究所、河
北极峰农业开发有限公司、新疆金鄂种业科技有限公司工作。

　　主要从事棉花光温敏核雄性不育系及其杂种优势利用研究，先后参加了河北省
科委"棉花不育系研究利用和杂种优势利用研究"、新疆兵团现代农业科技攻关与成

果转化计划"光温敏核不育系杂交制种技术的研究与应用"等项目。

发现了棉花芽黄396A不育系光温敏特性。1991—2006年，连续在海南和石家庄种植芽黄396A不育系，细心观察不同播期，不同温度环境下的散粉情况，发现了芽黄标记不育系在高温短日照条件下可以诱变为可育，能够直接大量繁殖，而在常温长日照条件下表现为不育，可以作为母本进行杂交制种。

创新出在石家庄市使不育系恢复育性的方法，即架设拱棚，覆盖黑农膜，提高温度，缩短日照时间。

将不育系宿根技术改进为海南根栽。2006年在参考不育系宿根技术的基础上，在三亚进行了根栽试验，分别于9月上中旬和10月上旬栽植棉根，成活率达95%以上，单株成铃数30个以上，最多达到60个，以9月上中旬栽植产量高。在海南根栽试验成功的同时，试验播种不育系种子，花期花粉量大，能够自交成铃，成功实现不育系两用。

在新疆金鄂种业科技有限公司工作以来，开展了光温敏不育系杂交制种研究，试验在网室利用蜜蜂传粉，结铃率达83.5%，和人工授粉效果相当。此方法能显著降低杂交制种成本，提高制种效率，使大面积推广棉花杂交种成为可能。通过进一步转育多种遗传背景的新不育系，可以选配出适于各生态棉区的杂交种。2015年，"光温敏核不育系杂交制种技术的研究与应用"被列为新疆兵团现代农业科技攻关与成果转化计划项目。

利用不育系育成杂交种3个：1992年培育出"黄杂1号"，在新疆、江西、湖北等地种植，比常规品种增产20%左右；随着棉铃虫的猖獗，培育成功抗虫棉杂交种"黄杂2号"，经试验示范，其抗虫性和产量均达到或超过了生产上大面积推广的抗虫棉新棉33B；培育出高

抗枯萎病、抗黄萎病杂交种"黄杂3号"，2007年通过陕西省农作物品种审定委员会审定。

获奖成果和专利：主研完成的"棉花新型不育材料'芽黄 A'选育"项目，1990年获石家庄地区行政公署二等奖；"棉花新型不育材料'芽黄 A'杂种优势利用"项目，1995年获河北省科技进步三等奖。获国家发明专利2项：一种棉花不育系的繁种及其配套制种方法，棉花核雄性不育系芽黄 A 光温互作繁种方法。

撰写《棉花不育系对温度反应研究初报》《棉花雄性核不育系光温 A》《棉花不育系芽黄 A 的温敏感研究》《温敏感隐性核不育棉花应用研究初报》《介绍三个高效低成本杀灭控制棉铃虫新法"等论文，在《中国棉花》《中国棉花学会 2006 年年会暨第七次代表大会论文汇编》《河北农业科学》《河北农业》等期刊发表。

张保安

张保安，高级农艺师，1968 年生，河北省邱县人。1990 年毕业于河北农业大学农学系土壤农业化学专业，先后在邱县农牧局马落堡乡农业技术推广站、邱县农业局土肥站、邱县农牧局技术站工作。任邱县农牧局技术站站长。

毕业后指导了马落堡乡部分村农民雹灾后棉花生产自救和棉田病虫害防治。1993 年到邱县农业局土肥站工作，制定了棉花配方施肥意见，探索了盛蕾初花期喷施硼肥的增产效果。1995 年开始指导棉农增施钾肥，提出"稳氮增磷补钾"的棉田配方施肥新思路，至 2000年，邱县棉田速效钾含量开始全面回升。经过试验研究，2004 年将棉花配方施肥建议从原来的"三增、一控、一补"（增施有机肥，增施磷肥，增施钾肥，控制氮肥用量，补施微肥）改为"两增、一稳、一补、一配"（增施有机肥，增施磷肥，稳施氮肥，补充钾肥，配施微肥）。至 2008 年，初步建立了棉花施肥指标体系，实现了邱县棉田施肥的合理化、科学化、规范化。棉花配方施肥技术的推广，为邱县棉花高产稳产奠定了物质基础，连续多年皮棉单产稳定在 95kg 以上。

2005 年参与实施了由河北省农林科学院和邯郸市农业局共同承担的"邯郸市粮

棉基地节本增效集成技术"项目。改变传统耕作习惯，实施简化管理技术，结合优良品种和先进农机具的推广应用，实现农机农艺紧密结合，从而使多种技术优势集中体现为经济效益优势，达到降低成本，增加收入的目的。3 年建设示范方 1 万亩，亩平均增收 210 元。

2009 年在全面推进农牧"3015"双增工程示范方建设中，重点抓了杂交棉示范方、棉花间作套种示范方、麦棉连作等示范方建设，并取得显著成效。2010 年，建设棉花保护性耕作技术集成示范基地和麦棉连作试验示范基地各 1 个。棉花保护性耕作技术集成示范区棉花增产 15%，麦棉连作试验示范基地在棉花基本不减产的情况下，增收一季小麦，两个基地均取得良好的示范效果。

2010 年之后重点推广了棉花秸秆还田技术和棉花秸秆栽培食用菌技术，建设棉花秸秆生产食用菌基地 3 个；主持了邱县棉花高产创建、棉花阶段考察、测产和技术指导工作；承担了河北省夏播棉和机采棉品种区域试验任务；主持了棉麦双丰工程和渤海粮仓科技示范工程棉粮轮作、棉花绿豆间作等项目的实施。

参加完成的"邯郸市循环农业模式关键技术研究与推广"项目，2013 年获河北省农业技术推广合作奖；"棉铃疫病防治关键技术的集成与示范推广"项目，2015 年获河北省农业技术推广二等奖。

参与了《循环农业模式与技术手册》和《邯郸市循环农业发展实证研究》的编写。

撰写《保护性耕作与技术集成推广》《利用棉花秸秆生产食用菌技术模式》《农作物秸秆栽培食用菌在发展循环农业中的重要作用及技术模式》等论文，在《河北农业科学》《河北农业科技》等期刊发表。

杜华婷

杜华婷，农业技术推广研究员，1968年生，河北省永年县人。1989年毕业于河北农业大学农学系，学士学位，同年到邯郸地区（今邯郸市）农业局工作。

主抓棉花新品种、新技术示范推广工作，获科技成果奖励10项。其中，参加完成的"棉花种子包衣及综合配套增产技术"项目，1999年获全国农牧渔业丰收一等奖；"抗病、抗早衰高产棉花新品种冀棉616的选育与应用"项目，2011年获河北省科技进步二等奖；"低酚棉不同类型区配套栽培技术及副产品综合利用"项目，1995年获河北省科技进步三等奖；"太行山丘陵区旱地棉花高产配套栽培与加工利用技术开发"项目，1997年获河北省科技进步三等奖；"棉花全程化控技术推广"项目，1994年获河北省科技进步四等奖；"棉花新品种及配套技术推广"项目，2005年获全国农牧渔业丰收三等奖；"棉麦一体化栽培技术推广"项目，1992年获邯郸市科技进步一等奖；"大铃、抗病、高产棉花杂交种冀棉3536的选育及应用"项目，2015年获河北省农林科学院科技进步三等奖；"棉花全程化控技术"项目，1992年获邯郸市科技进步二等奖；"不同类型区棉花丰产栽培技术"项目，1992年获邯郸市科技进步三等奖；2008年"棉花'三防'（防病、防虫、防早衰）综合配套技术推广"经同行专家鉴定达到国内领先水平。

针对棉花生产中存在的问题，及时组织领导、专家对全市的棉花生产进行考察，提出棉花生产建议，指导棉农科学管理，科学植棉，提高了邯郸市的棉花产量和棉农科学植棉水平。

参编《邯郸农业大全》（河北人民出版社2001年出版）、《邯郸农业志》（中共党史出版社2013年出版）、《华北棉花测土配方施肥技术》（中国农业出版社2011年出版）。

撰写《棉田多熟制高产高效套种技术》《棉花—辣椒—秋菜立体栽培技术》《营养钵育苗棉麦套种栽培技术》《棉花苗期主要病害及综合防治技术》等论文，在《农村科技开发》《河北农业科技》等期刊发表。"棉麦一体化在邯郸的发展存在问题及今后改进意见"被评为邯郸地区1990年度自然科学优秀论文二等奖，《推进棉花产业化，促进我市棉花生产持续发展》，1997年在邯郸市农业可持续发展学术研讨会上被评为优秀论文二等奖；《冰雹灾害对棉花的影响及其抢救措施》，在1998年邯郸市灾

害预防与对策研讨会上评为优秀论文二等奖。

河北省"三三三人才工程"第三层次人选，邯郸市跨世纪学术和技术带头人，邯郸市棉花生产专家组成员。2012年邯郸市第五届"三八"红旗奖章获得者，1994年被河北省棉花办公室评为棉花生产先进工作者，1995年被河北省农业厅评为棉花科技承包先进工作者，1996年被河北省农业厅、河北省棉花办公室评为棉花生产先进个人，1995年被邯郸市人民政府评为棉花生产先进工作者，1992年被邯郸地区行政公署评为农业科技成果推广先进工作者。

王　旗

王旗，农业技术推广研究员，1969年生，河北省邢台县人。1993年毕业于河北农业大学植物保护专业，同年到河北省农业厅从事经济作物技术推广工作，2006年取得中国农业大学农技推广硕士学位。河北省农业厅特色产业处处长。

长期从事棉花等经济作物的技术推广工作。先后起草或参与起草棉花生产"十一五""十二五"发展规划，起草的《大力开发滨海盐碱旱地发展棉花生产调研报告》被河北省委省政府采纳。起草棉花阶段性生产指导意见，组织开展"三桃"考察，开展年度植棉意向调查；组织或参与实施国家棉花良种补贴、棉花高产创建、棉花生产示范基地和棉花生产能力提升等项目，落实补贴品种25个，有效遏制了品种"多、乱、杂"现象，提高河北省棉花生产能力，拉动全省棉花单产、总产创历史新高。

获得各级成果奖励 21 项。其中，主持完成"抗枯黄萎病品种冀棉 616 配套技术推广"项目，2013 年获全国农牧渔业丰收二等奖；"杂交棉新良种及综合配套增产技术"项目，2010 年获全国农牧渔业丰收三等奖。

参加完成"棉花化学控制栽培技术体系的建

立与应用"项目，2008 年获国家科技进步二等奖，第七完成人；"资源创新与优质抗病高产棉花新品种选育及产业化"项目，2013 年获农业部中华农业科技一等奖，第十七完成人；"转基因抗虫棉丰产高效化学控制栽培技术体系的建立与推广"项目，2007 年获国家教育部科学技术进步一等奖，第八完成人；"棉花新品种推广"项目，2001 年获河北省农村科技二等奖，第二完成人；2002 年获全国农牧渔业丰收二等奖，第二完成人；"棉花种子包衣及综合配套增产技术"项目，1999 年获全国农牧渔业丰收一等奖，第二完成人；"棉花矮密早栽培技术"项目，2001 年获河北省农业厅丰收二等奖，第三完成人。

起草制定并颁布实施《棉花—马铃薯间作生产》《棉花—西瓜间作生产技术规程》和《杂交棉制种技术规程》等省级标准 16 项。

参编《河北棉田间套种高效栽培技术实例》（河北科学技术出版社 2005 年出版）。

撰写《超前谋划　精心组织　河北省认真抓好棉花高产创建培训活动》《河北省 2008 年棉田盲蝽象发生及防治情况》《河北省棉花产业发展战略》《河北省当前棉花生产情况》《科学运筹　精心组织　严格程序 规范操作》等论文和科普文章 71 篇，照片 13 幅，分别在《中国棉花》《河北日报》等刊物发表。

国务院政府特殊津贴专家，河北省有突出贡献的中青年专家，河北省"三三三人才工程"二层次人选，河北省棉花产业技术体系经济与研究岗位专家，河北省棉花学会副秘书长、常务理事，《中国棉花》杂志特邀通讯员，河北省职称评审专家。

赵凤娟

赵凤娟，农业技术推广研究员，1969 年生，河北省吴桥县人。1987 年毕业于沧州农业学校，同年分配到吴桥县农业局技术站工作，2004 年河北农业大学技术推广专业毕业。吴桥县农业技术中心主任。

主要从事棉花新品种、新技术推广工作。先后引进抗虫棉、杂交棉品种 15 个，集成棉花简化高产栽培技术 2 套，推广棉花新技术 10 余项。

作为参加人获成果奖励多项。参加完成的"杂交棉新良种及综合配套增产技术"项目，2010 年获全国农牧渔业丰收三等奖；"棉花新品种推广"项目，2002 年获全国农牧渔业丰收二等奖；"地膜棉配套增产技术"项目，2000 年获全国农牧渔业丰收三等奖；"棉花良种配良法实现大面积丰产"项目，1999 年获全国农牧渔业丰收三等奖；"吴桥县 22.7 万亩棉花丰收计划"项目，1997 年获农业部丰收计划三等奖；"亩产皮棉 170 斤—6 万亩连片高产优质高效示范"项目，1997 年获河北省科技进步三等奖；"棉铃疫病防治关键技术的集成与示范推广"项目，2015 年获河北省农业技术推广二等奖。

在棉花面积严重滑坡的不利形势下，积极引进棉花新品种，推广棉花简化高产栽培技术和《棉蚜科学防治技术规程》，减少棉花生产投入和劳动用工，提高棉花经济效益。在吴桥县梁集镇的徐连九村和韩家洼村建设两个棉花试验示范基地，示范推广棉花等行距和大小行简化栽培新模式，示范种植了冀杂 1 号、农大 601 等品种，500 亩示范田亩产子棉 300kg 以上，比其他地块亩增产 75kg。为全市棉花生产提供新技术和新品种奠定了基础。

作为主要参与者撰写了市级标准《棉蚜防治技术操作规程》，在全市应用 80 万亩，直接经济效益近千万元。

主编《吴桥县耕地资源评价与利用》（河北科学技术出版社 2014 年出版），副主编《沧州市农业地方标准（第二版）》（中国农业出版社 2012 年出版）；参编《农民增收好帮手》（中国农业科学技术出版社 2009 年出版）。

撰写《2003 年吴桥县棉田绿盲蝽大发生》《棉花生产中存在的问题及预防措施》《棉花烂籽、烂芽，病苗多的原因及补救措施》等论文和科普文章，在《中国棉花》

《河北农业》《中国农业推广》《中国种业》等期刊发表。

河北省棉花产业技术体系滨海高产优质综合试验站站长，河北省棉花协会理事。沧州市专业技术拔尖人才，河北省三农工作先进个人，河北省百姓喜爱的好官。2013年农业部"农业技术推广贡献奖"获得者。

韩荣彩

韩荣彩，高级农艺师，1969年生，河北省吴桥县人。1991年毕业于河北农业大学邯郸分校，同年分配到吴桥县农业局，负责农业生产和技术推广工作。先后任技术推广站站长和农业技术推广中心主任。2007年任吴桥县政协副主席，同时在农业局兼职。

主持并参与了多个棉花项目的实施，引进、推广转基因抗虫棉新棉33B、DP99B、冀228、冀杂1号等品种15个，推广棉花简化栽培、科学化控等技术10余项。

1996年参加"吴桥县22.7万亩棉花丰收计划"项目，通过项目实施，平均亩增收子棉31kg，总增产700万kg，总增效益3 000万元，1997年获全国农牧渔业丰收三等奖；参加了"亩产皮棉170斤—6万亩连片高产优质高效示范"项目的制定和落实，通过项目的实施，6万亩连片示范区棉花增产幅度达10%以上，示范区棉花的品质和产量都上了一个新台阶，1997年获河北省科技进步三等奖；2001年参加河北省"棉花新品种推广"项目，通过推广抗虫棉新品种及配

套栽培技术，使吴桥县棉花产量再创新高，2002 年获河北省农业厅丰收二等奖，同年获全国农牧渔业丰收二等奖。

2004 年、2006 年吴桥县被河北省农业厅确定为棉田高效立体种植项目县，作为技术负责人，主要推广了棉花—西瓜、棉花—天鹰椒、棉花—大蒜三种立体间套作种植模式，产前进行技术培训，产中搞好技术指导，项目区每亩高效棉田比单作棉花增收 1 000 元以上，全县 4 万亩高效棉田增收达 4 000 万元以上。

2009—2015 年，连续 6 年实施棉花高产创建项目，通过加强与河北省农林科学院棉花研究所及沧州市农林科学院农田高效研究所对接，在万亩棉花示范方引进冀杂 1 号、沧 198 等高产优质棉花品种及配套高产栽培技术，示范方平均亩产皮棉达到 100kg 以上，辐射带动了全县棉花增产、棉农增收。

参编了农业科技培训用书《农业实用技术》《沧州市农业地方标准》。撰写的《吴桥县棉花—西瓜套种栽培技术》《吴桥县棉花—天鹰椒间作栽培技术》被收入《河北棉田间套种高效栽培技术实例》。在《河北科技报》《河北农业》等报刊发表科普文章多篇。

多次受到吴桥县政府嘉奖及河北省农业厅、沧州市农业局奖励。2005 年被选为河北省农业系统先进人物，2006 年被评为河北省"三三三人才工程"第三层次人选。

李 鹤

李鹤，高级农艺师，1970 年生，河北省临西县人。1995 年毕业于河北农业大学邯郸分校农学系，农学学士学位，同年到临西县农业局参加工作。临西县农业局农业技术推广中心主任。

多年来一直从事农业技术推广工作，足迹踏遍全县 200 多个棉花村，普及棉花新

品种、新技术及高产栽培、高效种植等技术。

在棉花生产上，示范推广了转基因抗虫棉新棉33B、DP99B、鲁棉研28、石抗126、石抗39、邯棉802、国欣棉3号、国欣棉4号、农大601等品种20多个。并实施适当晚播、扩行缩株、全程化控及简化整枝等栽培新技术十几项，应用面积200万亩，增加经济效益5 000多万元。尤其是1996年临西县推广新棉33B、DP99B以来，抗虫棉的应用得到快速发展，全县抗虫棉种植面积达到98%以上，使临西县棉花生产上了一个新台阶，2004年棉花种植面积近30万亩，达到历史峰值。临西县棉花优质、高产在全国负有盛名，被确定为国家优质棉基地县。

2002年针对棉花种植效益低的现状，在摇鞍镇示范推广小麦、菠菜、棉花、绿豆四种四收种植模式，亩产小麦400kg，棉花330kg，菠菜1 500kg，绿豆100kg，平均亩收入2 600元，效益高，深受农民欢迎。2003年在马兰村示范推广棉花—西瓜间作1 000亩，为临西县棉花高效立体种植创出了一条新路，带动全县棉花—西瓜间作套种上万亩。

2009年主持全国粮棉油高产创建项目在临西县的具体实施。先后落实棉花高产创建万亩方9个，面积9.4万亩，亩皮棉产量105.7kg，较全县平均亩产增29.7kg，增幅39.0%，带动全县棉花产量、品质及栽培技术大幅度提高。在高产创建工作中作为专家组组长，建立了技术人员联系片、基层农技人员联系农户制度，形成了"任务落实到地块、干部指导到田间、技术服务到地头、物资供应到农户"的运行机制，确保了项目的顺利实施和高效运作。在项目管理上，切实做到"八有"：创建活动有方案，主推技术有集成，推介品种有公告，万亩片分布有详图，核心区内有标牌，农户手里有技术，田间试验有记载，项目资料有档案。在项目实施中不断创新工作机制，依托临西县龙头企业旺丰种业和临西益民粮棉专业合作社，做到"五统一"：统一供应种子，统一供应肥料，统一整地播种，统一技术培训，统一病虫防治。通过实用技术的集成和推广，确保了主推技术到位，大面积降低了生产成本，提高了生产效益。

多次到基地村授课、培训，深入田间地头现场指导，不定期在电视台作专题技术讲座。2012年棉花后期遭受阴雨连绵天气，造成大量蕾铃脱落和烂铃，及时在临西县电视台作了关于"天气阴雨连绵要注意抓好大秋作物田间管理"专题技术讲座，指导农民科学管理。

从2011年开始承担全国棉花生产信息监测系统临西县信息上报工作，信息填报

及时、准确，2011—2014年被评为农业部全国棉花生产监测优秀信息员。

参编《高产创建示范创新及技术推广》（中国农业科学技术出版社2014年出版）。

撰写的《临西县四种四收高产高效种植模式经验》在《河北农业》发表，并被收录在《中国农村实用新技术文库》第三卷。

临西县第六届、第七届、第八届政协委员，临西县"五一奖章"获得者，临西县玉兰式好干部。由于工作成绩突出，先后被临西县政府嘉奖6次。

陈建中

陈建中，农艺师，1970年生，河北省冀县（今冀州市）人。1991年毕业于衡水农业学校农学专业，同年分配到冀县农业局工作。2011年进修于河北农业大学高效农业自学专业，并获得大学专科文凭。

做好棉花相关信息的采集和上报工作。2008年开始负责棉花生产农情信息调度系统、棉花高产创建信息平台、棉花产业预警信息采集系统、棉花经济信息系统、农业信息采集系统、农业区划等相关信息的调查、采集、分析和上报工作。常年深入田间地头、乡村农户，进行农业科技推广、指导、宣传和培训，和农民面对面的交流和沟通，积累了业务知识和实践经验，获得了比较准确和实际的农业生产第一手资料，为上级部门正确决策提供了

科学依据。

取得科技成果多项。参加的"抗枯、黄萎病品种冀棉616配套技术推广"项目，2013年获全国农牧渔业丰收二等奖；主持并参与实施的"冀州市农业信息电话语音服务系统建设"项目，2006年获

冀州市科技进步二等奖；参加的"冀州市国家级棉花高产创建"项目，2012年获冀州市科技进步三等奖。

参编了《开发资源 增收致富》（中国农业科学技术出版社2012年出版）；编写了《棉花高产栽培技术》《冀州市农业气候状况及主要农作物管理月历》等内部培训资料。

撰写《棉花花铃期高浓度叶面喷肥效果初报》《棉铃虫抗性增长的原因及防治措施》《影响棉花全苗的因素及预防措施》等论文30余篇，在《中国棉花》《核农学报》《河北农业》《河北科技报》《衡水日报·农村周刊》等刊物发表。

2011—2014年被农业部评为棉花生产监测优秀信息员，2013年被河北省农业厅评为农业产业损害监测预警体系优秀工作者，2010—2012年被衡水市人民政府评为农业资源区划工作先进工作者，2005年被衡水市政府评为农业信息化工作先进个人，2010年被冀州市委、市政府评为科技工作先进个人，2003年获冀州市人民政府嘉奖一次。

潘秀芬

潘秀芬，农业技术推广研究员，1970年生，河北省南皮县人。1992年毕业于河北农业大学邯郸分校农学系作物专业，本科学历，同年分配到沧州地区（今沧州市）农林局棉花技术推广站工作。任沧州市农业技术推广站站长，兼任沧州市棉花技术推广站负责人。

毕业后一直工作在棉花生产一线，宣传、贯彻落实国家棉花产业政策，推广棉花

新品种新技术，解决生产难题，指导农民科学植棉。先后引进、试验、示范、推广棉花新品种50多个，实用新技术10项。特别是转基因抗虫棉新品种的推广，有效遏制了棉铃虫的为害，带动沧州市棉花生产走出低谷；推广的棉花地膜覆盖技术，解决了露地种植棉花难以实现一播全苗问题，技术应用普及率达99%以上；推广的棉花与其他作物间作套种技术，在棉花基本不减产情况下，增加了间套作物收入，提高了棉田综合效益；推广的旱碱地植棉技术，解决了旱碱地出苗难的问题。新品种、新技术的推广，带动沧州市棉花平均单产水平连创新高，平均亩产皮棉由转基因抗虫棉新品种推广之前的35kg左右提高到75kg左右，最高年份达到77.8kg。

积极参加各级棉花科技项目推广，先后获得各级棉花相关科技成果奖励6项。其中，参加完成的"棉花良种配良法实现大面积丰产"项目，采取"选用优种，施足底肥、配方施肥，足墒适时播种，地膜覆盖，平作棉田合理搭配行株距，间套作棉田合理浇水追肥，及时防治病虫害，系统化控"等技术，首次集成组配了转基因抗虫棉栽培技术体系，改进总结出间作套种的六大模式，项目区平均亩产皮棉63.5kg，与前3年平均值相比，增产率达82%，减少农药用量1155.6t，节约用工173.3万个，有效地减轻了环境污染，经济效益、社会效益、生态效益显著。"棉花良种配良法实现大面积丰产"项目，1999年获全国农牧渔业丰收三等奖，第三完成人。

参加完成的"棉花新品种及配套技术推广"项目，推广了"一优、二化、四改、一坚持"的配套技术，实现了良种良法的有效结合，充分挖掘了良种的增产潜力，2005年获全国农牧渔业丰收三等奖，第二完成人；"转基因棉花新品种邯郸109的选育与应用"项目，2009年获河北省科技进步二等奖，第七完成人。

参编《沧州市棉花生产技术问答》(河北科学技术出版社2010年出版)、《沧州农业实用技

术》（中国农业出版社 2008 年出版）、《河北棉田间套种高效栽培技术实例》（河北科学技术出版社 2005 年出版）、《沧州市农业地方标准》（中国农业出版社 2012 年出版）、《沧州市棉花生产技术论文集》（河北科学技术出版社 2012 年出版）

执笔起草了《公顷皮棉产量 1 500 公斤以上春播优质棉花栽培技术规程》《旱地棉地膜覆盖生产栽培技术规程》《棉花—西瓜间作套种栽培技术规程》《国欣棉 3 号高产栽培技术规程》《杂交抗虫棉高产栽培技术规程》等沧州市地方标准，通俗易懂，可操作性强，在生产中发挥了良好作用。

合作撰写《旱碱地植棉及建议》《市场经济下河北省发展棉花生产对策》《秸秆覆盖对棉田土壤的影响》《初探冰雹对棉田产量的影响及对策》等论文 10 余篇，在《中国棉花》《冀鲁豫棉花持续发展战略研究论坛》等刊物发表。

沧州市专业技术拔尖人才，沧州市十大杰出青年，河北省"三三三人才工程"第三层次人选。河北省现代农业产业技术体系棉花创新团队滨海盐碱地综合试验推广站站长，河北省农作物品种审定委员会棉花专业委员会委员，河北省棉花学会副理事长，河北省农业技术推广协会常务理事，河北省作物学会理事。第十一届全国人大代表，沧州市第十届政协委员。

王晓芳

王晓芳，高级农艺师，1971 年生，河北省献县人。1992 年毕业于沧州农业学校，同年到献县农业局工作。2004 年河北农业大学农业推广专业毕业。

多年来一直从事农业技术推广工作，推广先进的棉花实用技术多项，主要有测土配方施肥技术、机械化覆膜播种技术、简化整枝技术、病虫害防治技术、前重式简化栽培集成技术等。

在实施棉花高产创建项目的小平王乡和张村乡建设棉花高产示范区，采用增产潜力大、抗病性能好、适应性广、纤维品质优良的品种，推广测土配方施肥、精细

整地、机械化覆膜播种、简化整枝、病虫害专业化统一防治等技术。在搞好技术培训的同时，抓好统一品种，统一机械化覆膜，统一测土配方施肥，统一浇水，统一病虫

机械化专业化防治的"五统一"工作。示范区皮棉单产由原来的70kg增加到110kg。通过示范展示，辐射带动，全县皮棉单产达到95kg。

主持了"献县优质棉花生产示范基地建设"项目，在献县小平王乡建设优质棉花生产示范项目区。通过项目的实施，提高了棉花综合生产能力。示范区平均亩产皮棉104kg，亩增产皮棉12kg，项目区总增产皮棉12万kg，增加经济效益108万元。

参加"棉花前重式简化栽培集成技术推广"项目，采用多种形式做好技术培训工作，共培训棉农1 000人次，发放技术资料3 000余份，推广面积8 000余亩。"棉花前重式简化栽培集成技术推广"项目，2015年获河北省农业技术推广三等奖。

2009—2015年，承担中国棉花经济信息系统填报任务，每月及时、准确录入献县高产创建示范县的棉花产业信息监测数据。

针对棉花生产机械化程度低，劳动强度大，作业环节多，用工多，直接影响了棉花种植的经济效益问题，推广了机械化覆膜穴播技术，一次完成膜床刮平、施肥、喷药、覆膜、覆土、打孔播种、镇压作业，极大地提高了作业效率和棉花种植的机械化程度。

撰写《棉花机械化覆膜穴播技术》《农机农艺相结合，大力推广作物秸秆综合利用》等文章，在《河北农机》杂志发表。

在2011—2014年全国棉花生产监测工作中表现突出，被农业部评为全国棉花生产监测优秀信息员。

卢怀玉

卢怀玉，农业技术推广研究员，1971年生，河北省河间县（今河间市）人。

1994年毕业于中国农业大学，毕业后在河间市国欣农村技术服务总会从事棉花新品种研发、推广工作。

1994年在棉铃虫为害严重，棉田面积锐减，国欣农村技术服务总会种子销售陷入困境时，1995年从中国农业科学院引进转基因抗虫棉，当年4200户会员近万亩棉田全部种了抗虫棉，产量大幅度提高。为了实现规模化经营，建立了国欣农场，拓展天津，进军新疆戈壁，使繁种田面积达到8万亩，实现了规模化繁种。

2001年组建科研中心——国欣棉花研究所，从科研院所招聘优秀大中专毕业生20余名充实到科研队伍中，并培养成为研究所的骨干力量。2004年培育出第一个具有自主知识产权的棉花品种欣抗4号，之后又培育出国欣棉3号、国欣棉6号、国欣棉8号、国欣棉9号、国欣棉11号、欣试71143、GK39、GK99-1等18个棉花品种，分别通过国家和省级审定。

国欣农村技术服务总会投资1 000多万元建成规模近万平方米的培训大楼，每年于农闲时对会员骨干集中进行培训，提高其科技素质和服务水平，发挥其"二传手"的作用，实现服务本土化，带动和影响了广大棉农实现增产增收。开通24小时服务热线，定期组织专家到会员集中地区讲课和现场指导，送科技进村入户到田间。使"国欣"牌棉种的种植面积迅速扩大，在全国主产棉区的河北威县、山东东营、河南新乡、陕西大荔、山西运城、安徽灵璧、湖北荆州、湖南常德、江苏盐城等建立了营销网络，市场占有率居全国第一。国欣农村技术服务总会已发展成为集棉花种植、加工、销售、良种繁育、技术培训于一体的综合性农研会，是全国最大的棉农合作组织。

获得科技成果多项。其中，主持完成的"国欣棉3号、6号选育与应用"项目，2007年获沧州市科技进步一等奖，2010年获河北省科技进步三等奖；"国欣棉8号选育与应用"项目，2011年获沧州市科技进步二等奖；"国欣棉9号、11号选育与应用"项目，2012年获沧州市科技进步二等奖。参加完成的"棉花化学控制栽培技术体系的建立与应用"项目，2007年获国家科技进步二等奖；"棉花种质创新及强优势杂交棉新品种选育与应用"项目，2013年获国家科技进步二等奖。

撰写的《棉花海南冬繁成功十要点》《十年棉花南繁基本技术经验》《以国欣农研会为例，看农技协的发展》等论文，在《中国棉花》及《纪念农技协成立三十周年纪念文集》等书刊上登载。

2009年被评为河北省特等劳动模范，2010年被评为全国劳动模范，2012年荣

获河北省优秀共产党员荣誉称号，同年当选为中国共产党第十八届代表大会代表。

2002 年任中国农村专业技术协会副会长，棉花种植专业委员会主任，2005 年任中国棉花协会副会长，棉花种植专业委员会会长，2007 年任中国农技推广协会副会长，2016 年任中国科学技术协会第九届常务委员会委员。

任景河

任景河，高级农技师，1972 年生，河北省曲周县人。曲周县农研会会长、曲周县银絮棉花种植专业合作社社长。

20 世纪 90 年代初，最早在曲周县建立了棉花良种繁育基地，试验示范棉花新品种。

2006 年创办了曲周县农研会，与河北省农林科学院棉花研究所合作，建立科技示范田，搞好农作物新品种、新技术试验示范推广，提高科技成果转化率。在曲周县及周边县推广了冀棉 298、冀棉 3536、冀 3927、冀棉 169、冀 H170、冀 863 等 20 多个优良棉花品种，取得了较好的经济效益。

为更好地引领当地农民实现科技致富，2011 年发起成立银絮棉花种植专业合作社，主要从事棉花等农作物种植、开展良种繁育、植棉技术试验示范推广，并提供全程机械社会化服务。截至 2017 年，合作社流转土地 1 080 亩，拥有会员 105 名，有大型播种、喷药、收获农机具 38 台，硬件设施齐全。开展全程社会化服务，土地托

管社会化服务 4 000 亩，年进行植保统防统治 8 万亩次。

先后与中国农业科学院棉花研究所、国家半干旱农业工程技术研究中心、河北省农林科学院棉花研究所、河北省农林科学院植物保护研究所、邯郸市农业科学院、石家庄市农林科学研究院、曲周县农牧局、曲周县科技局开展科研合作，在棉花高产创建、麦棉套作一年两熟、棉花—马铃薯套作、棉花病虫草害防治等方面开展了大量的试验研究，并取得了一些成果。此外，还承担了科技成果转化、科技支撑、农业综合开发土地治理、农业科技推广等项目。

2012 年开始开展了麦棉套作一年两熟种植模式的研究与示范，在河北省农林科学院棉花研究所、邯郸市农业科学院等科研单位的支持下，种植技术不断完善，示范面积不断扩大。2013 年邯郸市市委、河北省农林科学院、河北省农业厅的领导视察后给予充分肯定，并将其纳入渤海粮仓项目。2014 年种植麦套棉面积 500 亩，中央电视台新闻频道对示范田进行了报道。6 月 10 日，河北省渤海粮仓建设工程办公室在曲周召开"棉麦双丰"高效技术现场观摩会，有关专家对示范田进行小麦田间测产，小麦实测亩产 402.4kg，实现了在不影响棉花产量的同时，多收 400kg 小麦。为邯郸市"棉麦双丰工程"树立了典型，起到了示范带动作用。会上还提出在邯郸、邢台等地推广 100 万亩的目标。《河北日报》《河北科技报》《河北农民报》、邯郸电视台等多家媒体进行了报道。

2015 年法国、非洲访华代表团到合作社专程学习棉麦套种、病虫害防治等技术。2015 年中央广播电台中国乡村之声栏目对合作社基地进行采访并播出。

参加完成的"棉铃疫病防治关键技术的集成与示范推广"项目，2015 年获河北省农业技术推广二等奖。

与中国农业科学院棉花研究所合作，完成了"黄淮海平原三大类型优化施肥技术研究与应用"项目的研究、应用推广和成果转化。承担河北省棉花产业技术体系试验站任务，积极与河北省农林科学院棉花研究所合作，解决了棉麦套作全程机械化管理的问题。与河北省农林科学院植物保护研究所合作，试验示范推广棉花枯草芽孢杆菌

病害综合防治技术，取得明显效果。

结合实践不断探索创新，2015年获实用新型专利两项：可伸缩护苗挡板，可调式拢禾装置。在统防统治作业中设计的"农药配送罐"申报了国家专利，参与起草制定了"冀南棉花冬小麦套种技术规程"。

河北省农村青年拔尖人才，河北省第九届农村青年致富带头人。

姜太昌

姜太昌，高级农艺师，1972年生，河北省文安县人。1994年毕业于西北农业大学，同年到文安县农业局参加工作。文安县农业局副局长。

参加工作以来，一直扎根农业生产一线，积极探索和优化全县种植业结构，大力引进、试验、示范和推广新品种、新技术、新项目，全力组织农民的教育培训，着力提高农民组织化程度，努力构建种植业发展蓝图，促进文安县农业特别是棉花产业的发展。

1998年在文安县率先引进、示范、推广转基因抗虫棉品种新棉33B，当年种植300亩，并取得巨大成功。同年成立文安县农业规模经营协会，吸收全县种植大户50余户，进行抗虫棉新品种与种植技术推广。随后又引进推广DP99B、邯杂98-1等棉花品种。1999年与廊坊市种子公司、河北省农林科学院棉花研究所合作繁育冀668棉花新品种360亩，为全县棉花品种的更新换代打下了基础。随后大批抗虫棉新品种的普及推广以及外地种植大户的大量涌入，更进一步加速了全县棉花种植的发展。短短几年时间文安县植棉面积由千余亩发展到高峰期的30余万亩，成为当时全省十大植棉县之一。尤其是棉花良种补贴项目的连年实施，文安县年补贴面积15万亩以上，冀丰系列、国欣系列、邯棉系列等高产抗病新品种在全县普及，一改棉农自留种问题，种子质量和纯度连年上台阶，单产水平也迅速提高。

2009—2014年，在主持文安县棉花高产创建示范片建设工作中，优选示范品种，编写栽培技术规程，整合农业局涉农项目，向高产创建示范片倾斜。在专家的指导下，地膜棉简化栽培技术、测土配方施肥技术、病虫草害综合防治技术在全县范围内

迅速普及，单产水平又上新台阶。

参加完成的"抗旱种衣剂在主要农作物上的推广"项目，2002 年获廊坊市科技进步二等奖；"棉花新品种及配套技术推广"项目，2004 年获河北省农业厅丰收一等奖。

廊坊市农业科技先进工作者，廊坊市科普工作先进个人，廊坊市第六届青年科技提名奖获得者，农业部全国突出贡献农业科技人员，全国农业技术推广服务中心、河北省区域试验先进个人，廊坊市劳动模范，廊坊市优秀青年岗位能手，廊坊市优秀共产党员，河北省农业环保先进个人。

刘晓霞

刘晓霞，高级农艺师，1974 年生，河北省曲周县人。1997 年毕业于邯郸农业高等专科学校，同年到曲周县农牧（业）局工作，期间自学河北农业大学农业推广专业，2004 年取得本科学历。曲周县农牧局推广中心主任。

在曲周县农牧局工作以来，始终在农业技术推广岗位，先后负责棉花、蔬菜、粮食等作物栽培技术推广、现代农业示范园区建设、科教培训等工作。重点推广工厂化育苗、棉麦双丰、棉花高产创建集成等现代农业技术，较好地促进了当地农民增收。工作中长期深入到田间地头，了解生产情况，积极做好粮棉菜关键集成技术指导和培训，指导合作组织开展全程社会化服务。

负责河北省棉花产业技术体系创新团队曲周试验站、邯郸市"棉麦双丰工程"曲周示范区的技术指导，承担棉花高产创建示范片项目和2014年河北省渤海粮仓建设工程曲周县棉麦套作及棉花麦后直播栽培技术集成与示范项目。

通过实施棉花高产创建项目，试验示范推广棉花新品种及配套关键技术，使全县棉花增产10%以上，大幅度提高了棉农经济效益；积极开展棉麦套作、棉花育苗移栽和麦后直播技术对比试验、示范，推广棉麦双丰高产高效技术，为邯郸市"棉麦双丰工程"树立典型，起到示范带动作用。与河北省农林科学院棉花研究所合作，参与起草制定《冀南棉花冬小麦套种技术规程》。2014年6月10日，河北省渤海粮仓建设工程办公室在曲周县召开"棉麦双丰"高效技术现场观摩会，有关专家对示范田进行小麦田间测产。小麦实测亩产402.4kg，在不影响棉花产量的同时，多收400kg小麦。《河北日报》《河北科技报》《河北农民报》、邯郸电视台等多家媒体进行了报道。

为加快土地流转，促进现代农业发展，指导农民专业合作社、农业公司、家庭农场开展土地托管模式，统一管理土地，标准化种植，全程机械化服务，逐步推进现代农业发展。

参与华北半湿润偏旱井灌区节水农业综合技术体系集成与示范项目，具体负责邯郸地区粮棉节水栽培技术试验、示范和推广，2007年获国家科技进步二等奖。

2006年、2010年、2011年、2012年被河北省农业技术推广总站评为先进工作者，2008年被邯郸市科协评为学会工作先进个人，2009年被授予邯郸市千名专家进百乡兴百业活动优秀帮扶专家称号，2013年被评为邯郸市农业工作先进个人，2012年获曲周县创先争优十佳行业标兵称号，2012年、2015年、2016年曲周县政府分别记三等功。中国共产党邯郸市第八次党代会代表。

徐东永

徐东永，农艺师，1975年生，河北省河间县（今河间市）人。1997年毕业于张家口农业高等专科学校农学专业，毕业后在河间市国欣农村技术服务总会工作。国欣农村技术服务总会棉花研究所所长。

承担了国家及河北省棉花新品种区域试验、国家棉花产业技术体系、国家棉花新品种展示与示范等项目。

利用生物技术和常规育种相结合的方法选育棉花新品种，先后育成欣抗4号、国欣棉3号、国欣棉6号、国欣棉8号、国欣棉9号、国欣棉10号、国欣棉11号、欣试71143、GK39、sGKz73、GK99-1等19个品种通过国家或省级农作物品种审定委员会审定。

结合新品种推广进行技术服务，使良种良法配套，每年在棉花生产关键期，深入田间地头，为棉农现场指导，解决生产问题，累计服务棉农万余人，讲课百余场，新品种累计推广面积达400余万亩。

获省、市级科技进步奖多项。其中，参加完成的"国欣棉3号、6号的选育和应用"项目，2007年获沧州市科技进步一等奖，2010年获河北省科技进步三等奖；"国欣棉8号选育和应用"项目，2011年获沧州市科技进步二等奖；"国欣棉9号、国欣棉11号选育与应用"项目，2012年获沧州市科技进步二等奖。

参编《中国棉花新品种动态》（中国农业科学技术出版社2015年出版）、《河北棉花品种志》（河北科学技术出版社2013年出版）、《河北植棉史》（河北科学技术出版社2015年出版）。

撰写《海南冬繁成功十要点》《十年棉花南繁基本技术经验》《欣抗4号生育规律初探》《国欣棉11号选育及栽培技术》《2011年海河流域"千斤棉"高产攻

关实践》《国欣棉 9 号生育规律初探》《国产优质双价转基因抗虫棉—国欣棉 10 号》《灾害年份棉花高产栽培技术》等论文和科普文章，分别在《中国棉花》《中国实用农业科学》《中国棉花学会论文集》《现代农村科技》等刊物发表。

河北省劳动模范，河北省农村优秀实用人才，沧州市农业科技能人，沧州市"三三三人才工程"第三层次人选，获沧州市第八届青年科技奖提名奖，3 次被评为沧州市优秀共产党员。